"十二五"职业教育国家规划教材

经全国职业教育教材审定委员会审定

普通高等教育"十一五"国家级规划教材

21世纪高职高专电子信息类系列教材

数字通信技术

第 3 版

主　编　黄一平　刘莲青

副主编　吕　燕

参　编　王玥玥　姚　伟

U0379436

机械工业出版社

本书是"十二五"职业教育国家规划教材，经全国职业教育教材审定委员会审定。本书比较全面地介绍了数字通信的相关技术及其在现代通信系统中的应用，结合职业教育课程改革实践进行修编，注重新技术和工程实际应用。本书以信号在不同通信系统中的传输处理过程为主线，共分为4章。第1章介绍数字通信系统的组成及通信网的概念。第2章以分析与测试数字基带通信系统为实例，介绍数字基带传输系统组成及工作原理。第3章以分析与测试数字频带传输系统为实例，介绍数字频带传输系统组成及工作原理。第4章主要介绍数字通信技术在现代通信系统中的应用。

本书可作为高等职业学校、高等专科学校及成人高校电子信息类专业的教材，也可供相应专业的工程技术人员参考。

为方便教学，本书配有免费电子课件、练习与思考题详解、模拟试卷及答案等，凡选用本书作为授课教材的教师，均可来电免费索取。咨询电话：010-88379375；Email：cmpgaozhi@sina.com。

图书在版编目（CIP）数据

数字通信技术/黄一平，刘莲青主编. —3版. —北京：机械工业出版社，2015.5（2023.8重印）
"十二五"职业教育国家规划教材　经全国职业教育教材审定委员会审定　普通高等教育"十一五"国家级规划教材　21世纪高职高专电子信息类系列教材
ISBN 978-7-111-50110-7

Ⅰ.①数… Ⅱ.①黄…②刘… Ⅲ.①数字通信—高等职业教育—教材 Ⅳ.①TN914.3

中国版本图书馆CIP数据核字（2015）第089086号

机械工业出版社（北京市百万庄大街22号　邮政编码100037）
策划编辑：于　宁　责任编辑：于　宁　冯睿娟
版式设计：霍永明　责任校对：张　征
封面设计：马精明　责任印制：单爱军
北京虎彩文化传播有限公司印刷
2023年8月第3版第6次印刷
184mm×260mm·14印张·343千字
标准书号：ISBN 978-7-111-50110-7
定价：42.00元

电话服务　　　　　　　网络服务
客服电话：010-88361066　机 工 官 网：www.cmpbook.com
　　　　　010-88379833　机 工 官 博：weibo.com/cmp1952
　　　　　010-68326294　金 书 网：www.golden-book.com
封底无防伪标均为盗版　机工教育服务网：www.cmpedu.com

前　言

Preface

　　现代社会已经不可否认地进入了信息时代，作为信息时代基础的现代通信技术也走入了日常生活，如通信技术名词 IP、CDMA、3G、GPRS、4G 和因特网等已成了人们日常话题。通信技术与网络技术已经渗透到社会的许多行业的职业岗位中，现代通信技术也成为高职高专院校学生就业必需的重要能力之一。因此数字通信技术课程是培养现代通信技术人才的必修课。

　　本书较全面地介绍了现代数字通信的基本原理、结构及主要技术问题，内容新颖、条理清晰、应用性强。编写过程中力求深入浅出、通俗易懂，避免过深的数学分析，侧重概念的引出及整个系统的组成原理。本书还与企业实践结合开发和编写了相关实训项目，为职业院校开展课程改革，实现"在学中做、在做中学"的工学结合课程模式提供了依据。

　　本书内容模块化，从通信相关职业岗位的技能要求出发，以信号在通信系统中的传输处理过程为主线，将数字通信技术原有知识进行综合和整理，通过 4 个章节进行介绍。每个章节根据不同内容设计不同类型的实训项目，实训项目引进现代数字通信技术的真实案例。

　　本书内容安排如下：

　　第 1 章　数字通信系统概述。本章介绍通信系统的基本概念、通信系统基本组成、几种常用的通信方式及通信系统的主要性能指标。本章实训项目为：数字通信系统信道与设备的认知，实训设备采用真实通信设备，可体会电话通信的过程，了解现代数字通信系统概念。

　　第 2 章　数字基带通信系统的分析与测试。本章以语音信号在数字基带通信系统中传输过程为例，将现代数字通信理论知识综合和梳理，介绍了数字基带传输系统组成及工作原理，包括脉冲编码调制、时分复用原理及数字基带信号的常用码型等相关知识。本章实训项目为：数字基带通信系统的分析与测试，通过分析与测试语音信号在数字基带通信系统中的传输过程，深入体会现代数字通信系统的工作原理。

　　第 3 章　数字频带传输系统的分析与测试。本章以语音信号在数字频带通信系统中传输过程为例，介绍数字频带传输系统组成及工作原理，包括几种数字调制与解调原理，各种数字调制解调方法、特点和应用，差错控制编码的基本原理，通信中的同步技术等相关知识。本章实训项目为：数字频带传输系统的分析与测试。

　　第 4 章　现代数字通信系统。介绍了四种现代数字通信系统：数字移动通信系统、数字光纤通信系统、卫星通信系统及数据通信与计算机网络。

　　本书由黄一平、刘莲青主编。第 1 章由黄一平、刘莲青编写，第 2 章由吕燕、黄一平编写，第 3 章由吕燕、王玥玥编写，第 4 章由王玥玥、姚伟编写。本书的编写工作得到北京信息职业技术学院领导的大力支持和帮助，在此表示最诚挚的谢意！

由于通信技术发展迅猛，作者水平有限，加之时间仓促，书中难免有错误和不妥之处，敬请广大读者批评指正。

编 者

Contents

目　录

第1章

数字通信系统概述

"4G 技术"、"宽带接入"、"无线网络"、"软交换"、"三网融合"、"IPv6 技术"等词语伴随着现代通信技术的发展,与寻常百姓的生活联系越来越紧密。通信技术的迅速发展,对社会现代化的进程起到了极其重要的推动作用。本章主要讲述数字通信的基本概念。

本章应掌握的重点内容如下:

1)通信系统的基本组成与一般模型。
2)信息与信号的基本概念。
3)数字通信的特点。
4)信道的概念。
5)通信系统的主要性能指标。
6)通信网络的拓扑结构。
7)通信技术的发展趋势。

1.1 通信系统及其特征

近代社会,人们获取信息或知识的媒介基本是书籍、报刊、电视以及互联网。这些媒体可以为人类提供丰富的文字、数据、图像、声音或视频信息。人类单方向获取信息并不是通信。而打电话、E-mail 等则是典型的通信过程。这是因为打电话、E-mail 等是人们在相隔较远的地方,克服相互间的距离而传递和交换信息。因此,一般把通信定义为:从一地向另一地传递和交换信息。人类的社会活动离不开信息的传递与交换。需要传递的信息是多种多样的,如语言、文字、图像、数据等。随着科学技术的飞速发展和社会的不断进步,人们对获取信息的要求愈来愈高,因而传递消息的形式也越来越广泛和复杂。无论何种形式的信息,在发送时,首先都要将其变换为各种形式的电信号(电信号是信息的电的表示形式)。在通信双方的两地之间,还必须建立传递信号的通道即信道。为了使通信双方都能将信息变为电信号或将电信号还原为信息,在通信的两地还应有发送和接收设备。因此,一个通信系统的基本组成如图 1-1 所示,它包括发送设备、接收设备和信道。目前通信系统所能处理的信息除语音外,还包括计算机数据以及图像等。

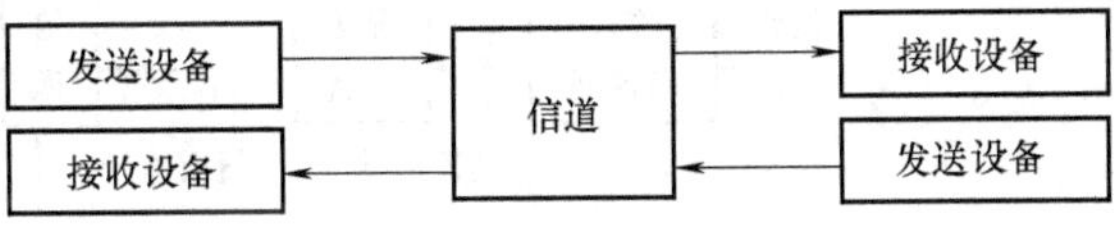

现代通信基本改变了由一点对一点(或

图 1-1　通信系统的基本组成

多点)的通信方式。这是由于通信用户的数量很多和通信对象的不确定性,不可能在所有可能进行通信的用户之间建立固定的通信线路。如图 1-2a 所示,有 A、B、C、D、E、F 6 个用户终端，如果为了做到任意终端都能分别向其他5个终端传送信息，则需铺设15条直通线路，这样的网络称为全连通网。一般来说，N个终端之间铺设直通线路时，所需铺设的线路数可以用公式$M=N(N-1)/2$来计算。例如有15个终端则需105条直通线路。可以看出在全部终端之间铺设直通线路是很不经济的，即使两个用户之间有确定的通信，二者之间建立固定信道的办法也是不适宜的。通常是把各用户线接到一个可以任意选择通信路由的中心——交换中心，以达到任意两个用户通信的目的。如图1-2b所示，将各个终端与交换中心连接，构成一个星形网络。这样使各终端之间免去了铺设直通线路而能实现相互通信，非常经济。这个以转接交换设备为核心，由用户终端、传输系统有机连接的整体称为通信网。可以说，没有通信网就无法实现现代通信。

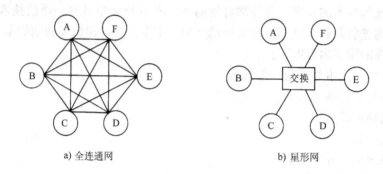

a) 全连通网   b) 星形网

图1-2 通信网的组成

总之，一个完备的通信网络应由信道、终端信号处理设备、转接交换设备和管理中心等组成。通信的根本目的是传输代表消息的电信号，即需要研究信号的传输、处理和转接问题。

1.1.1 通信系统的一般模型

最简单的通信系统是人与人的对话。人讲的话称为消息，讲话的人是消息的来源，称为信源。声音通过空气传给对方，大气这一传输途径称为信道。对方听到声音也就接收到了消息，消息的接收者称为受信者或信宿。

由于电通信能使消息在几乎任意的距离上实现迅速而可靠的传送，因此电通信获得了广泛的应用。由于光也是一种电磁波，因此飞速发展的光通信也属于电通信这一类。

通信系统是由完成通信任务的各种技术设备和传输媒质构成的总体。通信系统的一般模型如图1-3所示。其中每一个方框完成一定的功能，而每个方框都可能包括很多的电路，甚至是一个庞大的设备。

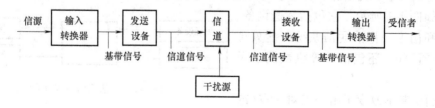

图1-3 通信系统的一般模型

（1）输入转换器　将输入消息变换为电信号。当输入消息为非电量（语音、图像）时，必须有输入转换器。当输入消息本身就是电信号（如计算机输出的二进制信号）时，有些情况下可以不需要输入转换器，而直接进入发送设备。由输入转换器输出的信号应反映输入消息的全部信息，此信号即为基带信号。

（2）发送设备　将基带信号变成适于信道传输特性的信号。不同信道有不同的传输特性，而由于要传送的消息种类很多，与它们相应的基带信号参数各异，往往不适于在信道中直接传输，故需发送设备进行变换。当采用频带传输时，发送设备由调制器、振荡器、放大器、滤波器等部件组成。

（3）信道　是信号传输的通道，又称传输媒质。不同信道有不同的传输特性。

（4）接收设备　将信道传来的信号进行处理，以恢复出与发送端基带信号一致的信号。这里所说的一致指波形相同。实际上，信号在收发设备中均会产生失真并附加噪声，在信道中传输时也会混入干扰，所以接收端与发送端的基带信号总会有一定的差别。

（5）输出转换器　将接收设备输出的电信号变换为原来形式的消息。

（6）干扰源　一种分析问题的方法，将信号在传输过程中混入的噪声及由于干扰引起的信号失真集中在一起，作为信道中的干扰源来进行分析处理。

实际的通信系统要复杂得多，需要增添许多设备以满足信息传输的需要。

1.1.2　模拟通信系统和数字通信系统

根据传输信号形式的不同，通信系统一般分为模拟通信系统和数字通信系统。

1. 模拟通信系统

图 1-3 所示的通信系统传输的是模拟信号，如语音和图像信号，称为模拟通信系统。在该系统中，信源发出的消息是语音和图像。输入转换器将消息变换成语音或图像电信号。这种信号具有低通的性质，又称基带信号，即信号的频谱是从零附近开始的。假如这种信号直接通过有线信道传输则称为基带传输。为了适应在不同信道内的传输，需要对基带信号作进一步变换，这种变换是由发送设备完成的。例如采用无线信道传输，就必须将基带信号经过调制，将其频谱搬移到无线信道。已调信号的反变换由接收设备完成。它可以从已调信号中取出发信端送来的基带信号。实际的模拟通信系统要复杂得多，仅就对信号本身的处理而言，就必须具有放大、变频、滤波等功能电路。模拟通信系统是一个庞杂的系统，噪声干扰来自多个途径。例如系统中大量使用的有源元器件的内部噪声、无源元器件（电阻、引线）的热噪声、信道的噪声（无线信道的天电干扰等）和电源系统的噪声等都将依附在信道中传输的信号上。可见通信系统模型中的干扰源是必不可少的。噪声将对收信端的信号变换带来困难，引入干扰源可以方便计算通信系统的技术指标。

2. 数字通信系统

在图 1-4 所示的数字通信系统模型中，除应具有调制解调功能外，还应有信源编码与信道编码以及信源解码与信道解码的功能。信源编码和信源解码一般分别由模-数（A-D）和数-模（D-A）转换器完成。信道编码和信道解码分别由信道编码器和信道解码器完成。此外，实际的数字通信系统中还具备同步系统以及噪声源。

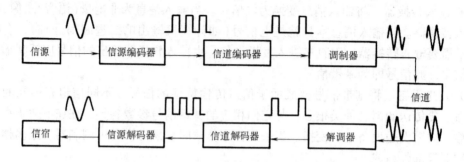

图 1-4　数字通信系统模型

1.2　信息与信号的概念

　　一般将语音、文字、图像或数据等统称为消息。将消息给予受信者的新知识称为信息，即对受信者来说，预先不知道的消息称为信息。消息的传递一般都不是直接的，必须借助于一定的运载工具，并将消息变换成某种表现形式。消息的表现形式称为信号。信号是带有消息的一种物理量，如电、光、声等。若用电来传送消息，发信者须把消息转换成随时间变化的电压或电流，这种带有消息的电压或电流就是电信号。

　　信号是一种随时间变化的物理量，在数学上它可以用一个时间 t 的函数来表示。绘出的函数图像称为信号波形。图 1-5a 所示的是一个语音信号的波形，这是在时间域对信号描述的方法。对信号的描述还有另一种方法，即研究信号的电量在频率域中的分布情况，这种方法称为信号的频谱分析，图 1-5b 所示为一个语音信号的频谱。

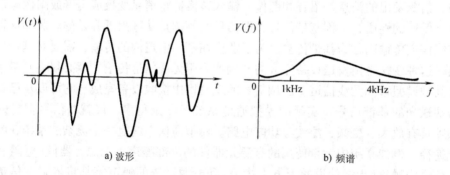

a) 波形　　　　　　　　　　　　　　　b) 频谱

图 1-5　语音信号波形及频谱

　　电信号可以有多种分类方法：若以频率划分，可分为基带信号和频带信号；若以参数的状态划分，可分为模拟信号和数字信号；若以信号的确定性与否划分，可分为确定信号和随机信号。

1.2.1　基带信号与频带信号

　　基带信号即直接由信息转换得到的电信号。这种信号的频率都是比较低的，含有低频成分甚至直流成分，而且最高频率和最低频率比值很大，可以远大于 1。基带信号不适于较长距离传输，更不能进行无线电发送。例如语音信号就是一种典型的基带信号，其频率在

100Hz～5kHz 范围内，但主要能量集中在 200Hz～3kHz 范围内。又如电视图像信号的频率在 0～6MHz 范围以内。计算机数据信号的频率范围与传输速率有关，也属于基带信号。

　　经过各种正弦调制后，基带信号的频谱被搬移到比较高的频率范围，这种信号称为频带信号。频带信号的中心频率相对较高，而带宽又窄，因此适合于在信道中传输。这种传输方式称为频带传输。常见的调制方式有振幅调制（AM）、单边带调制（SSB）、频率调制（FM）和相位调制（PM）。若调制信号是数字信号，则还可以有数字键控方式的调制，如振幅键控（ASK）、移频键控（FSK）、移相键控（PSK）以及差分移相键控（DPSK）等。近年来还出现了很多窄带调制方式，如 MSK、16QAM 等。

1.2.2　模拟信号与数字信号

1. 模拟信号

　　凡信号的某一参量（如连续波的振幅、频率、相位和脉冲波的振幅、宽度、位置等）可以取无限多个数值，且直接与消息相对应的，称为模拟信号。强弱连续变化的语音信号（见图 1-5a）、亮度连续变化的电视图像信号以及来自于各种传感器的检测信号等都属于模拟信号。

2. 数字信号

　　凡信号的某一参量只能取有限个数值，并且常常不直接与消息相对应的，称为数字信号。目前常见的数字信号多为二进制信号，其两个状态分别用"1"和"0"表示。图 1-6 所示是几种数字信号的例子。

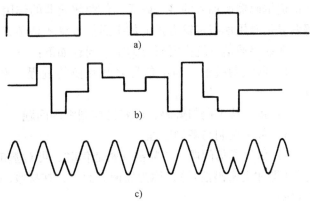

3. 模拟信号与数字信号的区别

　　需要强调的是，模拟信号有时也称连续信号，这个连续是指信号的某一参量可以连续变化（因为可以取无限

图 1-6　几种数字信号的例子

多个值），而不一定在时间上也连续。例如各种脉冲调制，经过调制以后已调信号脉冲的某一参数可以是连续变化的，但在时间上是不连续的。因此不要因为模拟信号有时也称连续信号，就认为它在时间上一定都是连续的。数字信号有时也称离散信号，这个离散是指信号的某一参量是离散（不连续）变化的，而不一定在时间上也离散。

　　相对而言，模拟信号比较适合于传输，数字信号则比较适合于处理。

　　模拟信号与数字信号是可以相互转换的。模拟信号可以通过模数转换变为数字信号，数字信号也可通过数模转换变为模拟信号。在通信中常见的数字编解码方式有 PCM 编码、增量调制（ΔM）编码以及在此基础上改进的各种方式。当数字信号需在模拟信道中传输时，数字基带信号必须进行正弦调制，将基带信号转换成频带信号，以适应模拟信道的传输特性。比如计算机数据要通过电话线传输时，必须使用 MODEM，这种方式称为数字信号的模拟传输。

1.3　数字通信

通信系统中若按传送信号的形式可以分为模拟通信系统和数字通信系统。模拟通信系统传输模拟信号，数字通信系统则传输数字信号。模拟通信与数字通信是按信道中所传递的信号差异来区分的，不是根据信源输出的信号来划分的。若信源发出的是模拟信号，经过发送设备变换成适合在信道中传输的电信号仍然是模拟信号，则称这种通信方式为模拟通信。若信源发出的是模拟信号，经过模-数（A-D）转换数字化处理后，以数字信号的形式在信道中传输，一般称为模拟信号的数字传输，显然这是数字通信。

1.3.1　数字通信系统

信道中传输数字信号的系统，称为数字通信系统。数字通信系统的模型如图 1-4 所示。图中信源编码器的作用是把信源发出的连续信号变换为数字序列。信道编码器的作用是将信源编码器输出的数字序列人为地按一定的规则加入多余码元，使得在接收端能发现错码或纠正错码，以提高通信的可靠性。信道解码器的作用是发现或纠正传输过程中引入的差错，解除信道编码器所加入的多余码元。信源解码器的作用是把数字信号还原为模拟信号。调制和解调只是对用模拟传输方式的数字通信系统才是必需的。

在数字通信系统中要研究的基本问题如下：

1）收发两端消息与电信号之间互换的过程、模拟信号的数字化及数字式基带信号的特性。

2）抗干扰编码与解码，即差错控制编码问题。

3）数字调制与解调原理。

4）保密通信问题。当需要保密通信时，可对基带信号的"0"、"1"序列进行人为"搅乱"（即加上密码信号），称为加密。此时，在接收端需要恢复原来的"0"、"1"序列，称为解密。

5）信道与噪声的特性及其对信号传输的影响。

6）同步问题。数字通信是一个一个码元传送的，接收端接收时必须与发送端节拍相同，否则会因收发步调不一致而造成混乱，这种同步称为"码元同步"或"位同步"。此外，为了表述消息内容，基带信号都是按消息特征进行编组的，因此在收发之间一组组的编码规律也必须一致，否则，接收时消息的真正内容将无法恢复，这种同步称为"群同步"或"帧同步"。

1.3.2　数字通信的特点

进入 21 世纪以来，数字通信发展十分迅速，在通信领域中所占比重日益增加。这是因为数字通信与模拟通信相比具有以下优点：

1）抗噪声性能好。模拟通信待传送的信息包含在信号的波形中，当波形叠加上噪声后，无法将噪声去掉。数字通信待传送的信息不包含在"0"、"1"码的码形之中，而是包含在码元的不同组合之中。虽然噪声可以使码元的波形产生失真，但可以对码元进行判决、再生，只要再生后的码元组合不变，就可以恢复原来的信息。因而采用再生的方法，可以消除噪声的积累。

2）差错可控。为防止信号在传输中出现差错，可以采用各种差错控制编码的方法加以控制，从而有效地改善通信的质量。

3）保密性强。数字信号易于加密，便于实现保密通信。

4）便于与现代技术相结合。随着计算机技术、交换技术、数字信号处理技术的发展，许多设备和终端接口都适用于数字信号，因而便于与数字通信系统相连接。

数字通信的缺点是它所占用的系统带宽比模拟通信要宽。以电话为例，一路模拟电话常占据 4kHz 带宽，但一路数字电话要占 64kHz 的带宽。模拟电视信号一般只要 6MHz 带宽，数字电视则要 100MHz 带宽。

综上所述，虽然数字通信与模拟通信相比具有一系列的优点，但这是以占据较宽的带宽换取的。随着宽带传输媒质（光纤等）的广泛使用以及频带压缩编码技术（如 ADPCM 等）的日趋成熟和实用化，数字通信占用频带宽的问题已基本得到解决，不再成为数字通信发展的障碍。

1.3.3 数据通信

若信源本身发出的就是数字形式的信号（电报、数据、指令等），那么不管用数字传输方式还是用模拟传输方式来传输，这种通信方式均称为数据通信。数据通信系统模型与图 1-4 所示的数字通信系统模型大同小异，只是因为信源本身发出的是数字信号，因而不需要信源编码器和信源解码器。一般来说，数据通信有三个特征：①它是机器对机器或是机器对人的通信。②它传输和处理离散的数字数据，而不是连续的模拟数据。③它的通信速度很高，可以传输和处理大量的数据。

1.4 信道

通信系统多利用电磁波传递电信号。电磁波传播有两种形式：一种是沿导体传播，构成有线信道；另一种是沿自由空间传播，称为无线电波传播，构成无线信道。

1.4.1 有线信道

构成有线信道的传输媒质包括架空明线、对称（平衡）电缆、同轴电缆、光缆等，以适应各种不同的通信方式及不同容量的需要。

1）架空明线的主要优点是架设比较容易，建设较快，传输损耗比较小。主要缺点是随频率升高辐射损耗迅速增加，线对间串话也急剧增加。此外，受环境影响大，保密性差，维护工作量较大。

2）对称电缆的通信容量比架空明线大，因而平均到每条电路投资比明线低，电气性能比较稳定，安全保密性好。目前主要用于长途 12 路至 60 路载波电话通信。此外还有对绞型音频电缆，主要用于市内电话传输。

3）同轴电缆是将电磁波封闭在同轴管内，工作频率较高，同轴电缆之间电磁波的相互干扰也较小，因此适用于高频段、大容量载波电话（电报）通信，我国现行 300 路、960 路、1800 路和 4380 路长途通信干线大部分采用同轴电缆构成。

4）光缆。光在高折射率的媒质中具有聚焦特性。把折射率高的媒质做成芯线，折射率低的媒质做成芯线的包层，就构成光纤，光纤集中在一起构成光缆。光缆可以传输光信号。光缆通信从20世纪60年代开始发展，由于其通信容量极大、传输损耗极小、没有串话现象、不受电磁感应干扰以及制造光纤的主要材料——石英的资源丰富等优越性，发展甚为迅速。

1.4.2　无线信道

无线通信是电信系统中一种重要的通信方式和手段。根据无线电波工作频段及电磁波传播情况的不同，无线电波可以划分为以下波段：

（1）中长波段　工作频率为300~3000kHz，电磁波主要沿地球表面传播，称为地波传播方式。这种传播方式主要用于广播、宇航及海上通信。地波传播方式的传播性能与地面的导电性能有关，导电性能越好，传播损耗就越小，在同样功率的情况下传播的距离就越远。地波传播方式的传播损耗随着频率的升高而急剧增加，一般超过2MHz传播效果就比较差。地波传播方式的优点是性能稳定，不易受季节和气候的影响。

（2）短波波段　工作频率范围为3~30MHz，电磁波通过电离层反射的方式进行传播，称为天波传播方式。适用于中远距离通信（一次反射最远通信距离可达4000km）。距地面60km以上的空间有一个由电子、离子等组成的电离层，电离层中的电子浓度、高度和厚度等随着太阳的电磁辐射、季节的变化等会发生随机变化。当电磁波照射到电离层时，电离层中的带电粒子受激振动，向外辐射电磁波，宏观上看形成了电磁波的折射，其中有一部分会返回地面，就好像电离层对电磁波进行了反射。天波传播方式适用于短波通信和短波广播。由于地表面对短波电磁波也有反射作用，因此借助于电离层与地面之间的多次反射可以进行全球通信。短波波段的通信容量小，稳定性较差。

（3）超短波波段　工作频率范围为30~300MHz，电磁波传播方式为直线视距传播，称为空间波传播方式，多用于电视、雷达、移动电台通信。与地波传播方式不同的是，空间波传播方式几乎不受地面的影响，并且只能在视距内传播。受地表面曲率的影响，空间波传播方式一般不超过50km，发、收两端的天线越高，空间波传播的距离就越远。一个城市里电视台发射天线往往置于最高的建筑物上就是这个道理。

（4）微波波段　工作频率范围为300MHz~1000GHz。工作在微波波段的通信系统包括微波中继通信系统和卫星通信系统，它们的电磁波都是采取直线视距传播方式。由于工作频率高，工作频带宽，通信容量大，工作稳定可靠，所以这种通信方式获得迅速发展。我国现已建成多条微波通信干线和卫星通信干线。移动通信使用的频率也在这一波段内。

1.5　通信系统的主要性能指标

设计或评价一个通信系统时，必然涉及通信系统的主要性能指标问题。通信系统的性能指标包括通信的有效性、可靠性、适应性、标准性、经济性及维护使用性能等。在诸多性能指标中，起主要作用的是有效性和可靠性。有效性指的是消息传输的"速度"，即在给定的信道内，希望单位时间传输更多的消息。可靠性是指消息传输的质量，即在给定的信道内接收到信息的准确程度。显然，这是两个互相矛盾的指标。提高有效性，往往会降低可靠性，反之亦然。通常总是在满足一定可靠性指标下，尽量提高消息的传输速度；或在维持一定有效性下，使消息传输质量尽可能地提高。

1. 模拟通信系统

在模拟通信系统中，信号传输的有效性可用有效传输频带衡量。当给定信道的容量即传输带宽后，由每路信号的有效传输带宽可以求得信道允许同时传输的路数，这个数值越大，则该系统传输的有效性越高。在模拟通信系统和数字通信系统中，带宽的表达方式是不一样的。通过模拟信道进行传输时，其传输能力是用赫兹（Hz）表示的。例如电缆可以在 200～300MHz 传输数据，其带宽就是 100MHz。带宽越大传输能力越强。

模拟通信系统传输的可靠性可用系统输出端的信噪比衡量。信噪比越高，通信质量越好。信噪比低到一定程度会使通信无法进行。电话通信的输出端信噪比达到 40dB 时，可保证听清 95% 以上的讲话内容。对电视节目而言，当输出信噪比达到 40dB 到 60dB 时，才能将画面细节看清。

2. 数字通信系统

对于数字通信系统而言，通信系统的有效性可从三个指标来说明，即码元速率、信息速率和系统频带利用率。

（1）码元速率 R_{BN} 单位时间内传输的码元数，单位：B（波特）。

（2）信息速率 R_b 单位时间内传输的信息量，或每秒传送的二元码的数目（规定一个二元码含有 1bit 的信息量）。单位：bit/s。例如 ISDN 单个信道的信息速率为 64kbit/s，即一个信道每秒钟可传送 64000 个二进制数。需要说明的是，数字通信中的信息速率就代表了系统的带宽，用 bit/s 表示。如 ISDN 单个信道的信息速率为 64kbit/s，即其带宽为 64kbit/s。除了 bit/s 和 Hz 外，传输速度还有另外一种衡量方法——窄带和宽带。就好像一个粗管子可以容纳更多的水，而且水在其中可以流动得更快一样，宽带网比窄带网传输能力更强。宽带这个词用于比窄带设备传输速度更快的设备上。例如 ADSL 被称为宽带设备，因为该系统的传输速率高达 6Mbit/s，可实现宽带业务的传输（如高清晰度电视节目）。在宽带网上，数字信号传输速度和模拟信号传输速度仍然分别用 bit/s 和 Hz 来表示。

码元速率与信息速率的关系：

$$R_b = R_{BN} \log_2 N (\text{bit/s})$$

$$R_{BN} = \frac{R_b}{\log_2 N} (\text{B})$$

式中，N 代表码元的进制数。例如 $N=2$ 为二进制，$N=4$ 为四进制。当 $N=2$ 时，$R_b = R_{BN}$。

（3）系统频带利用率 在比较不同的数字通信系统的效率时，单看它们的信息传输速率是不够的，即使两个系统的信息传输速率相同，它们的效率也可能不同，还要看这种信息所占的信道频带的宽度。通信系统所占用频带愈宽，传输信息的能力应愈大。所以真正用来衡量数字通信系统传输效率的指标是单位频带内的传输速率即

$$\eta = \frac{\text{码元速率}}{\text{频带宽度}} (\text{B/Hz})$$

对于二进制传输时可以表示为

$$\eta = \frac{\text{信息速率}}{\text{频带宽度}} ((\text{bit/s})/\text{Hz})$$

数字通信系统传输的可靠性可用误码率和误信率来衡量，它们代表接收到的数字信号出现错误的概率。

（1）误码率 P_e　接收错误的码元数在传送总码元数中的比例，即码元在传输系统中被传错的概率。误码率的计算公式为

$$P_e = \frac{单位时间内接收的错误码元数}{单位时间内系统传输的总码元数}$$

（2）误信率 P_{eb}　接收错误的信息量与传输总信息量之比，即

$$P_{eb} = \frac{单位时间内接收的错误比特数}{单位时间内系统传输的总比特数}$$

误码率越低，数字通信可靠性越高，通信质量越好。在有线信道内，通常要求误码率小于 10^{-6}，即传输 10^6 个数字信号时，最多只允许出现一个错误信号。在短波信道中，由于信道质量差，要求误码率在 10^{-3} 以下。

1.6　通信网简介

如前所述，通信的基本形式是在信源与信宿之间建立一个传输信息的通道，从而实现信息的传输。通信过程的支持平台是通信网。而以终端设备、交换设备为点，以传输链路为线，点线相连就构成了完整的通信网。除了硬件设备外，为了保证网络能正确合理地运行，使用户间快速接续，并有效地相互交换信息，达到通信质量一致，满足运转可靠性的要求，还必须有管理网络运行的软件。这些软件包括标准、信令、协议等。

1.6.1　通信网的组成

构成通信网的基本要素有终端设备、传输链路和交换设备。将终端设备和交换设备看作点，将传输链路看作线，通信网就是一个完整的点线相连的系统。

1. 终端设备

终端设备是通信网中的源点和终点。例如电话网的终端电话机、电视网中的电视接收机、计算机通信网中的个人计算机等。终端设备的主要功能是将输入信息变换成易于在信道中传送的信号，并参与控制通信工作。不同类型的通信业务有不同的终端，例如电话终端、数字终端、数据通信终端、图像通信终端、移动通信终端和多媒体终端等。

2. 传输链路

传输链路是网络节点的连接媒介，也是信息与信号的传输通路。它由传送信号的传输介质以及各种通信装置组成。传输介质即通信的信道，包括有线信道与无线信道。通信装置具有波形变换、调制解调、多路复用、发信与收信等功能，以便更有效地利用传输介质。随着通信的发展，对传输链路的实现提出了越来越高的要求，宽带化、高速率已经成为通信网传输链路的发展方向，光纤传输正是迎合了这一点才得到了日益广泛的应用。

3. 交换设备

交换设备的实质就是交换机，它是通信网的核心，其基本功能有交换、控制与管理及执行。交换功能就是根据终端要求与传输链路的转接能力，完成信源与信宿之间的接续转换；控制与管理功能体现在交换机能依据通信流量的状态有效地选择中继路由、进行通信流量控

制和差错恢复等；执行功能是指进行各种业务的通信与交换。一般地说，根据通信目的的不同，节点的功能也会有所不同。例如对电话业务的转接主要要求时效性，即不允许对通话电流的传输产生较大的延时；对于数据通信来说，主要要求可靠性和对链路有较高的利用率。因此，节点交换机的实现方法和功能的侧重点是不一样的。

1.6.2　通信网的分类

依据不同的划分标准，通信网有不同的分类方法，常见的有以下几种：

1. 按运营方式分类

按运营方式分，有公用网和专用网。公用网是国家电信网的主体，在我国是由原信息产业部主管经营和建设的，而在许多国家则是由政府或私人公司建设。专用网是由其他部门兴建并供本部门应用的网络，如公安网、铁路网、民航网和银行网等。随着行业垄断的不断打破以及人们经营理念的不断变化，很多部门的专用网也希望向外界提供租用服务。因此公用网和专用网之间的界限正在明显缩小。

2. 按服务和使用范围分类

按服务和使用范围分，有本地网、市内网、长途网和国际网等。这种划分方法又取决于网络的业务类型，如电话网是按上述分类，而数据网又常被分为本地网、基层网、骨干网和国际网等。

3. 按业务范围的不同分类

按业务范围的不同，可分为电话网、数据通信网、无线电网络、卫星网络、移动通信网和有线电视网络等。

（1）电话网　电话网由客户楼群设备、交换系统和传输设备三部分组成。不论是公用电话网还是专用电话网，都是由长途电话通信网和本地电话通信网组成。长途电话通信网采用多极汇接辐射制。

客户楼群设备是电话公司提供的终端设备，安装在客户场地。这些设备包括电话终端（电话机）、调制解调器、应答器以及大量的用户交换机。

交换系统的主要功能是互联电路和通过网络进行传送。该系统分为两类：本地系统和中继系统。本地系统即本地电话交话机。它把用户回路直接相连或把用户回路与干线相连；中继交换系统把干线与干线连接起来，或只是简单地把一个本地系统与另一个本地系统连接起来，长途交换就是为长途网服务的中继交换。

传输设备分为本地回路与干线。本地回路把电话局和客户楼群设备连接起来。大部分本地电话回路采用的是双绞线，但新设备大多采用了光缆。干线负责传送由很多用户产生的话务量，可用于干线的媒介有双绞线、同轴电缆、微波、卫星以及光纤。

（2）数据通信网　数据通信网又常称为计算机网。主要是解决计算机与计算机或数据终端与计算机之间的通信而建立的网络。按照计算机网络的覆盖范围又分为广域网、局域网和城域网。

广域网（WAN）的覆盖范围在几公里至几千公里。与一个电话网类似，广域网是由终端设备、节点交换设备和传送设备组成。终端设备是指计算机或各类终端。节点交换设备即节点交换机，其主要功能是进行路由选择和流量控制，以实现不同速率的终端间的通信，同时还能进行网络的维护和管理等。传送设备包括集中器、复用器、调制解调器和线路。一个广域网的骨干网络常采用分布或网状结构，在基层网与本地网中采用树形或星形连接。WAN根据网中传输协议分为分组网与非分组网。分组网是指信息传输是按 X.25 协议格式进行封装，所以分组网又称为 X.25 网。

局域网(LAN)是一个高速数据通信系统。它在较小的区域内将若干独立的数据通信设备连接起来，使用户共享计算机资源。局域网通常建立在集中的工业区、商业区、政府部门或学校校园内，其应用范围可从简单的分时服务到复杂的数据库系统、管理信息系统、事务处理和分散的过程控制等。局域网的基本组成包括服务器、客户机、网络设备和通信介质。服务器是局域网的核心。它可用于文件存储和进行网与网之间的通信连接，还可接受来自客户机的打印请求。客户机又称工作站，是用户与网络的接口设备。它通过网络接口卡、通信介质和设备连接到服务器上，以使用户能共享网络资源。网络设备是指网络接口卡、收发器、中继器、网桥和路由器等。通信介质分为双绞线、同轴电缆和光纤。

城域网的典型应用即为宽带城域网，就是在城市范围内，以 IP 和 ATM 电信技术为基础，以光纤作为传输媒介，集数据、语音、视频服务于一体的高带宽、多功能、多业务接入的多媒体通信网络。宽带城域网能满足政府机构、金融保险、学校、企业等对高速率、高质量数据通信业务日益旺盛的需求，特别是快速发展起来的互联网用户群对宽带高速上网的需求。目前我国逐步完善的城市宽带城域网已经给我们的生活带来了许多便利，高速上网、视频点播、视频通话、网络电视、远程教育、远程会议等这些正在使用的各种互联网应用，背后正是城域网在发挥着巨大的作用。局域网或广域网通常是为了一个单位或系统服务的，而城域网则是为整个城市而不是为某个特定的部门服务的。

（3）无线电网络　无线电网络有两类：单中继网和多中继网。单中继网是指网中各站间都仅用一条线路连接。因此，当一个站发送信号时，所有各站均接收信号。多中继网络的特点是由于距离限制了直接连接，导致信号连接出现了障碍，故一个被传送的信号只能由下一级站接收。当信号传播的距离很长时会产生延时。无线电网络的设计中有许多问题需要解决，如多路由问题、无线电频谱的充分利用等。

（4）卫星网络　从本质上说，卫星网络就是只有一个中继的微波卫星系统，其中继就是外层空间的卫星转发器。地面站通过上行线路向卫星发送信号，卫星再通过下行线路反射这些信号。这种广泛传播的自然特性使得卫星通信对类似于电视节目的服务具有吸引力。

对于固定通信业务而言，作为中继用的卫星转发器一般都采用静止卫星。所谓静止卫星是指卫星相对于地面站保持不动，即当地球自转时，卫星也以同样的方向运动。所以卫星绕地球一周的时间与地球自转一周的时间是相等的。静止卫星也称为同步卫星。卫星通信具有通信距离远，通信容量大，传输质量高的优点。但由于地球站到卫星的距离较远（一般约40000km），再经多颗卫星转接时常常有延时大的缺点。

（5）移动通信网　无线通信可以解决各种移动体之间的通信问题，其方法就是建立移动通信网。通信的双方只要有一方是在移动中进行信息交换的，就属于移动通信的范畴，如果双方都在移动中就更是移动通信了。多数移动通信是在固定点与移动体之间进行的。因此，为了使移动通信用户能和市内电话用户或外地电话用户通信，就必须进入公用电话网。但是移动通信进入电话网的方式不是从用户端机直接进入的，而是要在移动通信的内部先组成网，这就是移动通信网，或称公用移动电话网。公用移动电话网为了实现移动电话用户之间以及移动电话与固定电话用户之间的通信，必须有交换控制的机构。一个移动通信网可以由一个或多个移动业务交换中心组成，这种交换中心用来完成移动电话之间的往来呼叫和构成移动电话网与固定电话网之间的接口。

也有移动通信网是内部组成的移动电话网，是为本身业务的需要服务，不进入公用电话网或只与电话网保持一定联系。例如无线电调度网，公安部门、交通部门等内部使用的移动通信网等。这种移动电话网叫作专用移动电话网。

（6）有线电视网络 有线电视网络又称 CATV 网络，是指用电缆、光纤作为主要传输媒介，向用户传送本地、远地及自办节目的通信系统。它是一种广泛普及的、低成本的、向用户传送电视信号的网络，是集节目组织、节目传送及分配于一体的区域形网络，并向综合信息传播媒介的方向发展。目前的有线电视网绝大多数是光纤/同轴电缆混合网（HFC 网）。CATV 网络的主要特点有：采用光纤与电缆传输，可在几十千米的范围内传送 100 个电视频道，带宽可达 30MHz~1GHz，可提供多种交互式宽带和窄带业务，高速传输各种媒体的信息。CATV 有着广泛的用户和市场发展前景，并且在今后相当一段时间内，会成为人们的重要社会信息媒介。有线电视网络最大的优势是频带宽，其广播式传输的技术特点及与计算机网在逻辑上的兼容性，使其自身有很好的发展空间。我国典型的有线电视网络的带宽是860MHz。如果全部网络带宽资源用于传输信号，可实现高达 5000Mbit/s 的速率，而目前一般的宽带运营商提供给用户的速率仅为 1~3Mbit/s。随着数字压缩技术的发展，有线电视网络正迎来一个崭新的发展机遇。

4. 三网融合

三网融合指的是电信网、互联网、广播电视网三大网络的物理合一，能够提供包括语音、数据、图像等综合多媒体的通信业务，例如"IPTV"、"手机电视"等跨行业业务。实际上三网代表了信息产业中三个不同行业，即电信业、计算机业和有线电视业。电信业的主体业务是电话，计算机业以提供信息检索为主（互联网是其最典型的代表），有线电视业则提供各种电视节目。

历史上电信、计算机和电视三个行业各有各的业务范围，各用各的技术，各建各的网络，各立各的行规。无论从建设、所有权、运行和管制等方面看，它们都是各自独立的行业。但一网独揽天下是行不通的，唯一可能的就是不同行业之间在技术上走向趋同；在业务范围上互相渗透、互相交叉；在网络上互联互通，形成无缝覆盖；在经营上互相竞争、互相合作，朝着向人类提供多样化、多媒体化、个性化服务的统一目标逐渐交会在一起，这就是所谓的三网融合。

促使三网融合的动力主要来自于技术、市场和自由化三个方面。在技术方面，首先是数字技术的大力发展和全面铺开，从计算机业首先开始的数字化技术在电信业中迅速发展并正在扩展到电视业。把所有信息变成 1 和 0 符号的数字技术使电信、计算机和有线电视等传统的行业界限变得越来越模糊，打破了信息产业中历来按信息种类划分市场和行业的技术壁垒，任何信息可以从任一源点流向任一宿点，以前那种"一种业务，一个网络"的组网思路和网络形态已成为过去。其次，数字处理技术、数字压缩技术和大容量光纤通信技术的开发，在很大程度上减少了网络容量这一制约因素，为传送各种业务提供了必要的带宽。现在芯片密度按摩尔定律每 8 个月翻一番，到 2010 年每个芯片最多可包含百亿个元器件。微处理器的速度一直以每 5 年 10 倍的速度增长，利用波分复用技术在单一光纤上传输 80Gbit/s的系统已经商用。另外，TCP/IP 协议的广泛采用也使不同的网络找到了可以互通、支持各种应用的共同语言。这一切都为三网融合创造了技术条件。

1.6.3　通信网络的拓扑结构

通信网络的目的是要实现高效可靠的通信。无论是由谁建设经营，实现何种业务或服务于哪个范围，其网络拓扑结构基本有六种，如图 1-7 所示。

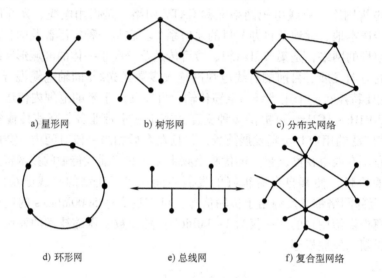

a) 星形网　　　　　　b) 树形网　　　　　　c) 分布式网络

d) 环形网　　　　　　e) 总线网　　　　　　f) 复合型网络

图 1-7　网络的拓扑结构

1. 星形网

星形网的结构如图 1-7a 所示。从图中可以看出，每一个终端均通过单一的传输链路与中心交换节点相连。星形网具有结构简单、建网容易且易于管理的特点。缺点是中心处理机负载过重，当其发生故障时会导致全网瘫痪。此外，每一节点均有专线与中心节点相连，使得线路利用率不高，信道容量浪费较大。

2. 树形网

树形网的结构如图 1-7b 所示。它是一种分层网络，适用于分级控制系统。树形网的同一线路可以连接多个终端，与星形相比，具有节省线路、成本较低和易于维护的特点；缺点是各节点对根的依赖性太大。

3. 分布式网络

如图 1-7c 所示，该网络结构是由分布在不同地点且具有多个终端的节点交换机互连成的。网中任一节点至少有两条线路相连，当任意一条线路故障时，通信可转经其他链路完成，具有较高的可靠性，同时，网络易于扩充。缺点是网络控制机构复杂，线路增多使成本增加。

分布式网络又称网形网，较有代表性的例子就是全连通网络。如前所述，一个具有 N 个节点的全连通网需要有 $N(N-1)/2$ 条传输链路。当 N 值较大时，传输链路数将很大，而传输链路的利用率却很低。因此，实际运用中一般不选择全连通网络，而是在保证可靠性的前提下，尽量减少链路的冗余，降低造价。

4. 环形网

环形网结构如图 1-7d 所示，各设备经环路节点交换机连成环形。信息流一般为单向，线路是共用的，采用分布控制方式。这种结构常用于计算机局域网中，有单环和双环之分，双环的可靠性明显优于单环。

5. 总线网

如图 1-7e 所示，它是通过总线把所有节点连接起来，从而形成一条共享信道。总线网结构比较简单，扩展十分方便，该结构也常用于计算机局域网中。

6. 复合型网络

该网络结构是现实中常见的组网方式。其特点是将分布式网络与树形网结合起来，如图 1-7f 所示。这种方式可在通信量较大的区域采用，如电话网络中的长途网络、计算机网中的骨干网络，而在局域区域内构成星形网络，既提高了网络的可靠性，又节省了链路。

1.7　现代通信技术的发展趋势

现代通信技术的发展总趋势分为五大方向，包括综合化、宽带化、智能化、个人化、全球化。通信的发展都是在交换、传输、终端几个方面交替或同步发展的，各个时期在各个方面都有相应的技术热点。目前通信领域的技术热点很多，且随着时间推进会迅速发生变化，因此本节仅以几个典型的例子包括第四代移动通信、NGN 等来说明通信技术的前沿动态。

1.7.1　现代通信技术的发展总趋势

通信技术和通信产业是现代发展最快的领域之一，不论是在国际还是在国内都是如此，这是人类进入信息社会的重要标志之一。通信就是互通信息，从这个意义上来说，通信在远古的时代就已存在。人之间的对话是通信，用手势表达情绪也可算是通信。以后用烽火传递战事情况是通信，快马与驿站传送文件当然也可是通信。纵观通信的发展分为以下三个阶段：第一阶段是语言和文字通信阶段。在这一阶段，通信方式简单，内容单一。第二阶段是电通信阶段。从宏观上看，人们对通信的理想目标是：实现任何人、任何时间、在任何地方、以任何方式、传递任何形式的信息内容。简单来说也就是 5A 目标：Anyone、Anytime、Anywhere、Anyway、Anything。现代通信技术的发展趋势分为五大方向。

1. 综合化

综合化具有双重含义。其一数字化，即无论是传输、交换还是通信处理功能都采用数字技术，实现数字传输与数字交换的综合；其二是一体化，使网络技术如电话网、数据网、电视网实现一体化，例如现在的三网合一。

2. 宽带化

宽带化是指通信系统能传输的频率范围越宽越好，即每单位时间内传输的信息越多越好。宽带化主要指现代数字通信宽带化，指通信线路能够传输的数字信号的比特率越高越好。人们日益增长的物质文化需求，如高速数据、高速文件、可视电话、会议电视、宽带可视图文、高清晰度电视以及多媒介、多功能终端等促进了新的宽带业务的发展，从而研究开发了宽带数字信号交换和传输。

3. 智能化

智能化主要指在现代通信中，大量采用计算机及其软件技术，使网络与终端，业务与管理都充满智能。

4. 个人化

个人化即通信可以达到每个人在任何时间和任何地点与任何其他人通信。人们在日常生活中总会到处奔波、移动，现代通信已经能使移动中的用户方便快捷地实现信息的交流。

5. 全球化

通信全球化使用户彻底摆脱终端的束缚，以人作为通信对象。它不仅能提供终端的移动性，而且还可提供个人的移动性，随时随地建立和维持有效通信。

1.7.2　第四代移动通信技术

第四代(4G)移动通信技术的主要指标包括：数据速率从 2Mbit/s 提高到 100Mbit/s，移动速率从步行到车速以上；支持高速数据和高分辨率多媒体服务的需要。宽带局域网应能与 B-ISDN 和 ATM 兼容，实现宽带多媒体通信，形成综合宽带通信网；对全速移动用户能够提供 150Mbit/s 的高质量影像等多媒体业务。目前进入应用阶段的第四代移动通信技术包括 TD-LTE 和 FDD-LTE 两种制式。严格意义上来讲，TD-LTE 和 FDD-LTE 只是 3.9G，尽管被宣传为 4G 无线标准，但它其实并未被 3GPP 认可为国际电信联盟所描述的下一代无线通信标准 IMT-Advanced，因此在严格意义上其还未达到 4G 的标准。只有升级版的 LTE Advanced 才满足国际电信联盟对 4G 的要求。

第四代移动通信技术的主要特点如下：

（1）具有很高的传输速率和传输质量　未来的移动通信系统应该能够承载大量的多媒体信息，因此要具备 50~100Mbit/s 的最大传输速率、非对称的上下行链路速率、地区的连续覆盖、QoS 机制、很低的比特开销等功能。

（2）灵活多样的业务功能　未来的移动通信网络应能使各类媒体、通信主机及网络之间进行无缝连接，使得用户能够自由地在各种网络环境间无缝漫游，并觉察不到业务质量上的变化，因此新的通信系统要具备媒体转换、网间移动管理及鉴权、Adhoc 网络（自组网）、代理等功能。

（3）开放的平台　未来的移动通信系统应在移动终端、业务节点及移动网络机制上具有开放性，使得用户能够自由地选择协议、应用和网络。

（4）高度智能化的网络　未来的移动通信网将是一个高度自治、自适应的网络，具有很好的重构性、可变性、自组织性等，以便于满足不同用户在不同环境下的通信需求。

第四代移动通信技术的核心技术如下：

（1）接入方式和多址方案　正交频分复用是一种无线环境下的高速传输技术，其主要思想就是在频域内将给定信道分成许多正交子信道，在每个子信道上使用一个子载波进行调制，各子载波并行传输。尽管总的信道是非平坦的，即具有频率选择性，但是每个子信道是相对平坦的，在每个子信道上进行的是窄带传输，信号带宽小于信道的相应带宽。OFDM 技术的优点是可以消除或减小信号波形间的干扰，对多径衰落和多普勒频移不敏感，提高了频谱利用率，可实现低成本的单波段接收机。OFDM 的主要缺点是功率效率不高。

（2）调制与编码技术　4G 移动通信系统采用新的调制技术，如多载波正交频分复用调制技术以及单载波自适应均衡技术等调制方式，以保证频谱利用率和延长用户终端电池的寿命。4G 移动通信系统采用更高级的信道编码方案（如 Turbo 码、级连码和 LDPC 等）、自动重发请求（ARQ）技术和分集接收技术等，从而在低 E_b/N_0 条件下保证系统足够的性能。

（3）高性能的接收机 4G 移动通信系统对接收机提出了很高的要求。香农定理给出了在带宽为 BW 的信道中实现容量为 C 的可靠传输所需的最小信噪比 SNR。按照香农定理，可以计算出，对于 3G 系统如果信道带宽为 5MHz，数据速率为 2Mbit/s，所需的 SNR 为 1.2dB；而对于 4G 系统，要在 5MHz 的带宽上传输 20Mbit/s 的数据，则所需要的 SNR 为 12dB。可见对于 4G 系统，由于速率很高，对接收机的性能要求也要高得多。

（4）智能天线技术 智能天线具有抑制信号干扰、自动跟踪以及数字波束调节等智能功能，被认为是未来移动通信的关键技术。智能天线应用数字信号处理技术，产生空间定向波束，使天线主波束对准用户信号到达方向，旁瓣或零陷对准干扰信号到达方向，达到充分利用移动用户信号并消除或抑制干扰信号的目的。这种技术既能改善信号质量又能增加传输容量。

（5）MIMO 技术 多输入多输出（MIMO）技术是指利用多发射、多接收天线进行空间分集的技术，它采用的是分立式多天线，能够有效地将通信链路分解成为许多并行的子信道，从而大大提高容量。信息论已经证明，当不同的接收天线和不同的发射天线之间互不相关时，MIMO 系统能够很好地提高系统的抗衰落和噪声性能，从而获得巨大的容量。

（6）软件无线电技术 软件无线电技术是将标准化、模块化的硬件功能单元经过一个通用硬件平台，利用软件加载方式来实现各种类型的无线电能信系统的一种具有开放式结构的新技术。软件无线电技术的核心思想是在尽可能靠近天线的地方使用宽带 A-D 和 D-A 变换器，并尽可能多地用软件来定义无线功能，各种功能和信号处理都尽可能用软件实现。其软件系统包括各类无线信令规则与处理软件、信号流变换软件、信源编码软件、信道纠错编码软件、调制解调算法软件等。软件无线电技术使得系统具有灵活性和适应性，能够适应不同的网络和空中接口。

（7）基于 IP 的核心网 移动通信系统的核心网是一个基于全 IP 的网络，同已有的移动网络相比具有根本性的优点，即可以实现不同网络间的无缝互联。核心网独立于各种具体的无线接入方案，能提供端到端的 IP 业务，能同已有的核心网和 PSTN 兼容。核心网具有开放的结构，能允许各种空中接口接入核心网；同时核心网能把业务、控制和传输等分开。采用 IP 后，所采用的无线接入方式和协议与核心网络协议、链路层是分离独立的。IP 与多种无线接入协议相兼容，因此在设计核心网络时具有很大的灵活性，不需要考虑无线接入究竟采用何种方式和协议。

（8）多用户检测技术 多用户检测是宽带通信系统中抗干扰的关键技术。在实际的 CD-MA 通信系统中，各个用户信号之间存在一定的相关性，这就是多址干扰存在的根源。由个别用户产生的多址干扰固然很小，可是随着用户数的增加或信号功率的增大，多址干扰就成为宽带 CDMA 通信系统的一个主要干扰。传统的检测技术完全按照经典直接序列扩频理论对每个用户的信号分别进行扩频码匹配处理，因而抗多址干扰能力较差；多用户检测技术在传统检测技术的基础上，充分利用造成多址干扰的所有用户信号信息对单个用户的信号进行检测，从而具有优良的抗干扰性能，解决了远近效应问题，降低了系统对功率控制精度的要求，因此可以更加有效地利用链路频谱资源，显著提高系统容量。随着多用户检测技术的不断发展，各种高性能又不是特别复杂的多用户检测器算法不断提出，在 4G 实际系统中采用多用户检测技术将是切实可行的。

第四代移动通信技术的主要标准如下：

（1）LTE　长期演进（Long Term Evolution，LTE）项目是 3G 的演进，它改进并增强了 3G 的空中接入技术，采用 OFDM 和 MIMO 作为其无线网络演进的唯一标准。根据 4G 牌照发布的规定，国内三家运营商中国移动、中国电信和中国联通，都拿到了 TD-LTE 制式的 4G 牌照。

（2）LTE-Advanced　从字面上看，LTE-Advanced 就是 LTE 技术的升级版，那么为何两种标准都能够成为 4G 标准呢？LTE-Advanced 的正式名称为 Further Advancements for E-UTRA，它满足 ITU-R 的 IMT-Advanced 技术征集的需求，是 3GPP 形成欧洲 IMT-Advanced 技术提案的一个重要来源。LTE-Advanced 是一个后向兼容的技术，完全兼容 LTE，是演进而不是革命，相当于 HSPA 和 WCDMA 这样的关系。LTE-Advanced 的相关特性如下：带宽，100MHz；峰值速率，下行 1Gbit/s，上行 500Mbit/s；峰值频谱效率，下行 30bit/s/Hz，上行 15bit/s/Hz；针对室内环境进行优化；有效支持新频段和大带宽应用；峰值速率大幅提高，频谱效率有限改进。

如果严格的讲，LTE 作为 3.9G 技术，LTE-Advanced 作为 4G 标准更加确切一些。LTE-Advanced 的入围，包含 TDD 和 FDD 两种制式，其中 TD-SCDMA 将能够进化到 TDD 制式，而 WCDMA 网络能够进化到 FDD 制式。

1.7.3　下一代网络

下一代网络（Next Generation Network，NGN）从字面上理解，应该是以当前网络为基点的新一代网络，它是一个建立在 IP 技术基础上的新型公共电信网络，能够容纳各种形式的信息，提供各种宽带应用和传统电信业务，是一个真正实现宽带窄带一体化、有线无线一体化、有源无源一体化、传输接入一体化的综合业务网络。

NGN 主要思想是在一个统一的网络平台上以统一管理的方式提供多媒体业务。其中语音的交换将采用软交换技术，而平台的主要实现方式为 IP 技术，其中 VoIP 将是下一代网络中的一个重点。

NGN 是从传统的以电路交换为主的 PSTN 网络，逐渐迈向以分组交换为主的网络，它承载了原有 PSTN 网络的所有业务，把大量的数据传输卸载到 IP 网络中以减轻 PSTN 网络的重荷，又以 IP 技术的新特性增加和增强了许多新老业务。从某种意义上讲，NGN 是基于时分复用（Time Division Multiplexing，TDM）的 PSTN 语音网络和基于 IP/ATM 的分组网络融合的产物，它使得在新一代网络上语音、视频、数据等综合业务成为了可能。

ITU-T 将 NGN 应具有的基本特征概括为以下几点：多业务（语音与数据、固定与移动、点到点与广播的会聚）、宽带化（具有端到端透明性）、分组化、开放性（控制功能与承载能力分离，业务功能与传送功能分离，用户接入与业务提供分离）、移动性、兼容性（与现有网的互通）。除此之外，安全性和可管理性（包括 QoS 的保证）是电信运营公司和用户所普遍关心的，也是 NGN 与互联网的主要区别。

NGN 是传统电信技术发展和演进的一个重要里程碑。从网络特征和网络发展上看，它源于传统智能网的业务和呼叫控制相分离的基本理念，并将承载网络分组化、用户接入多样化等网络技术思路在统一的网络体系结构下实现。因此，准确地说 NGN 并不是一场技术革命，而是一种网络体系的革命。它继承了现有电信技术的优势，以软交换为控制核心、以分组交换网络为传输平台、结合多种接入方式(包括固定网、移动网等)的网络体系。NGN 与现有技术相比具有明显的优势。

1. 网络功能

从网络层次上来看,NGN 在垂直方向从上往下依次包括业务层、控制层、媒体传输层和接入层,从网络功能层次上看,NGN 在垂直方向从上往下依次包括业务层、控制层、媒体传输层和接入层,在水平方向应覆盖核心网和接入网乃至用户驻地网。

业务层主要为网络提供各种应用和服务,提供面向客户的综合智能业务,提供业务的客户化定制。控制层负责完成各种呼叫控制和相应业务处理信息的传送。在这一层有一个重要的设备即软交换设备,它能完成呼叫的处理控制、接入协议适配、互连互通等综合控制处理功能,提供全网络应用支持平台。媒体传输层主要指由 IP 路由器等骨干传输设备组成的包交换网络,是软交换网络的承载基础。接入层主要指与现有网络相关的各种接入网关和新型接入终端设备,完成与现有各种类型的通信网络的互通并提供各类通信终端(如模拟话机、SIP Phone、PC Phone 可视终端、智能终端等)到 IP 核心层的接入。

2. 业务特点

1) 多媒体化:NGN 中发展最快的特点将是多媒体特点,同时多媒体特点也是 NGN 最基本、最明显的特点。

2) 开放性:NGN 网络具有标准的、开放的接口,为用户快速提供多样的定制业务。

3) 个性化:个性化业务的提供将给未来的运营商带来丰厚的利润。

4) 虚拟化:虚拟业务将是个人身份、联系方式以至于住所都虚拟化。用户可以使用个人号码、号码可以携带等虚拟业务,实现在任何时候、任何地方的通信。

5) 智能化:NGN 的通信终端具有多样化、智能化的特点,网络业务和终端特性结合起来可以提供更加智能化的业务。

3. 关键技术

1) IPv6:作为网络协议,NGN 将基于 IPv6。IPv6 相对于 IPv4 的主要优势是:扩大了地址空间、提高了网络的整体吞吐量、服务质量得到很大改善、安全性有了更好的保证、支持即插即用和移动性、更好地实现了多播功能。

2) 光纤高速传输技术:NGN 需要更高的速率、更大的容量,但到目前为止能够看到的,并能实现的最理想传送媒介仍然是光。因为只有利用光谱才能带来充裕的带宽。光纤高速传输技术现正沿着扩大单一波长传输容量、超长距离传输和密集波分复用(DWDM)系统三个方向在发展。

3) 光交换与智能光网:光有高速传输是不够的,NGN 需要更加灵活、更加有效的光传送网。组网技术现正从具有分插复用和交叉连接功能的光联网向利用光交换机构成的智能光网发展,从环形网向网状网发展,从光-电-光交换向全光交换发展。智能光网能在容量灵活性、成本有效性、网络可扩展性、业务灵活性、用户自助性、覆盖性和可靠性等方面比点到点传输系统给光联网带来更多的好处。

4) 宽带接入:NGN 必须要有宽带接入技术的支持,因为只有接入网的带宽瓶颈被打开,各种宽带服务与应用才能开展起来,网络容量的潜力才能真正发挥。这方面的技术五花八门,主要有以下四种技术,一是基于高速数字用户线(VDSL);二是基于以太网无源光网(EPON)的光纤到家(FTTH);三是自由空间光系统(FSO);四是无线局域网(WLAN)。

5）城域网：城域网也是 NGN 中不可忽视的一部分。城域网的解决方案十分活跃，有基于 SONET/PDH/SDH 的、基于 ATM 的、也有基于以太网或 WDM 的，以及 MPLS 和 RPR（弹性分组环技术）等。

6）弹性分组环：弹性分组环是面向数据（特别是以太网）的一种光环新技术，它利用了大部分数据业务的实时性不如语音那样强的事实，使用双环工作的方式。弹性分组环技术（RPR）与媒介无关，可扩展，采用分布式的管理、拥塞控制与保护机制，具备分服务等级的能力。能比 SONET/SDH 更有效地分配带宽和处理数据，从而降低运营商及其企业客户的成本。使运营商在城域网内通过以太网运行电信级的业务成为可能。

7）城域光网：城域光网是代表发展方向的城域网技术，其目的是把光网在成本与网络效率方面的好处带给最终用户。城域光网是一个扩展性非常好并能适应未来的透明、灵活、可靠的多业务平台，能提供动态的、基于标准的多协议支持，同时具备高效的配置能力、生存能力和综合网络管理的能力。

8）软交换：为了把控制功能（包括服务控制功能和网络资源控制功能）与传送功能完全分开，NGN 需要使用软交换技术。软交换的概念基于新的网络分层模型（接入与传送层、媒体层、控制层与网络服务层四层）概念，从而对各种功能做不同程度的集成，把它们分离开来，通过各种接口协议，使业务提供者可以非常灵活地将业务传送协议和控制协议结合起来，实现业务融合和业务转移，非常适用于不同网络并存互通的需要，也适用于从语音网向多业务多媒体网的演进。

9）网络安全技术：网络安全与信息安全是休戚相关的，网络不安全，就谈不上信息安全。除了常用的防火墙、代理服务器、安全过滤、用户证书、授权、访问控制、数据加密、安全审计和故障恢复等安全技术外，今后还要采取更多的措施来加强网络的安全。

1.8 实训任务 数字通信系统信道与设备的认知

1.8.1 双绞线、同轴电缆、光缆的认识与接头制作

1. 实训目的

1）熟悉双绞线、同轴电缆、光缆的结构、分类和应用。

2）掌握 E1 线的接头制作方法。

3）掌握网线的接头制作方法。

2. 实训设备

1）网线钳。

2）网线测试仪。

3）剥线钳。

4）压线钳。

5）三用表。

6）烙铁。

3. 实训原理

常见的网线主要有双绞线、同轴电缆、光缆三种。

（1）双绞线　双绞线是由许多对线组成的数据传输线。它的特点就是价格便宜，所以被广泛应用，如常见的电话线等。它是用来和 RJ45 水晶头相连的。

双绞线的英文名字叫 Twist-Pair。是综合布线工程中最常用的一种传输介质。

双绞线采用了一对互相绝缘的金属导线互相绞合的方式来抵御一部分外界电磁波干扰。把两根绝缘的铜导线按一定密度互相绞在一起，可以降低信号干扰的程度，每一根导线在传输中辐射的电波会被另一根线上发出的电波抵消。双绞线的名字也是由此而来。双绞线一般由两根 22~26 号绝缘铜导线相互缠绕而成，实际使用时，双绞线是由多对双绞线一起包在一个绝缘电缆套管里的。

典型的双绞线有四对的，也有更多对双绞线放在一个电缆套管里的，称为双绞线电缆。双绞线电缆如图 1-8 所示。在双绞线电缆内，不同线对具有不同的扭绞长度，一般地说，扭绞长度在 13cm 以内，按逆时针方向扭绞。相临线对的扭绞长度在 12.7cm 以上，一般扭线的越密其抗干扰能力就越强。与其他传输介质相比，双绞线在传输距离，信道宽度和数据传输速度等方面均受到一定限制，但价格较为低廉。

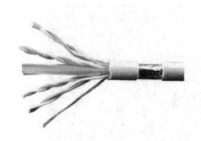

图 1-8　双绞线电缆

双绞线可分为非屏蔽双绞线（Unshielded Twisted Pair, UTP）和屏蔽双绞线（Shielded Twisted Pair, STP）。屏蔽双绞线电缆的外层由铝铂包裹，以减小辐射，但并不能完全消除辐射，屏蔽双绞线价格相对较高，安装时要比非屏蔽双绞线电缆困难，屏蔽双绞线电缆如图 1-9 所示。在这两大类中又分 100Ω 电缆、双体电缆、大对数电缆和 150Ω 屏蔽电缆等。

（2）同轴电缆　同轴电缆由里到外分为四层：中心铜线（单股的实心线或多股绞合线）、绝缘层、网状屏蔽层和塑料封套，如图 1-10 所示。中心铜线和网状屏蔽层形成电流回路。同轴电缆因为中心铜线和网状屏蔽层为同轴关系而得名。

目前，常用的同轴电缆有两类：50Ω 和 75Ω 同轴电缆。75Ω 同轴电缆常用于 CATV 网，故称为 CATV 电缆，传输带宽可达 1GHz，目前常用 CATV 电缆的传输带宽为 750MHz。50Ω 同轴电缆主要用于基带信号传输，传输带宽为 1~20MHz，总线型以太网就是使用 50Ω 同轴电缆，在以太网中，50Ω 细同轴电缆的最大传输距离为 185 米，粗同轴电缆可达 1000 米。

同轴电缆的优点是可以在相对长的无中继器的线路上支持高带宽通信，而其缺点也是显而易见的：一是体积大，细缆的直径就有 3/8in（1in = 0.0254m），要占用电缆管道的大量空间；二是不能承受缠结、压力和严重的弯曲，这些都会损坏电缆结构，阻止信号的传输；最后就是成本高，而所有这些缺点正是双绞线能克服的，因此在现在的局域网环境中，基本已

图 1-9 屏蔽双绞线电缆

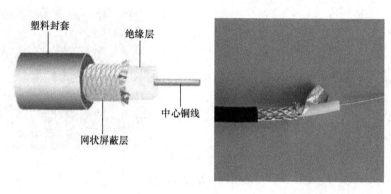

a) 结构示意图   b) 实物图

图 1-10 同轴电缆

被基于双绞线的以太网物理层规范所取代。

（3）光纤与光缆 光纤是由成同心圆的双层透明介质构成的一种纤维，如图 1-11 所示。光纤是一种将信息从一端传送到另一端，以玻璃或塑胶纤维让信息通过的传输媒介。

光纤的完整名称叫作光导纤维，用纯石英以特别的工艺拉成细丝，其直径比头发丝还要细。光束在玻璃纤维内传输，信号不受电磁的干扰，传输稳定。具有性能可靠、质量高、速度快、线路损耗低、传输距离远等特点，适合于高速网络和骨干网。

光纤按光在光纤中的传输模式可分为多模光纤和单模光纤。多模光纤的纤芯直径为 50~62.5μm，包层外直径 125μm，单模光纤的纤芯直径为 8.3μm，包层外直径 125μm。光纤的工作波长有短波长 0.85μm、长波长 1.31μm 和 1.55μm。光纤损耗一般是随波长加长而减小。80 年代起，倾向于多用单模光纤，而且先用长波长 1.31μm。

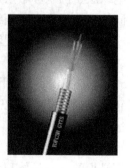

图 1-11 光纤

多模光纤（Multi Mode Fiber）：中心玻璃芯较粗（50μm 或 62.5μm），

可传多种模式的光。但其模间色散较大，这就限制了传输数字信号的频率，而且随距离的增加会更加严重。因此，多模光纤传输的距离就比较近，一般只有几公里。

单模光纤(Single Mode Fiber)：中心玻璃芯很细(芯径一般为 9μm 或 10μm)，只能传一种模式的光。因此，其模间色散很小，适用于远程通信，但还存在着材料色散和波导色散，这样单模光纤对光源的谱宽和稳定性有较高的要求，即谱宽要窄，稳定性要好。后来又发现在 1.31μm 波长处，单模光纤的材料色散和波导色散一为正、一为负，大小也正好相等。这就是说在 1.31μm 波长处，单模光纤的总色散为零。从光纤的损耗特性来看，1.31μm 处正好是光纤的一个低损耗窗口。这样，1.31μm 波长区就成了光纤通信的一个很理想的工作窗口，也是现在实用光纤通信系统的主要工作波段。

光纤按最佳传输频率窗口分为常规型单模光纤和色散位移型单模光纤。常规型：光纤生产厂家将光纤传输频率最佳化在单一波长的光上，如 1300μm。色散位移型：光纤生产厂家将光纤传输频率最佳化在两个波长的光上，如 1300μm 和 1550μm。

单模光纤没有模式色散所以具有很高的带宽，那么如果让单模光纤工作在 1.55μm 波长区，不就可以实现高带宽、低损耗传输了吗？但是实际上并不是这么简单。常规单模光纤在 1.31μm 处的色散比在 1.55μm 处色散小得多。这种光纤如工作在 1.55μm 波长区，虽然损耗较低，但由于色散较大，仍会给高速光通信系统造成严重影响。因此，这种光纤仍然不是理想的传输媒介。为了使光纤较好地工作在 1.55μm 处，人们设计出一种新的光纤，叫作色散位移光纤(DSF)。这种光纤可以对色散进行补偿，使光纤的零色散点从 1.31μm 处移到 1.55μm 附近。这种光纤又称为 1.55μm 零色散单模光纤，代号为 G653。G653 光纤是单信道、超高速传输的极好的传输媒介。现在这种光纤已用于通信干线网，特别是用于海缆通信类的超高速率、长中继距离的光纤通信系统中。

光纤按折射率分布情况分为阶跃型和渐变型光纤。阶跃型：光纤的纤芯折射率高于包层折射率，使得输入的光能在纤芯—包层交界面上不断产生全反射而前进。这种光纤纤芯的折射率是均匀的，包层的折射率稍低一些。光纤中心芯到玻璃包层的折射率是突变的，只有一个台阶，所以称为阶跃型折射率多模光纤，简称阶跃光纤，也称突变光纤。这种光纤的传输模式很多，各种模式的传输路径不一样，经传输后到达终点的时间也不相同，因而产生时延差，使光脉冲受到展宽。所以这种光纤的模间色散高，传输频带不宽，传输速率不能太高，用于通信不够理想，只适用于短途低速通讯，这是研究开发较早的一种光纤，现已逐渐被淘汰。

为了解决阶跃光纤存在的弊端，人们又研制、开发了渐变折射率多模光纤，简称渐变光纤。渐变型光纤中心芯到玻璃包层的折射率逐渐变小，可使高次模的光按正弦形式传播，这能减少模间色散，提高光纤带宽，增加传输距离，但成本较高，现在的多模光纤多为渐变光纤。渐变光纤的包层折射率分布与阶跃光纤一样，为均匀的。渐变光纤的纤芯折射率中心最大，沿纤芯半径方向逐渐减小。

光纤按光纤的工作波长分为短波长光纤、长波长光纤和超长波长光纤。常用光纤规格：单模包括 8/125μm、9/125μm、10/125μm；多模包括 50/125μm 欧洲标准、62.5/125μm 美国标准。

光缆就是由若干光纤纤芯组成的缆线。光缆可分为缆芯、护层及加强元件两部分。

按照被覆光纤在光缆中所处的状态，光缆有紧结构与松结构两类。骨架型光缆是一种典型的松结构。光纤埋在骨架外周螺旋槽中，有活动余地。这种光缆隔离外力和防止微弯损耗的特性较好。绞合型光缆当使用紧包光纤时是一种典型的紧结构，被覆光纤被紧包于缆结构中，但绞合型光缆使用松包光纤时，由于光纤在二次被覆塑料管中可以活动，仍属松结构。绞合型光缆的成缆工艺较为简单，性能良好。此外，还有带状光缆、单芯光缆等结构类型。光缆结构如图 1-12 所示。

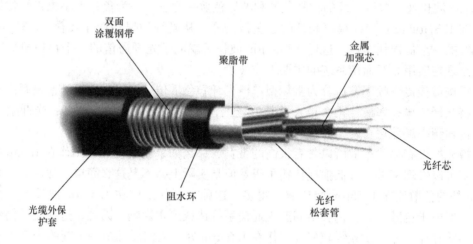

图 1-12　光缆结构

各种光缆中都有增强件，用以承载拉力。它由具有高弹性模量的高强度材料制成，常用的有钢丝、高强度玻璃纤维和高模量合成纤维芳纶等。光缆的护套结构和材料视使用环境和要求而定，与同样使用条件下的电缆基本相同。按照使用环境分，光缆有架空光缆、直埋光缆、海底光缆、野战光缆等。

4. 实训内容

（1）E1 线接头制作

1）剥线：同轴电缆由外向内分别为保护胶皮、金属屏蔽网线（接地屏蔽线）、乳白色透明绝缘层和芯线（信号线），芯线由一根或几根铜线构成，金属屏蔽网线是由金属线编织的金属网，内外层导线之间用乳白色透明绝缘物填充，内外层导线保持同轴固称为同轴电缆。剥线用小刀将同轴电缆外层保护胶皮剥去 1.5cm，小心不要割伤金属屏蔽线，再将芯线外的乳白色透明绝缘层剥去 0.6cm，使芯线裸露。如图 1-13 所示，将上过锡的屏蔽网和芯线用斜口钳剪断，屏蔽网和芯线分别留长约 7mm 和 3mm。

2）连接芯线：BNC 接头由 BNC 接头本体、屏蔽金属套筒、芯线插针三件组成。芯线插针用于连接同轴电缆芯线，剥好线后请将芯线插入芯线插针尾部的小孔中，用专用卡线钳前部的小槽用力夹一下，使芯线压紧在小孔中。可以使用电烙铁焊接芯线与芯线插针，将芯线插针尾部的小孔中置入一点松香粉或中性焊剂后焊接，焊接时注意不要将

图 1-13　剥线

焊锡流露在芯线插针外表面，否则会导致芯线插针报废。如图1-14所示。

图1-14 连接芯线

3）装配BNC接头：连接好芯线后，先将屏蔽金属套筒套入同轴电缆，再将芯线插针从BNC接头本体尾部孔中向前插入，使芯线插针从前端向外伸出，最后将金属套筒前推，使套筒将外层金属屏蔽线卡在BNC接头本体尾部的圆柱体。将上过锡的线缆与上过锡的BNC头直接焊接，然后整理毛刺。

制作组装式BNC接头需使用小螺丝刀和电工钳，按前述方法剥线后，将芯线插入芯线固定孔，再用小螺丝刀固定芯线，外层金属屏蔽线拧在一起，用电工钳固定在屏蔽线固定套中，最后将尾部金属拧在BNC接头本体上。制作焊接式BNC接头需使用电烙铁，按前述方法剥线后，只需用电烙铁将芯线和屏蔽线焊接在BNC头上的焊接点上，套上硬塑料绝缘套和软塑料尾套即可。

4）测试：所有工作完成后进行测试，用三用表的两根表笔分别对应中继头的内芯和外皮，此时电阻应趋向无穷大。

（2）网线接头制作 RJ45的水晶头接法分T568A与T568B，两种接线方法基本相同，不同是T568B的首线对是橙色，T568A的首线对是绿色。T568A的排线顺序为：绿白、绿、橙白、蓝、蓝白、橙、棕白、棕。T568B的排线顺序为：橙白、橙、绿白、蓝、蓝白、绿、棕白、棕。

一条网线两端RJ-45水晶头中的线序排列完全相同的网线，称为直通线（Straight Cable），直通线一般均采用EIA/TIA568B标准，通常只适用于计算机到集线设备之间的连接。当使用双绞线直接连接两台计算或连接两台集线设备时，另一端的线序应作相应的调整，即第1、2线和第3、6线对调，制作为交叉线（Crossover Cable），采用EIA/TIA568A标准。

直通线接法如表1-1所示。

表1-1 直通线接法

	1	2	3	4	5	6	7	8
A端	橙白	橙	绿白	蓝	蓝白	绿	棕白	棕
B端	橙白	橙	绿白	蓝	蓝白	绿	棕白	棕

交叉线接法如表1-2所示。

表1-2 交叉线接法

	1	2	3	4	5	6	7	8
A端	橙白	橙	绿白	蓝	蓝白	绿	棕白	棕
B端	绿白	绿	橙白	蓝	蓝白	橙	棕白	棕

直通线的制作步骤:

1)准备好5类线、RJ-45插头和一把专用的压线钳,如图1-15所示。

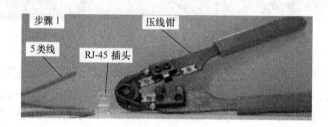

图1-15 步骤1

2)用压线钳的剥线刀口将5类线的外保护套管划开(小心不要将里面的双绞线的绝缘层划破),刀口距5类线的端头至少2厘米,如图1-16所示。

图1-16 步骤2

3)将划开的外保护套管剥去(旋转并向外抽),如图1-17所示。

4)露出5类线电缆中的4对双绞线,如图1-18所示。按照EIA/TIA-568B标准和导线颜色将导线按规定的序号排好。

5)将8根导线平坦整齐地平行排列,导线间不留空隙,如图1-19所示。

6)准备用压线钳的剪线刀口将8根导线剪断,一定要剪得很整齐,如图1-20所示。剥开的导线长度不可太短,可以先留长一些。不要剥开每根导线的绝缘外层。

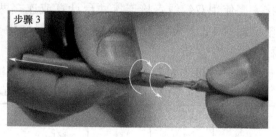

图1-17 步骤3

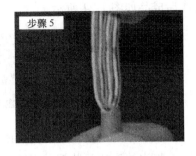

图 1-18　步骤 4　　　　　　　　　　　　　图 1-19　步骤 5

7）将剪断的电缆线放入 RJ-45 插头试试长短（要插到底），如图 1-21 所示，反复进行调整使电缆线的外保护层最后应能够在 RJ-45 插头内的凹陷处被压实。

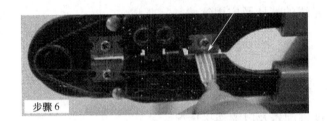

图 1-20　步骤 6　　　　　　　　　　　　　图 1-21　步骤 7

8）在确认一切都正确后（特别要注意不要将导线的顺序排列反了），将 RJ-45 插头放入压线钳的压头槽内，准备最后的压实，如图 1-22 所示。

图 1-22　步骤 8

9）双手紧握压线钳的手柄，用力压紧，如图 1-23 所示。在这一步骤完成后，插头的 8 个针脚接触点就穿过导线的绝缘外层，分别和 8 根导线紧紧地压接在一起。

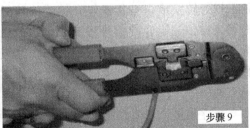

图 1-23　步骤 9

完成后成品如图 1-24 所示。

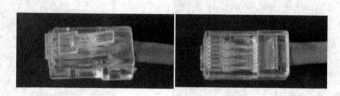

图 1-24　完成后成品

10）在将水晶头的两端都做好后，用网线测试仪进行测试，如果测试仪上 8 个指示灯都依次闪过，证明网线制作成功。

5. 实训报告

1）分析并记录制作 E1 线接头、网线接头过程中出现的问题和原因。

2）分析并论述双绞线、同轴电缆、光缆的特性及应用领域。

1.8.2　数字程控交换设备认识

1. 实训目的

1）熟悉数字程控交换机结构。

2）了解电话局所用数字程控交换机硬件配备及电缆连接情况。

3）体会数字程控交换系统进行电话通话的过程。

2. 实训设备

1）数字程控交换机。

2）以太网络计算机房。

3）数字程控交换系统软件。

3. 实训原理

经过不断发展完善，数字程控交换机已广泛应用于电话网络之中，成为了电话交换局的核心设备。本任务以小型独立局配置工作为载体，阐述数字程控交换机的结构和工作过程。

通信的目的是实现信息的传递。在通信系统中，信息是以电信号或光信号的形式传输的。一个通信系统至少应由终端和传输媒介组成，如图 1-25 所示。终端将含有信息的消息，如语音、图像、计算机数据等转换成可被传输媒介接受的信号形式，同时将来自传输媒介的信号还原成原始消息；传输媒介则把信号从一个地点传送至另一个地点。这样一种仅涉及两个终端的单向或交互通信的方式称为点对点通信。

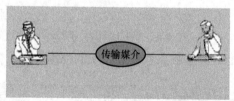

图 1-25　点对点通信

当存在多个终端，且希望它们中的任何两个都可以进行点对点通信时，最直接的方法是把所有终端两两相连，如图 1-26 所示。这样的一种连接方式称为全互连式。全互连式连接存在下列一些缺点：

1) 当存在 N 个终端时，需用 $N(N-1)/2$ 条线对，线对数量以终端数的平方增加。

2) 当这些终端分别位于相距很远的两地时，两地间需要大量的长线路。

3) 每个终端都有 $N-1$ 条线与其他终端相接，因而每个终端需要 $N-1$ 个线路接口。

4) 增加第 $N+1$ 个终端时，必须增设 N 对线路。当 N 较大时，无法实用化。

5) 由于每个用户处的出线过多，因此维护工作量较大。

如果在用户分布密集的中心安装一个设备——交换机（Switch，也叫交换节点），每个用户的终端设备经各自的专用线路连接到交换机上，如图 1-27 所示，这样就可以克服全互连式连接存在的问题。

在图 1-27 中，当任意两个用户之间要交换信息时，交换机将这两个用户的通信线路连通。用户通信完毕，两个用户间的连线就断开。有了交换设备，N 个用户只需要 N 对线就可以满足要求，线路的投资费用大大降低，用户线的维护也变得简单容易。尽管这样增加了交换设备的费用，但它的利用率很高，相比之下，总的投资费用将下降。

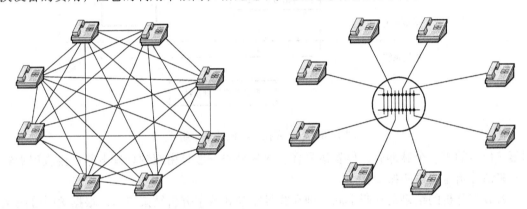

图 1-26 多用户全互连式连接　　　　　图 1-27 用户通过交换机连接

由此可以知道，交换机的作用是完成各个用户之间的接续，即当任意两个用户要通话时，由交换机将它们连通，通话完毕将线路拆除，供其他用户使用。

程控交换机是传统语音业务中最先进的一种设备，由于程序控制的运用，更先进的通信网络的出现才成为可能。

程控交换机的控制系统是由计算机来控制的交换机，是将控制程序放在存储器中，在计算机控制下启动这些程序完成交换机的各项工作。

数字程控交换机的基本组成如图 1-28 所示。它的话路系统包括用户电路、用户集线器、数字交换网络、模拟中继器和数字中继器等。

根据前述程控交换机的基本结构，结合日常拨打电话的过程，程控交换机处理一次电话呼叫的简要流程如图 1-29 所示。根据呼叫流程图可知，程控交换机处理一次电话呼叫过程为：

主叫摘机到交换机送拨号音：

程控交换机按一定的周期执行用户线扫描程序，对用户电路扫描点进行扫描，检测出摘机呼出的用户，并确定呼出用户的设备号。

收号和数字分析：

程控交换机中脉冲号码是由用户电路接收的，扫描检出并识别后收入相应存储器，在收

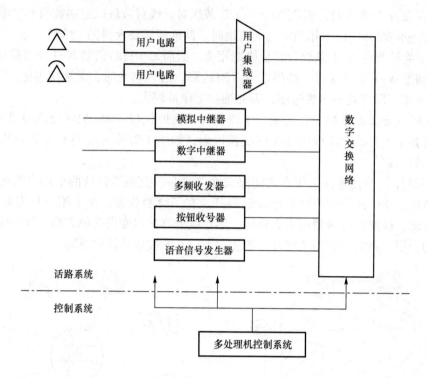

图 1-28　数字程控交换机的基本组成

到第一位号的第一个脉冲后，停发拨号音。双频号码一般是由双频处理电路板接收识别的。

来话分析至向被叫振铃：

若数字分析的结果是呼叫本局，则在收号完毕和数字分析结束以后，根据被叫号码从存储器找到被叫用户的数据(包括被叫用户的设备、用户类别等内容)，而后根据用户数据执行来话分析程序进行来话分析，并测被叫用户忙闲。

被叫应答双方通话：

被叫摘机应答由扫描检出，由预先已选好的空闲路由建立主被叫两用户的通话电路。同时，停送铃流和回铃音信号。通话电源一般经由各自的用户电路提供。

话终挂机、复原：

双方通话时，一般由其用户电路监视是否话终挂机。如主叫先挂机，由扫描检出，通话路由复原，向被叫送忙音，被叫挂机后其用户电路复原，停送忙音。

4. 实训步骤

(1) 实训平台数字程控交换系统总体配置图(如图 1-30 所示)　数字程控交换机是采用全数字三级控制方式，无阻塞全时分交换系统。语音信号在整个过程中实现全数字化。同时为满足实验方对模拟信号认识的要求，也可以根据用户需要配置模拟中继板。

实训维护终端通过局域网(LAN)方式和交换机 BAM 后管理服务器通信，完成对程控交换机的设置、数据修改、监视等来达到用户管理的目的。

(2) 数字程控交换机的硬件层次结构　C&C08 交换机在硬件上具有模块化的层次结构。整个硬件系统可分为以下 4 个等级：

1) 单板：单板是 C&C08 交换机数字程控交换系统的硬件基础，是实现交换系统功能的

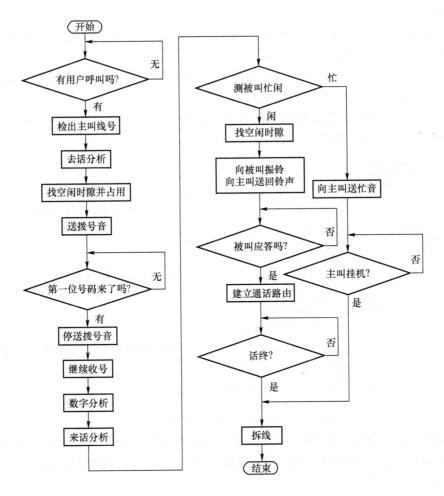

图 1-29 处理一次呼叫的流程

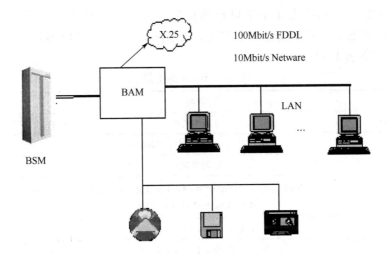

图 1-30 数字程控交换系统总体配置图

基本组成单元。

2）功能机框：当安装有特定母板的机框插入多种功能单板时就构成了功能机框，如交换模块 SM 中的主控框、用户框、中继框等。

3）模块：单个功能机框或多个功能机框的组合就构成了不同类别的模块，如交换模块 SM 由主控框、用户框（或中继框）等构成。

4）交换系统：不同的模块按需要组合在一起就构成了具有丰富功能和接口的交换系统。C&C08 交换机的硬件结构示意图如图 1-31 所示。

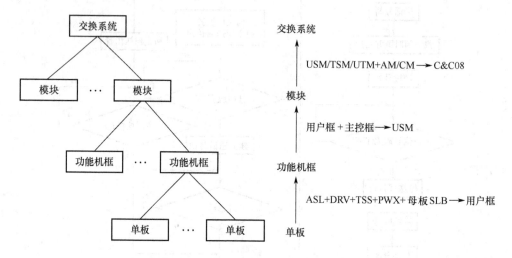

图 1-31　C&C08 交换机的硬件结构示意图

（3）程控交换实训平台配置　本实训平台由如下 6 大部分组成：BAM 后管理服务器、主控框、时钟框（无）、中继框、用户框、实训用（机柜）终端。程控交换实训平台配置图如图 1-32 所示。

单板及机框结构如图 1-33 所示。

1）BAM 的配置。BAM 系统由前后台通信板、工控机、加载电缆等组成。BAM 通过 MCP 卡与主机交换数据，并通过集线器挂接多个工作站，如图 1-34 所示。

BAM 的配置如表 1-3 所示。

表 1-3　BAM 的配置

名称	规格	配置
前后台通信板	C805MCP	2
加载电缆	AM06FLLA　8 芯双绞加载电缆	2
网络终接器	50Ω 网络终接器	2
工控机	C400 以上/128Mbit/s/2×10Gbit/s 以上/640Mbit/s MO/CDROM/MODEM/网卡	1
工具软件	中文 Windows NT Server 4.0	1
工具软件	MS SQL Server 7.0	1

2）主控框配置。主控框负责整机的设备管理和接续。主控框包括的单板有：主处理机

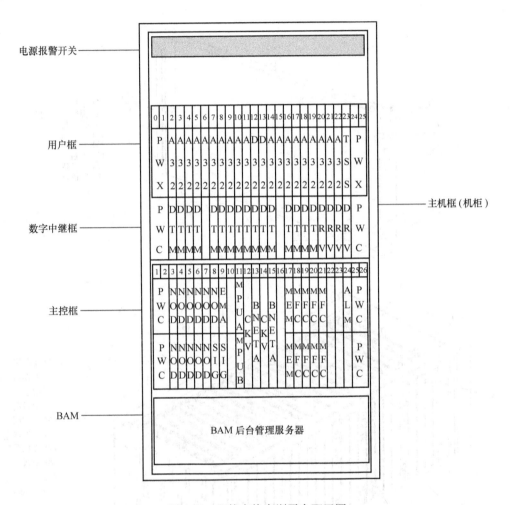

图 1-32　程控交换实训平台配置图

板（MPU）、双机倒换板（EMA）、主节点板（NOD）、数字信号音板（SIG）、模块内交换网板（BNET）、时钟驱动板（CKV）、多频互控板（MFC）、协议处理板（LAP）、二次电源板（PWC）、内存板（MEM）。主控框的单板配置如图 1-35 所示。

3）数字中继框配置。数字中继框配置如图 1-36 所示。中继框共 16 个 DTM 槽位，DTM 板的数量根据所需中继数配置。数字中继板（DTM）；双音收号及驱动板（DRV）。

4）用户框配置。本程控交换实训平台采用 32 路用户框，配置如下：

1 框内可插 2 块 PWX，19 块 ASL32（简称 A32）、2 块 DRV32（简称 D32）共 608 个用户。整框的板位结构如图 1-37 所示。每块 ASL 板可提供 32 路模拟用户。ASL 为模拟用户板，DRV 为双音收号及驱动板。

（4）电话通信过程　通过数字程控交换系统将基本电话业务脚本软件同步到交换系统后，学生可进行电话业务的拨打测试。根据图 1-31 所示呼叫流程图进行操作。程控交换机处理一次电话呼叫过程为主叫摘机后听到拨号音，拨打被叫号码后，交换系统如果检测到被叫空闲，将给被叫发送振铃信号，同时向主叫发送回铃音，被叫摘机后，通信链路建立开始

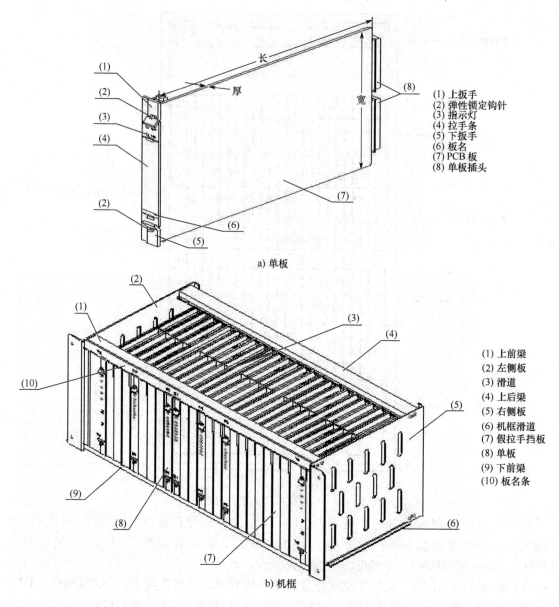

(1) 上扳手
(2) 弹性锁定钩针
(3) 指示灯
(4) 拉手条
(5) 下扳手
(6) 板名
(7) PCB 板
(8) 单板插头

a) 单板

(1) 上前梁
(2) 左侧板
(3) 滑道
(4) 上后梁
(5) 右侧板
(6) 机框滑道
(7) 假拉手挡板
(8) 单板
(9) 下前梁
(10) 板名条

b) 机框

图 1-33　单板及机框结构

通话。通话结束，一方挂机，交换系统将向另一方发送挂机音。

5. 实训报告

1）观察和熟悉数字程控交换系统的组成及各部分作用。

2）画出数字程控交换实训平台机框及单板配置图。

3）简述交换模块中 MPU 板、NOD 板、SIG 板、BNET 板、DTM 板和 ASL 的功能。

4）体会数字程控交换机进行通话的过程，说明该系统和数字通信系统模型的对应关系。

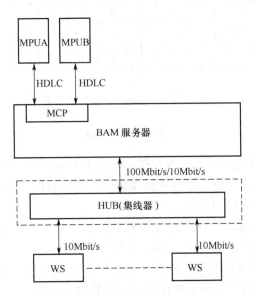

图 1-34　BAM 的配置

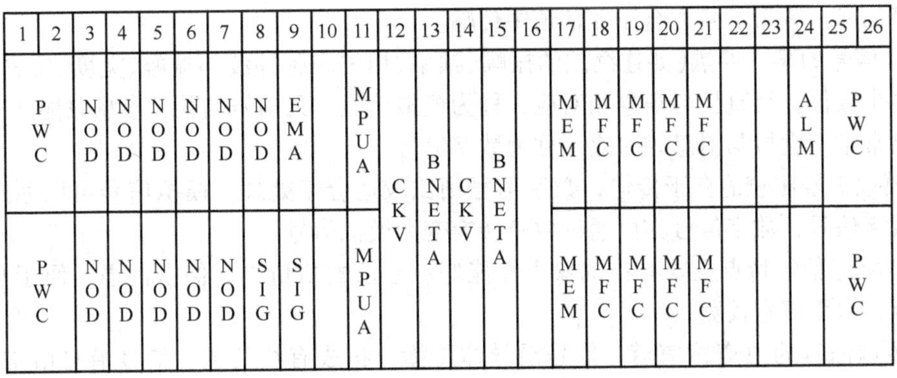

1	2	3	4	5	6	7	8	9	10	11	12	13	14	15	16	17	18	19	20	21	22	23	24	25	26
P W C		N O D	N O D	N O D	N O D	N O D	N O D	E M A		M P U A	C K V	B N E T A	C K V	B N E T A		M E M	M F C	M F C	M F C	M F C			A L M	P W C	
P W C		N O D	N O D	N O D	N O D	N O D	S I G	S I G		M P U A						M E M	M F C	M F C	M F C	M F C				P W C	

图 1-35　主控框的单板配置图

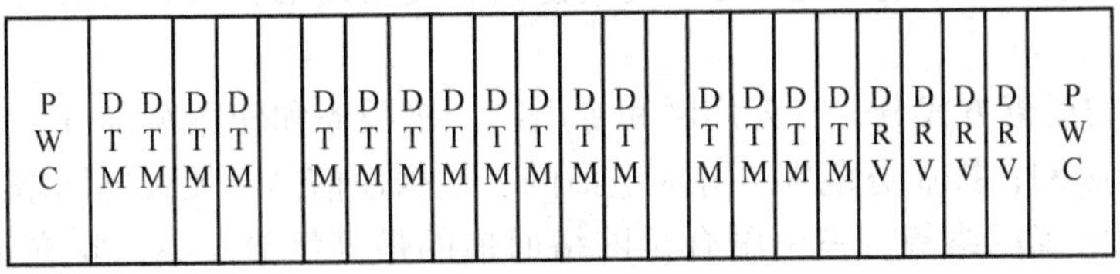

P W C	D T T M	D T T M	D T T M	D T T M	D T T M	D T T M	D T T M	D T T M	D T T M	D T T M	D T T M	D T T M	D T T M	D T T M	D R V	D R V	D R V	D R V	P W C

图 1-36　数字中继框配置图

0	1	2	3	4	5	6	7	8	9	10	11	12	13	14	15	16	17	18	19	20	21	22	23	24	25
P W X	A 3 2	A 3 2	A 3 2	A 3 2	A 3 2	A 3 2	A 3 2	A 3 2	A 3 2	A 3 2	A 3 2	D 3 2	D 3 2	A 3 2	A 3 2	A 3 2	A 3 2	A 3 2	A 3 2	A 3 2	A 3 2	A 3 2	T S S	P W X	

图 1-37　32 路用户框板位结构图

本 章 小 结

1. 通信系统是由完成通信任务的各种技术设备和传输媒质构成的总体。它由输入转换器、发送设备、信道、接收设备、输出转换器组成。根据通信系统传输信号的形式，通信系统分为模拟通信系统和数字通信系统。

2. 在通信系统中，信源发出的消息是语音和图像。输入转换器将消息变换成语音或图像电信号，这种信号具有低通的性质，又称基带信号。

3. 语音、文字、图像或数据等统称为消息，消息的表现形式称为信号。带有消息的电压或电流就是电信号。基带信号即直接由信息转换得到的电信号。基带信号不适于较长距离传输，更不能进行无线电发送。

4. 经过各种正弦调制后，无线基带信号的频谱被搬移到比较高的频率范围，这种信号称为频带信号。频带信号适合于在信道中传输。

5. 凡信号的某一参量（如连续波的振幅、频率、相位和脉冲波的振幅、宽度、位置等）可以取无限多个数值，且直接与消息相对应，称为模拟信号。凡信号的某一参量只能取有限个数值，并且常常不直接与消息相对应，称为数字信号。

6. 模拟信号比较适合于传输，数字信号则比较适合于处理。模拟信号可以通过模数转换变为数字信号，数字信号亦可通过数模转换变为模拟信号。

7. 数字通信的特点主要有：抗噪声性能好、通信的质量高、保密性强、便于与现代技术相结合、占用带宽较宽。

8. 传输信号的通道称信道。信号沿导体传播，构成有线信道；信号沿自由空间传播，称为无线电波传播，构成无线信道。

9. 数字通信系统的有效性主要有两个指标，即码元速率和信息速率。

10. 通信网的基本要素有终端设备、传输链路和交换设备，没有通信网就无法实现现代通信。

11. 通信网按运营方式分，有公用网和专用网；按服务和使用范围分，有本地网、市内网、长途网、国际网；按业务范围可分为电话网、数据通信网、无线电网络、卫星网络、移动通信网和有线电视网络等。三网融合是网络通信的最高境界，我国正在加大三网融合的建设。

12. 通信网络的拓扑结构基本有六种：星形、树形、分布式、环形、总线、复合型。

13. 现代通信技术的发展总趋势分为五大方向：综合化、宽带化、智能化、个人化、全球化。

练习与思考题

1-1 解释基带信号与频带信号的区别以及模拟信号与数字信号的区别。

1-2 试画出语音信号、数字信号的基带传输和频带传输时的通信系统框图。

1-3 试描述数字通信的特点。

1-4 解释数字通信系统中有效性和可靠性的含义及具体的衡量指标。

1-5 某系统在 $125\mu s$ 内传输了 256 个二进制码元，计算码元速率(传码率)及信息速率是多少？若该信息码在 2s 内有 3 个码元产生误码，求误码率和误信率各是多少？

1-6 某系统在 1min 内传送了 3360000 个码元，试求该系统的码元速率。

1-7 某二进制信号的信息速率是 2400bit/s，若改用八进制传递，求码元速率。

1-8 某消息以 2Mbit/s 的信息速率通过有噪声的信道，在接收端平均每小时出现了 72bit 的差错，试求该系统的误信率 P_{eb}。

1-9 构成通信网的基本要素是什么？

1-10 按业务分类通信网有哪些类型，各自的特点是什么？

1-11 画出星形网、树形网、环形网和总线网的拓扑图并说明各自的特点。

1-12 通信技术发展的主要趋势有哪些？

第 2 章

数字基带通信系统的分析与测试

通信系统根据对信号的处理方式分为基带通信系统和频带通信系统两类。本章以分析数字基带通信系统的组成、原理为主线，介绍数字终端技术、数字复接技术和数字基带信号码型的原理、功能及在数字基带通信系统中的应用。

本章实训内容以典型数字基带通信系统为实例，通过测试语音信号在数字基带通信系统中的传输过程，初步掌握数字基带通信系统的基本分析方法和测试技能。

本章要求掌握的重点内容如下：

1）抽样的概念及抽样定理。

2）量化的概念、PCM 编解码的概念及实现方法。

3）自适应差值脉冲编码调制实现方法。

4）时分复用的概念及时分多路复用系统的构成。

5）PCM30/32 路系统的时隙分配及帧结构方式。

6）PCM 高次群数字复接的概念及复用系统的构成。

7）数字复接原理。

8）SDH 的帧结构。

9）SDH 的复接原理。

10）数字基带传输系统的基本理论。

11）数字基带传输系统的基本结构。

12）数字基带传输信号中的各种码型。

13）眼图的作用。

2.1　数字终端技术

本节在介绍抽样定理和脉冲振幅调制的基础上，将着重讨论用来传输模拟语音信号常用的脉冲编码调制（PCM）和自适应差值脉冲编码调制（ADPCM）。

2.1.1　脉冲编码调制

通信系统分为模拟通信系统和数字通信系统两类，而且可以把模拟信号数字化后，用数字通信方式传输。为了在数字通信系统中传输模拟消息，发送端首先应将模拟信号抽样，使其成为一系列离散的抽样值，然后再将抽样值量化为相应的量化值，并经编码变化成数字信号，用数字通信方式传输，在接收端则相应的将接收到的数字信号恢复成模拟信号。利用抽样、量化、编码来实现模拟信号的数字通信方式传输的 PCM 通信系统框图如图 2-1 所示，对应的 PCM 单路抽样、量化、编码如图 2-2 所示。

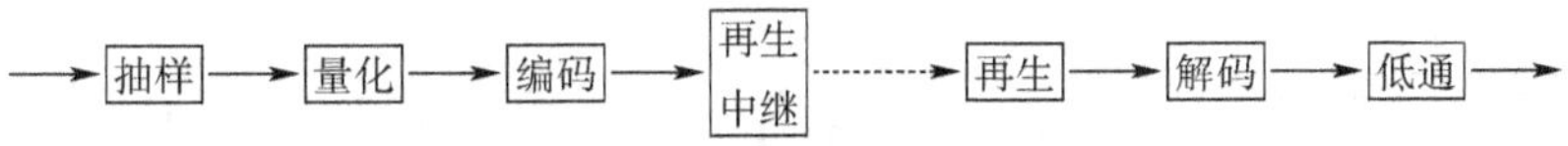

$\longrightarrow$ 抽样 $\longrightarrow$ 量化 $\longrightarrow$ 编码 $\longrightarrow$ 再生中继 $\cdots\cdots$ 再生 $\longrightarrow$ 解码 $\longrightarrow$ 低通 $\longrightarrow$

图 2-1　PCM 通信系统框图

1. 抽样

模拟信号不仅在幅度取值上是连续的，而且在时间上也是连续的，为使模拟信号数字化，首先要在时间上对模拟信号进行离散化处理，这个过程由抽样完成。将时间上连续的模拟语音信号 $m(t)$ 送至一个抽样门电路。抽样门电路的开和关由抽样脉冲信号 $S_T(t)$ 控制。当抽样脉冲信号 $S_T(t)$ 的脉冲到来时，抽样电路接通，模拟信号通过抽样门输出，这样使模拟信号在时间上离散化。样值信号 $s(t)$ 的包络线与原模拟信号波形相似，即样值信号含有原始模拟信号的信息，也称此样值信号为脉冲幅度调制（Pulse Amplitude Modulation）信号，缩写为 PAM 信号。PAM 信号的幅度取值是连续的，因此它仍是模拟信号。

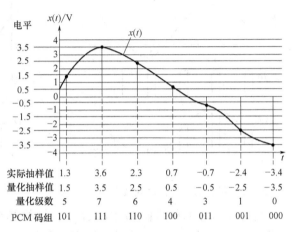

实际抽样值	1.3	3.6	2.3	0.7	−0.7	−2.4	−3.4
量化抽样值	1.5	3.5	2.5	0.5	−0.5	−2.5	−3.5
量化级数	5	7	6	4	3	1	0
PCM 码组	101	111	110	100	011	001	000

图 2-2　PCM 单路抽样、量化、编码

将模拟信号抽样后，信号在信道上所占用的时间被压缩了。这为时分复用奠定了基础，也给数字化提供了条件。同时还应考虑在接收端要能从样值信号 $s(t)$ 中恢复出原始信号的信息，否则，PCM 通信无法实现。为达到上述要求，抽样脉冲信号 $S_T(t)$ 的抽样时间间隔 T_s 的抽样周期不能太长，必须满足抽样定理。

由于抽样定理是模拟信号数字化的理论基础，因此在讨论模拟信号的数字传输之前，有必要证明该定理的正确性。

抽样定理表明：一个频带限制在 $(0,f_H)$ 内的时间连续信号 $m(t)$ 如果以 $(1/2)f_H$ 的间隔对它进行等间隔抽样，则 $m(t)$ 将被所得到的抽样值完全确定。

如图 2-3 所示，其抽样脉冲信号 $S_T(t)$ 是单位抽样脉冲序列，样值信号 $s(t)$ 是抽样时刻 nT 的模拟语音信号 $m(t)$ 的瞬时值 $m(nT)$。一个频带限制在 $(0,f_H)$ 的模拟信号 $m(t)$ 和单位抽样脉冲序列 $S_T(t)$ 相乘，乘积函数便是均匀间隔为 T 的样值信号 $s(t)$，它表示模拟语音信号 $m(t)$ 的抽样，即有：

$$s(t)=m(t)\cdot S_T(t) \tag{2-1}$$

假设模拟信号 $m(t)$、抽样脉冲信号 $S_T(t)$ 和样值信号 $s(t)$ 的频谱分别为 $M(f)$、$S_T(f)$、$S(f)$，如图 2-4 所示。按照频谱卷积定理 $m(t)\cdot S_T(t)$ 的傅里叶变换是 $M(f)$ 和 $S_T(f)$ 的卷积。

经数学分析推导可知，抽样后的样值信号的频谱 $S(f)$ 由无限多个分布在 f_s 各次谐波左右的上下边带组成，而其中位于 $n=0$ 处的频谱就是抽样前的语音信号频谱 $M(f)$ 的本身，如图 2-4a 和图 2-4b 所示。为了能恢复出原始语音信号，只要 $f_s \geqslant 2f_H$ 或 $T \leqslant (1/2)f_s$ 就能周期性地重复而不重叠，在接收端用一低通滤波器把原始语音信号 $(0,f_H)$ 滤出，即完成原始语音信号的重建。若抽样间隔 T 变得大于 $1/(2f_H)$ 则 $M(f)$ 和 $S_T(f)$ 的卷积在相邻的周期内存在重叠(也称混叠)，如图 2-4c 所示，因此，不能由 $S(f)$ 恢复 $M(f)$。

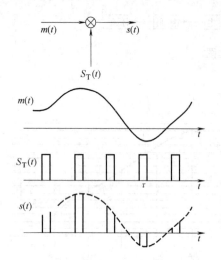

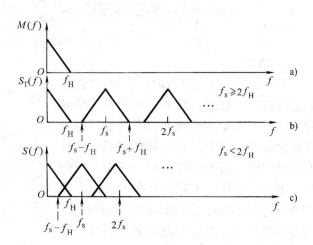

图 2-3　抽样时的样值序列波形图　　　　　　图 2-4　抽样时的样值序列频谱

当语音信号的频带限制在 $(0,f_H)$，抽样频率的最小值 $f_{smin} = 2f_H$。当 $f_s = 2f_H$ 时防卫频带为零，这时对重建原始信号所需低通滤波器的要求过严。因此应留出一定的防卫频带。

例如语音信号的最高频率限制在 3400Hz，$f_{s\,min} = 2 \times 3400\text{Hz} = 6800\text{Hz}$，因此规定语音信号的抽样频率为：

$$f_s = 8000\text{Hz} \qquad T = \frac{1}{8000\text{Hz}} = 125\mu\text{s}$$

应当指出，抽样频率 f_s 不是越高越好，f_s 太大，将会降低信道频带的利用率，只要能满足 $f_s \geqslant 2f_H$ 的要求即可。

以上得出的抽样频率 f_s 不小于 $2f_H$ 的结论是在假定语音信号的频带限制在 $(0, f_H)$ 的条件下得到的。如果语音信号的频带限制在 f_L 与 f_H 之间(f_L 为信号最低频率，f_H 为信号最高频率)，则要求这种信号的抽样频率是多少？

对带通型信号的抽样频率 f_s，如果仍按 $f_s \geqslant 2f_H$ 的条件来选择，虽然能满足样值序列频谱不产生重叠的要求，但这样选择 f_s 时将降低信道频带的利用率。因此，选择 f_s 时，要兼顾不产生重叠和降低抽样频率两个要求，以减小信道的传输频带。

带通型信号的抽样定理为：如果模拟信号 $F(t)$ 是带通型信号，频率限制在 f_L 和 f_H 之间，带宽 $B = f_H - f_L$，则其最低必需的抽样频率 f_s 为：

$$f_s = \frac{1}{T} = \frac{2f_H}{n+1} \tag{2-2}$$

式中，n 等于 f_H/B 值的整数部分。以下分几种情况来论证带通型抽样定理。

1）当 $B \leqslant f_L < 2B$ 时，如果满足以下条件：

$$\left.\begin{array}{ll} f_s - f_L \leqslant f_L & \quad 即 \quad f_s \leqslant 2f_L \\ 2f_s - f_H \geqslant f_H & \quad 即 \quad f_s \geqslant f_H \end{array}\right\} \tag{2-3}$$

则各个边带互不重叠，如图 2-5a 所示。

2）当 $2B \leqslant f_L < 3B$ 时，如能满足以下条件：

$$\left.\begin{array}{lll} 2f_s - f_L \leqslant f_L & 即 & f_s \leqslant f_L \\ 3f_s - f_H \geqslant f_H & 即 & f_s \geqslant \dfrac{2}{3}f_H \end{array}\right\} \tag{2-4}$$

则各边带互不重叠。在这种情况下，$f_s \leqslant 2f_H$ 也不致使各个边带重叠，如图 2-5b 所示。

3）当 $nB \leqslant f_L < (n+1)B$ 时，即一般情况，如图 2-5c 所示，抽样频率应满足下列条件：

$$\left.\begin{array}{lll} nf_s - f_L \leqslant f_L & 即 & f_s \leqslant \dfrac{2f_L}{n} \\ (n+1)f_s - f_H \geqslant f_H & 即 & f_s \geqslant \dfrac{2f_H}{n+1} \end{array}\right\}$$

或

$$\dfrac{2f_H}{n+1} \leqslant f_s \leqslant \dfrac{2f_L}{n} \tag{2-5}$$

式(2-5)给出了所需的最低抽样频率：$f_s = \dfrac{2f_H}{n+1}$。

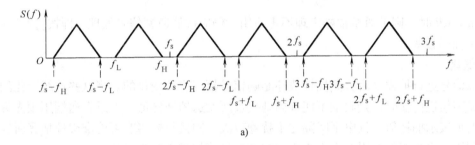

a)

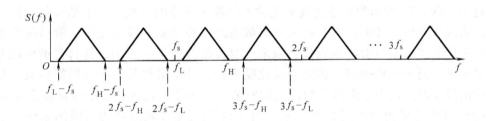

b)

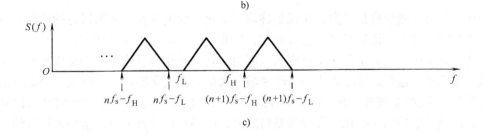

c)

图 2-5 带通型信号的抽样频率选择

这就是带通抽样定理的论证。满足了式(2-5)，就满足了不重叠的条件。如果进一步使

各边带之间的间隔相等，从而求出抽样频率 f_s。从图 2-5c 可得边带间隔为

$$f_L-(nf_s-f_L)=[(n+1)f_s-f_H]-f_H$$

故

$$f_s=\frac{2(f_L+f_H)}{2n+1} \tag{2-6}$$

例：求 60 路超群信号 312~552kHz 的抽样频率。

解：$B=f_H-f_L=(552-312)\,\text{kHz}=240\text{kHz}$

$f_L/B=312/240=1.3$，即取 $n=1$。

故

$$f_{s\text{下限}}=\frac{2f_H}{n+1}=552\text{kHz}$$

$$f_{s\text{上限}}=\frac{2f_L}{n}=624\text{kHz}$$

按 (2-6) 式求 f_s 则得

$$f_s=2\frac{f_L+f_H}{2n+1}=\frac{2}{3}(312+552)\,\text{kHz}=576\text{kHz}$$

如果 $f_L<B$ 时，则带通型抽样定理不再适用，仍应按低通型信号处理，即按 $f_s\geqslant 2f_H$ 的要求来选择抽样频率。

2. 量化

模拟信号进行抽样以后，其抽样值还是随信号幅度连续变化的。当这些连续变化的抽样值通过噪声信道传输时，接收端不能准确地接收所发送的抽样值。如果发送端用预先规定的有限个电平表示抽样值，且电平间隔比干扰噪声大，则接收端将有可能准确地估算所发送的样值。利用预先规定的有限个电平来表示模拟抽样值的过程称为量化。

抽样是把一个时间连续的信号变换成时间离散的信号，而量化是抽样信号的幅度离散化的过程。图 2-6a 所示为线性连续系统输入与输出关系的直线，图中抽样信号被一个阶梯特性曲线所代替。其中，两个相邻的离散值之差称为量阶或量化阶，阶梯曲线就是量化器的工作曲线。而用阶梯曲线代替原来的直线是会产生误差的，这就是量化误差。这对信号来说相当于一种噪声，也称为量化噪声。它等于量化器输入的模拟值减去与之对应的输出量化值。这个量化误差的最大瞬时值等于 1/2 个量阶。总的变化范围是从 -1/2 个量阶到 +1/2 个量阶，如图2-6b 所示。图 2-6c 则是量化误差作为时间的函数所呈现的变化。

上述量化方法的量阶是常数，所以也称均匀量化，根据这种量化所进行的编码叫线性编码。至于量阶取多大，根据具体的情况而定，原则是保证通信的质量要求。

在实际通信中，均匀量化是不适宜的。因为在均匀量化中量阶的大小是固定的，与输入的样值大小无关。这样，当输入小信号时和输入大信号时量化噪声都一样大。因此小信号的信号与量化噪声比（信噪比）小，而大信号的信号与量化噪声比大。这对小信号来说是不利的。为了提高小信号的信噪比，可以将量阶取多，即将量化阶再细分，这样大信号的信噪比也同样提高，但结果是使数码率提高，要求用频带更宽的信道来传输。

采用非均匀量化器是改善小信号信噪比的一种有效方法。例如语音信号其特点为，大声说话对应的电压值比小声说话对应的电压值约大 10000 倍，而"大声"的概率是很小的，

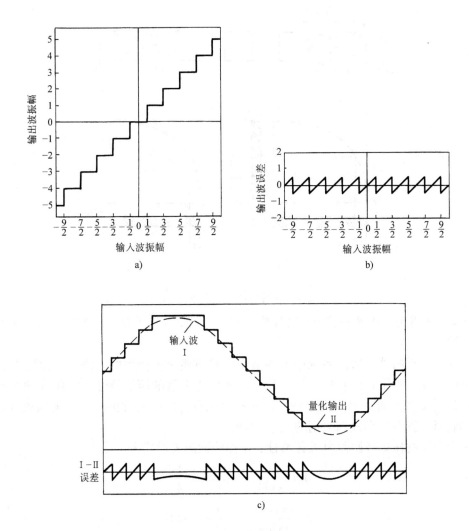

图 2-6　量化的原理

主要是"小声"的信号。所以对这样的信号必须使用非均匀量化器，其特点：输入小信号时，量阶小；输入大信号时，量阶大。这样，在整个输入信号的变化范围内得到几乎一样的信噪比，而总的量化阶可比均匀量化时还少。缩短了码字的长度，提高了通信效率。

图 2-7 所示为非均匀量化的原理示意图。它的基本思想是在均匀量化之前，先让信号经过一次处理，对大信号进行压缩，而对小信号进行较大的放大。

由于小信号的幅度得到较大的放大，从而使小信号的信噪比大为改善。这一处理过程通常简称压缩量化，它是用压缩器完成的。压缩量化的实质是"压大补小"，使大小信号在整个动态范围内的信噪比基本一致。在通信系统中与压缩器对应的有扩张器，二者的特性恰好相反。

整个压扩过程中，PAM 信号 $u(t)$ 先经过压缩器进行压缩变为 $u_1(t)$。然后再进行均匀量化，经编码后送到信道传输。在接收端需将经解码后的 PAM 信号 $u_1(t)$ 恢复为原始的 PAM 信号 $v(t)(v(t) = u(t))$。扩张特性对小信号衰减，对大信号放大。

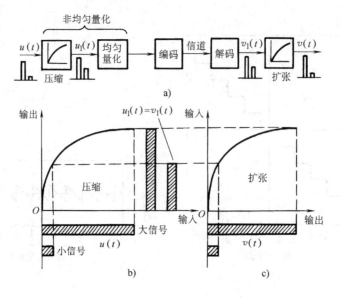

图 2-7　非均匀量化的原理示意图

从图 2-7 中看出，压缩和扩张的特性曲线相同，只是互换了输入、输出坐标，下面仅分析压缩特性。

（1）A 律压缩特性　通信系统中主要采用两种描述压扩特性的方法，一种是以 μ 作为参量的压扩特性，叫作 μ 律特性；另一种是以 A 作为参量的压扩特性，叫作 A 律特性。无论是 A 律还是 μ 律，都是具有对数特性，即通过原点呈中心对称的曲线。美国和日本采用的是 μ 律特性，而我国和欧洲采用的是 A 律特性。

以 A 为参量的压扩特性称为 A 律特性，A 律特性的表示式为

$$Y = \frac{AX}{1+\ln A} \qquad 0 \leqslant X \leqslant \frac{1}{A} \tag{2-7}$$

$$Y = \frac{1+\ln AX}{1+\ln A} \qquad \frac{1}{A} \leqslant X \leqslant 1 \tag{2-8}$$

式(2-7)和式(2-8)称为 A 律压缩特性公式。式中，A 为压扩参数，表示压缩的程度。A 值不同，压缩特性不同，如图 2-8 所示。A=1 时，只有式(2-7)成立，此时 $Y=X(0 \leqslant X \leqslant 1)$，为无压缩，即均匀量化情况。A 值越大，在小信号处斜率越大，对提高小信号的信噪比越有利。

（2）十三折线特性　为了实现如图 2-8 所示的 A 律压缩特性，A 值的选择主要考虑以下两个问题：

1）A 值要大，对改善小信号的信噪比有利。

2）易于用数字电路实现，X 轴上相邻段落的段距近似按 2 的幂次分段，Y 轴仍按均匀分段。

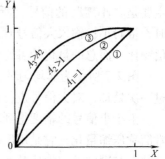

图 2-8　A 律压缩特性

根据上述要求，将第 Ⅰ 象限的 X、Y 轴各分为 8 段，如图 2-9 所示。Y 轴的均匀分段点为 1、7/8、6/8、5/8、4/8、3/8、2/8、1/8、0。X 轴按 2 的幂次递减的分段点为 1、1/2、1/4、1/8、1/16、1/32、1/64、1/128、0。这 8 段折线，从小到大依

次称为第①、②、……⑦、⑧段。

第⑧段的斜率为 $\frac{1}{8} \div \frac{1}{2} = \frac{1}{4}$。依次类推得到：第⑦

段的斜率为 $\frac{1}{2}$，第⑥段的斜率为 1，第⑤段的斜率为 2，

第④段的斜率为 4，第③段的斜率为 8，第②段的斜率

为 16，第①段的斜率为 16。

可以看出，对于第①、②段，斜率最大且均为 16。
这说明对小信号放大能力最大，因而信噪比改善最多。
再考虑 X、Y 为负值的第Ⅲ象限的情况，由于第Ⅲ象限
和第Ⅰ象限的①、②段斜率均相同，此 4 段为一段直
线，所以总共为十三折线，称为十三折线 A 律特性或
十三折线特性。实际中，很多设备用十三折线法进行非
均匀量化和编码。

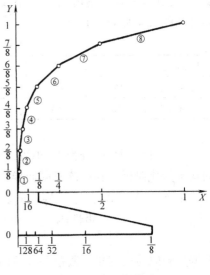

图 2-9　十三折线法

3. 编码

模拟信号经抽样、量化后，还需要进行编码处理，才能使离散样值形成数字
信号。

（1）组成码字的码位安排　由于二元码电路实现容易，而且还可以经受较高的噪声干
扰并易于再生，因此，在 PCM 中一般采用二元码。在二元码中，用 n 个比特，总共组成 2^n
个不同的码字，表示 2^n 个不同的数值。如令量化阶数为 N，编码位数与量化阶数的关系：
$N = 2^n$。码位越多，N 就越多，在相同的编码动态范围内，N 越大，量化阶的值越小，量化
分层越精细，信噪比就越大，通信质量越好。但是，码位数的增加会受到两方面的制约：一
是 n 越大，量化阶的值越小，对编码电路的精度要求也就越高；二是 n 越大，数码率就越
高，占用的信道带宽就越宽，这就减小了通信容量。因此，码位数应根据通信质量的要求适
当选取。为了结合实际，并有利于说明编码原理，下面以 A 律十三折线压缩编码律为例来
讨论码位安排和编码方法。

在压缩编码律中压缩曲线用 13 段折线来近似，而每一折线段内均分的量化阶数不
完全相同，码位的安排要能够代表所有不同的电平值，故对所用 8 位码的安排作了如
下考虑：

1）信号样值有正负，用一位以"1"和"0"来分别表示信号的正和负，称这位码为极
性码。

2）A 律十三折线压缩律有 8 个大段，每个折线段的长度各不相同，第①段和第②
段长度最短，为 1/128，第⑧段最长，为 1/2。为了表示信号样值属于哪一段，要用 3
位码来表示（$2^3 = 8$），称这 3 位码为段落码。每一段的起点电平都不同，如第①段为
"0"，第②段为"16"。因此，这 3 位段落码既要表示不同的段，同时也要表示各段不
同的起点电平。

3）由于各段的长度不同，再把它等分为 16 小段后，每一小段所具有的量化值也不同。
第①段和第②段为 1/128，等分为 16 单位后，每一量化单位为 1/2048；而第⑧段为 1/2，每
一量化单位为 1/32。如果以第①、第②段中的每一小段 1/2048 作为一个最小的均匀量化阶

Δ，则在第①～⑧段落内的每一小段依次应为 1Δ、1Δ、2Δ、4Δ、8Δ、16Δ、32Δ、64Δ，它们之间的关系见表 2-1。

表 2-1　各折线长度及段内量化阶

折线段落	1	2	3	4	5	6	7	8
段落长度	16Δ	16Δ	32Δ	64Δ	128Δ	256Δ	512Δ	1024Δ
均匀量化阶	1Δ	1Δ	2Δ	4Δ	8Δ	16Δ	32Δ	64Δ

由于每个折线段分为 16 小段，要用 4 位码（$2^4 = 16$）表示所在小段，同时每小段所代表的均匀量化阶因所在段落不同而异，也要用这 4 位码表示出来，称这 4 位码为段内码。

设 A_1、A_2、A_3、A_4、A_5、A_6、A_7、A_8 为 8 位码的 8 个比特，其安排为

极性码　　　　段落码　　　　　段内码

A_1　　　A_2、A_3、A_4　　　A_5、A_6、A_7、A_8

根据这种码位的安排，段落码及段内码所对应的段落及电平值见表 2-2。

表 2-2　段落电平关系表

段落序号	段落码			段落起点电平/Δ	段内码对应电平/Δ				段落长度/Δ
	A_2	A_3	A_4		A_5	A_6	A_7	A_8	
1	0	0	0	0	8	4	2	1	16
2	0	0	1	16	8	4	2	1	16
3	0	1	0	32	16	8	4	2	32
4	0	1	1	64	32	16	8	4	64
5	1	0	0	128	64	32	16	8	128
6	1	0	1	256	128	64	32	16	256
7	1	1	0	512	256	128	64	32	512
8	1	1	1	1024	512	256	128	64	1024

例如，当 8 位非线性码为

A_1　A_2　A_3　A_4　A_5　A_6　A_7　A_8

1　0　1　0　1　1　0　0

时，说明样值为正极限，段落码为 010，说明量化值处在第 3 段，此段的起始电平为 32Δ；段内码为 1100，对应的段内量化电平为 16Δ+8Δ=24Δ。这样该 8 位 PCM 编码表示的量化值为 56Δ。

（2）编码的码型　在 PCM 系统中，常用的码型有自然二进制码、折叠二进制码。如以 4bit 的码字为例，则上述二种码型的比较见表 2-3。

从表中看出，自然二进制码是按照样值的大小从低电平到高电平编码。而折叠二进制码则不然，它将第 1 位码当作极性码，代表样值的正负，而后三位码在结构上镜像对称，即以正负极性分界线为轴上下对称。折叠二进制码除极性码以外在结构上是重合的，这也正是"折叠"名字的来源。从结构来看，用自然二进制码必须对 16 个量化阶进行编码而用折叠二进制码只需对 8 个量化阶进行编码，而负的样值经过整流就可变成正极性值。通信的质量是一样的，这就使编码器大为简化。另外，当第 1 位码出错时，自然二进制码错 8 个量化阶（如 0000→1000），而折叠二进制码则不然，尽管对大信号误差很大（如 0111→1111，错 15 个

量化阶)，但对小信号误差很小(如 0000→1000，只错一个量化阶)，这个特点对语音通信有利。

表 2-3　自然二进制码与折叠二进制码比较

样 值 极 性	自然二进制码	折叠二进制码	量 化 阶
正极性部分	1111	1111	15
	1110	1110	14
	1101	1101	13
	1100	1100	12
	1011	1011	11
	1010	1010	10
	1001	1001	9
	1000	1000	8
负极性部分	0111	0000	7
	0110	0001	6
	0101	0010	5
	0100	0011	4
	0011	0100	3
	0010	0101	2
	0001	0110	1
	0000	0111	0

（3）逐次反馈型编码原理　下面来说明逐次反馈型编码的原理，编码器的任务就是要根据输入的样值脉冲编出相应的 8 位二进制代码。A 律十三折线逐次反馈型编码方法是由整流、极性判决、求和比较、局部解码等主要部件实现的。逐次反馈型编码框图如图 2-10 所示。

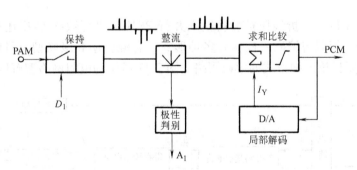

图 2-10　逐次反馈型编码框图

抽样后的模拟 PAM 信号，先经过保持展宽电路后再进行编码。保持后的 PAM 信号仍为双极性码。将此信号经过全波整流电路，可变为单极性信号。同时对此信号放大后进行极性判决，编出第 1 位码(极性码)A_1。当信号为正极性时，判决电路输出"1"码，反之输出"0"码，再将整流后的单极性 PAM 信号以逐次反馈比较方式编出其余 $A_2 \sim A_7$ 的 7 位幅度码。

令 I_s 代表信号幅度，I_r 代表局部解码的输出，以 I_r 作为起标准"砝码"作用的权值。当 $I_s > I_r$ 时，求和判决输出"1"码；当 $I_s < I_r$ 时，求和判决输出"0"码。

由于 A 律十三折线正方向分为 8 大段，按 A 律的码位安排，除了第 1 位极性码已判决外，在判决幅度码时，第一次比较就应先决定信号 I_s 是属于 8 大段上 4 段还是下 4 段，这时局部解码第一次出来的权值应该是中间值，即 $I_r = 128\Delta$（见表 2-2），下面将逐次反馈比较的过程作简要说明。

第 1 次比较：决定段落码的第 1 位码 A_2，I_r 为中间值，即 $I_r = 128\Delta$。

若 $I_s > I_r = 128\Delta$，则信号在上 4 段（5、6、7、8 段），这时比较器输出"1"码。

若 $I_s < I_r = 128\Delta$，则信号在下 4 段（1、2、3、4 段），这时比较器输出"0"码。

第 2 次比较：决定第 2 位段落码 A_3。把已确定的 4 段，一分为二，I_r 给出该 4 段的中间值，以判定该信号样值是在该 4 段的上 2 段还是下 2 段。

第 3 次比较：决定第 3 位段落码 A_4。把第二次比较确定的两段再一分为二，I_r 给出该 2 段的中间值，以最后确定样值是在上 1 段还是下 1 段。

经过以上比较，3 位段落码 $A_2 \sim A_4$ 已经判定，信号样值 I_s 出于哪一段也知道了。之后可以进行第 4~7 次的比较来确定段内的 4 位段内码。

例如对 $I_s = +360\Delta$ 编码，I_s 为正极性，则极性码 A_1 为"1"码。

第 1 次比较：$I_r = 128\Delta$。$I_s = 360\Delta > I_r$，比较输出"1"码。

第 2 次比较：$I_r = 512\Delta$。$I_s = 360\Delta < I_r$，比较输出"0"码。

第 3 次比较：$I_r = 256\Delta$。$I_s = 360\Delta > I_r$，比较输出"1"码。

经 3 次比较后得出段落码 $A_2 \sim A_4$ 为 101。信号在第 6 段，起点电平为 256Δ。

第 4 次比较：$I_r = 256\Delta + 128\Delta = 384\Delta$。$I_s = 360\Delta < I_r$，比较输出"0"码。

第 5 次比较：$I_r = 256\Delta + 64\Delta = 320\Delta$。$I_s = 360\Delta > I_r$，比较输出"1"码。

第 6 次比较：$I_r = 256\Delta + 64\Delta + 32\Delta = 352\Delta$。$I_s = 360\Delta > I_r$，比较输出"1"码。

第 7 次比较：$I_r = 256\Delta + 64\Delta + 32\Delta + 16\Delta = 368\Delta$。$I_s = 360\Delta < I_r$，比较输出"0"码。结果编出的 8 位码为：11010110。其代表电平为 $I_s = 256\Delta + 64\Delta + 32\Delta = 352\Delta$。误差为 $360\Delta - 352\Delta = 8\Delta$。

4. 解码

解码器根据 A 律十三折线压扩律将输入并行 PCM 码进行数-模转换还原为 PAM 信号，简称 D-A 转换器。解码与编码一样，有多种形式，有混合型和级联型。目前多采用权电流网络型，这里主要讨论这种形式的解码网络。图 2-11 所示为电阻网络型解码方式框图。

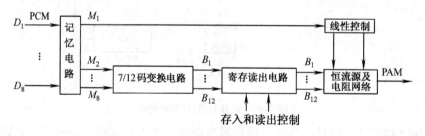

图 2-11　电阻网络型解码方式框图

（1）记忆电路　它的作用是将输入的 PCM 串行码变成同时输出的并行码。所以是一个串-并转换电路。

（2）线性控制电路　检出极性码，以便使恢复出来的 PAM 信号能够极性还原。

（3）7/12 码变换电路　它的作用是将 7 位非线性码变成 12 位的线性码。但按压扩特性

7 位非线性码应变为 11 位线性码，由于解码器比编码器多用了一个"权值电流"，外加了半个量化阶，所以可以变成 12 位线性码，从而改善了信噪比。

（4）寄存读出电路　这是解码器特有的。它将 12 位串行的线性码变成并行码，所以也是一个串-并转换电路。并行的 12 位线性码(代表一个量化幅值)同时驱动权值电流，产生对应的解码输出(量化幅值)。由此，PCM 信号通过解码器要滞后一个字的时间才能输出 PAM 的量化样值。

（5）恒流源及电阻网络　它输出的电流值就是所恢复的信号量化样值，并有 12 位线性码控制恒流源及电阻网络的开关。

例如，输入 PCM 码字为 11110011。

因为 $A_1 = 1$，所以恢复的样值为正。

因为 $A_2 A_3 A_4 = 111$，所以样值在第 8 段，起点电平为 1024Δ（见表 2-2）。

因为 $A_5 A_6 A_7 A_8 = 0011$，相当于 $64 \times 3 = 192$ 个量化单位。因为用 12 位线性码，加上半个非线性量化阶（$1/2\Delta = 32$），所以 $192 + 32 = 224$。变成 12 位线性码则为 100111000000，根据 2/10 进制变换，得到样值脉冲为 1248 个量化单位。

5. 滤波

这是接收机最后的一次操作，将解码器的输出经过一个截止频率为信息带宽 W 的低通滤波器，就可以取出原来的信号。假如在传输过程中没有误码，那么恢复出来的信号除了量化噪声以外，就没有其他噪声了。

6. 再生

PCM 信号在传输过程中会出现衰减和失真。所以，在长距离传输时必须在一定的距离内对 PCM 信号波形进行再生。PCM 信号再生中继器框图如图 2-12 所示。再生中继器由均衡放大、定时电路和识别再生三部分组成。

（1）均衡放大　对收到的已失真 PCM 信号进行整形和放大，在一定程度上补偿了幅度和相位失真。目前有两种方法：固定均衡放大和自适应均衡放大。前者比较简单，但性能欠佳；后者较好，应用越来越广。

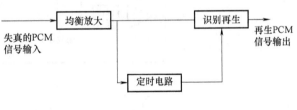

图 2-12　再生中继器框图

（2）定时电路　定时电路从均衡放大输出中提取一个周期脉冲序列，以便在均衡放大的输出信噪比最大时刻对已均衡的信号进行取样。所以，定时电路决定了再生 PCM 信号的前沿时刻，也就是起了同步的作用。当均衡波形失真较大时，提取出的定时信号会发生抖动，这样，定时不准将在再生 PCM 信号中引入失真。

（3）识别再生　有一个门限参考电平，在取样时刻，当均衡波形幅度大于门限电平时，就判为"有"，于是产生一个新的不失真的脉冲，送入信道。当均衡波形幅度小于门限电平时，就判为"无"，于是就不产生脉冲，输出"0"信号。因此，对于一般的失真和噪声干扰在再生中继器中都能被消除，除了有一定的时延外，再生出来的 PCM 信号波形与原发的完全一样。

2.1.2　PCM 编解码器

早期的 PCM 系统，由于集成电路价格昂贵，大多采用公用的编解码器。但公用的 PCM 编解码器存在缺点：话路间有串扰，更为严重的是，当公用的编解码器出现故障时，多路用户就不能通话，系统可靠性差。

近年来，随着大规模集成电路技术的发展，集成电路的成本已大幅度下降。特别是采用了单路编解码器，不仅提高了设备的可靠性，也使设备小型化，功耗降低，而且能够更方便地与数字交换机直接连接。

本节以应用较多的 Intel 公司的芯片为例，介绍几种芯片结构。

1. 单路编解码器的结构

单路编解码器是采用 LSI 技术，在一块芯片上实现编解码功能。如图 2-13 所示是单路编解码器的一种基本框图，它主要由编码单元、控制单元和解码单元组成。

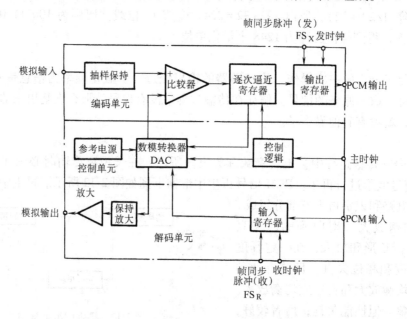

图 2-13　单路编解码器的一种基本框图

（1）编码单元　编码单元由抽样保持、比较器、逐次逼近寄存器、控制单元的 DAC 及输出寄存器等组成。

模拟输入信号自"模拟输入"端输入，经抽样保持送往比较器的同相输入端。极性码采用同一比较器来判断。在控制逻辑电路的控制下，经逐次逼近寄存器编码，将 PCM 码送入输出寄存器，最后经并-串转换，从"PCM 输出"端输出到 PCM 母线上的路时隙，由发送帧同步脉冲 FS_X 控制。输出到 PCM 母线的比特速率由发时钟控制。

（2）控制单元　控制单元的主要功能是控制芯片的工作模式和提供编解码所需的电平。它由数-模转换器（DAC）、控制逻辑电路和参考电源电路构成。通过控制单元的数-模转换器工作于编码或解码状态。两种状态轮流工作，在单路编解码器中，每隔一帧 $125\mu s$ 编一次码，在其他时刻，该电路编解码器是空闲的，因此可安排轮流工作于两种状态。

（3）解码单元　解码单元由输入寄存器、保持放大以及控制单元的 DAC 等组成。由

PCM 母线来的接收数字信号由"PCM 输入"端引入，经输入寄存器将串行码转换为并行码输出，然后在控制逻辑电路的控制下，经 DAC 和保持放大后，从"模拟输出"端输出 PAM信号。从 PCM 母线输入到本路编解码器的路时隙由接收帧同步脉冲 FS_R 控制，从 PCM 母线输入到本路编解码器的比特速率由收时钟控制。

采用单路编解码器构成多路复用时，各路的 FS_X、FS_R 是互不相同的，但发、收时钟是相同的。

2. Intel 2914 单路编解码器

（1）Intel 2914 单路编解码器的主要技术指标

1）编解码器与滤波器制作在同一芯片上，从而增大了芯片的集成度。编码和解码有各自的 D-A 网络和参考电源。

2）两种工作速率。

① 固定数据速率工作方式：时钟频率为 1.536MHz、1.544MHz 和 2.048MHz。

② 可变速率工作方式：时钟频率为 64kHz～4.096MHz，即可在工作中动态地将编解码器速率从 64kbit/s 变化到 4096kbit/s。

③ 由引脚控制选择芯片工作在 μ 律或 A 律。

④ 低功耗：备用状态典型功耗为 10mW，工作状态典型功耗为 170mW。

⑤ 有极好的电源纹波抑制能力。

3）Intel 2914 引脚排列及功能见表 2-4。

（2）内部结构原理 如图 2-14 所示为 2914 内部结构框图，由发送部分、控制部分和接收部分组成。其发送部分包括输入运放、抽样保持和 DAC、比较器、逐次逼近寄存器、输出寄存器以及 A-D 控制逻辑、参考电源等。

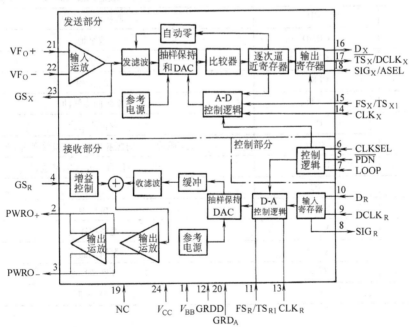

图 2-14 2914 内部结构框图

下面简要介绍一下该集成电路的编、解码的主要工作过程：

发送端的模拟信号从 21、22 端输入送到输入运放，然后经过滤波、抽样保持、逐次逼近寄存器，将 PCM 码送入输出寄存器，最后从 16 端输出 PCM 串行码。输出路时隙由 FS_X（15 端）控制；输出的数据比特速率由 CLK_X（14 端）或 $DCLK_X$（17 端）控制。在采用固定数据速率时，当编码器在 D_X 端（16 端）发送 8bit PCM 码字时，$\overline{TS_X}$ 给出低电平输出，其他时间为高电平输出。低电平的时间间隙，即为发送传输信码的路时隙。因此，可由 $\overline{TS_X}$ 电平来进行监测并取得 D_X 信号。接收端信码由 10 端输入，路时隙由 11 端控制；接收数据比特速率由 13 端或 9 端控制。收信码输入之后，送到输入寄存器，经 DAC 和保持、滤波、放大后从 2、3 端输出模拟信号。

表 2-4　Intel 2914 引脚排列及功能

序　号	名　　称	功　　能
1	V_{BB}	−5V 电源
2	$PWRO_+$	收功放输出
3	$PWRO_-$	收功放输出
4	GS_R	收增益控制输入
5	$\overline{PDN}$	全片低功耗控制，低电平有效
6	CLKSEL	主时钟选择
7	LOOP	模拟环路控制，高电平有效
8	SIG_R	收信令信号出
9	$DCLK_R$	工作模式选择与接收端数据速率时钟输入
10	D_R	收信码输入
11	FS_R/TS_{R1}	收帧同步脉冲
12	GRDD	数字地
13	CLK_R	收主时钟
14	CLK_X	发主时钟
15	FS_X/TS_{X1}	发帧同步脉冲
16	D_X	发信码输出
17	$\overline{TS_X}/DCLK_X$	发信码输出、时隙脉冲输出或发数据速率时钟
18	$SIG_X/ASEL$	发信令信号入或 A/μ 律选择
19	NC	空脚
20	GRD_A	模拟地
21	VF_O+	发模拟输入
22	VF_O-	发模拟输入
23	GS_X	发增益控制
24	V_{CC}	+5V 电源

3. Intel 2914 单路编解码器的应用

目前，国内外单路编解码器的应用和开发主要有以下四个方面：

1）传输系统的音频终端设备，如各种容量的数字终端机和复用转换设备。

2）用户环路系统和数字交换机的用户系统、用户集线器等。

3）用户终端设备，如数字电话机。

4）综合业务数字网的用户终端。

图 2-15 所示是单路编解码器在数字交换机用户中应用的例子。

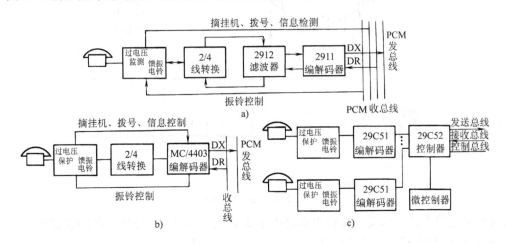

图 2-15　单路编解码器在数字交换机用户中的应用

2.1.3　自适应差值脉冲编码调制

1. 增量调制

在语音数字传输中，PCM 系统是主要部分。当通信容量不大、质量要求不高时，设备简单、制造容易的增量调制（ΔM）系统可以得到应用。以下对增量调制的原理作简单介绍。

在 PCM 系统中，编码是根据每个瞬时的抽样值进行的，每一个抽样值用一个码字表征它的大小，一般用 8 位编码。由于码位多，因此编、解码设备较复杂。对语音信号来说，如果以高速率进行采样，就会发现在接续的样值之间有明显的相关性，即相邻抽样点信号的幅度一般不会变化很大。用前一样值点信号的幅值减去当前样值的差值，能十分逼近当时抽样点信号的幅值。因此，将当前的样值与前一样值差值编码发送，可以达到传送该信号所含信息的目的。此差值又称为增量。这种用差值编码进行通信的方式，就称为增量调制（Delta Modulation），缩写为 DM 或 ΔM。

在 ΔM 系统中，对输入的语音信号 $m(t)$ 的取样波提供了一个阶梯近似，如图 2-16a 所示。将 $m(t)$ 与 $m_a(t)$ 的差值量化了两个电平，即 $\pm\Delta$，分别对应于正差和负差。如果在取样时刻 $m_a(t)$ 低于 $m(t)$，$m_a(t)$ 就增加 Δ；反之，当 $m_a(t)$ 高于 $m(t)$，$m_a(t)$ 就减少 Δ。假如 $m(t)$ 的变化不是太快，那么 $m_a(t)$ 可以保持在 $m(t)$ 的 $\pm\Delta$ 以内。

如图 2-16b 所示，被传送的信号编码成单比特码，因此，传输率就等于取样率。在实际应用中，图 2-16b 中的正、负脉冲在发送之前还要进行展宽，以节省带宽。

在 ΔM 系统中承受着两种量化失真，即斜率过载失真和颗粒失真。斜率过载失真产生的原因是：当 $m(t)$ 的变化非常快时，波形出现最陡的片段，这时，如果 Δ 过小，$m_a(t)$ 就跟不上 $m(t)$ 的变化，不能保持在 $m(t)$ 的 $\pm\Delta$ 之内。所以，$m_a(t)$ 不能正确反映 $m(t)$ 的情况，由

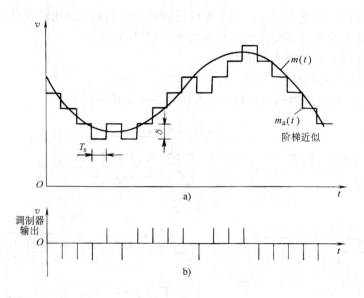

图 2-16　ΔM 的图解

此造成斜率过载失真。相反，颗粒失真是由于 Δ 过大，在 $m(t)$ 变化缓慢的时候使 $m_a(t)$ 相对于 $m(t)$ 有较大的摆动，造成失真。

总之，ΔM 系统的最大优点是结构简单，只编一位码，因此，在发送端与接收端之间不需要码字同步。由于 ΔM 系统对差值只有两个电平，量化太粗糙，其性能不如 PCM 系统。

应当指出：Δ 值固定的 ΔM 系统统称线性 ΔM 系统。为了改善 ΔM 系统的噪声特性，必须使 Δ 值随 $m(t)$ 的变化规律而变化，即当 $m(t)$ 波形陡峭时，使 Δ 变大，克服斜率过载的噪声；当 $m(t)$ 波形平坦时，使 Δ 变小，克服颗粒噪声的影响。这种 ΔM 系统称为非线性 ΔM 系统，也称为自适应增量调制系统。

2. 差值脉冲编码调制

上一小节简单介绍增量调制（ΔM）系统的原理。增量调制的主要特征是一位二进制码表示信号前后样值的差值。通过传输差值编码的方法来传输信号。增量调制只能对在 ±Δ 范围变化的信号进行有效地处理和传输，所以增量调制的过载特性较差，编码的动态范围不大。若将信号差值量化成多电平信号，用 N 位二进制码进行编码，即对每个差值编成的 N 位二进制码进行传输，这种编码方式称为差值脉冲编码调制（Differential Pulse Code Modulation，DPCM）。若在 DPCM 的基础上对量化阶和预测信号应用自适应系统，使量化阶和预测信号能更紧密地跟踪输入信号的变化，从而提高 DPCM 的性能，这样的差值脉冲编码调制系统称为自适应差值脉冲编码调制（Adaptive Differential Pulse Code Modulation，ADPCM）系统。

图 2-17 示出了 DPCM 原理框图，其中量化器采用多电平均匀量化器，编码器采用线性 PCM 编码器。差值信号 $e(t)$ 首先被量化器量化成 2^N 个电平，然后通过脉码调制器被抽样为窄脉冲 $e'(t)$，最后该脉冲一路送至 PCM 编码器编为 N 比特 DPCM 码，另一路送至反馈支路，经积分器后得出预测值 $m_a(t)$，$m_a(t')$ 与 $m(t)$ 比较求得差值。DPCM 反馈环路的工作原理与简单增量调制的反馈环路相同，具有自动跟踪特性，由于量化阶较多，会有力地改善斜率过载特性。

在接收端首先通过 PCM 解码恢复幅度调制的 PAM 抽样脉冲 $e'(t)$，并将它通过积分器和低通滤波器便可恢复出原发送信号。它与增量调制类似，输出信号也包括噪声，主要有过载噪声、量化噪声和信道误码引起的噪声。

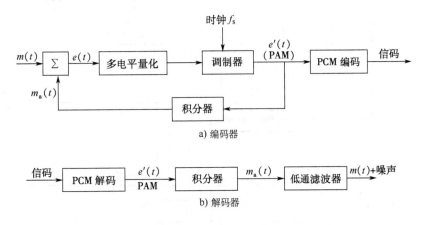

图 2-17 DPCM 原理框图

同 ΔM 系统一样，DPCM 系统中同样存在量化噪声的影响。利用 PCM 和 ΔM 性能分析时所得到的结论来得出 DPCM 系统的性能。经过对 DPCM 系统与 ΔM 系统的输出信噪比的比较，可以推出，DPCM 系统的性能是优于 ΔM 系统的。再简单比较一下 DPCM 系统和 PCM 系统的性能，也可以推出，当 N 和 f_s（抽样频率）/f_k（信号频率）比较大时，DPCM 系统的性能要优于 PCM 系统。

3. 自适应差值脉冲编码调制的原理

ADPCM 的主要特点是用自适应量化取代固定量化，量化阶随输入信号变化而变化，因此，使量化误差减小；用自适应预测取代固定预测，提高了预测信号的精度，使预测信号跟踪输入信号的能力增强。通过这两方面的改进，可以大大提高 DPCM 系统的编码动态范围和信噪比，由此提高系统的性能。

ADPCM 系统是由 DPCM 系统加上阶距自适应系统和预测自适应系统构成的。下面对这两种自适应系统对应的量化方法进行分析。

（1）自适应量化 自适应量化的基本思想是让量化阶距 $\Delta(t)$ 随输入信号的能量变化而变化。现在常用的自适应量化方法有两种：一是由输入信号本身估计信号的能量来控制阶距 $\Delta(t)$ 的变化，这种方法称为前馈自适应量化，如图 2-18 所示；另一种方法是其阶距根据编码器的输出码流估算出的输入信号能量进行自适应调整，这种方法称为反馈自适应量化，如图 2-19 所示。两种方法的自适应阶距调整算法是类似的。反馈型控制的主要优点是量化阶距信息由码字序列提取，所以无需额外存储和传输阶距信息。但该方法由于控制信息在传输的 ADPCM 码流中，所以系统的传输误码率对接收端信号重建的质量影响较大。前馈型控制除了传输信号的码流外，还要求传输阶距信息，增加了复杂度，但这种方法可以通过采用优良的附加信道使阶距信息的传输误码尽可能少，从而可以大大改善高误比特率传输时接收端重建信号的质量。总之，无论采用反馈型还是前馈型，自适应量化都可以改善动态范围及信噪比。

（2）自适应预测 通过分析量化适应于信号变化的方法，即加入自适应量化后，可以大大提高系统的性能。若输入信号的预测值 $m_a(nT_s)$ 能更好地匹配信号的变化，将能进一步

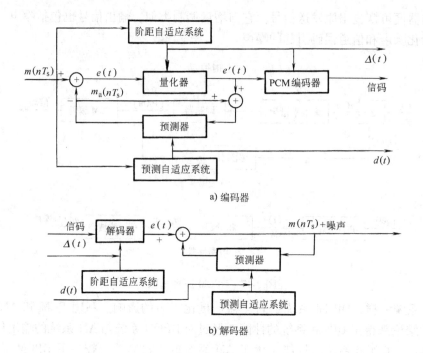

a) 编码器

b) 解码器

图 2-18　前馈自适应量化

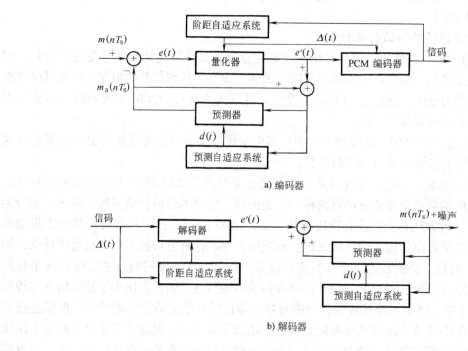

a) 编码器

b) 解码器

图 2-19　反馈自适应量化

改善系统的传输质量和性能，实现这种想法的方法之一就是采用自适应预测。

前面讨论的 ΔM 系统和 DPCM 系统中，一般都采用固定预测器，例如采用积分器实现。这样的预测器只是产生一个跟踪输入信号的斜变阶梯波，因此，输入信号与预测信号的差值大，造成量化误差增大，动态范围减小。为了提高系统的性能，用线性预测方法对输入信号进行自适应预测，可以大大改善预测信号的近似程度，从而提高系统的信噪比和动态范围。具体的说，如果知道某时刻以前信号的表现，就可以推断它以后的数值，这个过程就称预测。

2.2　数字复接技术

在数字通信系统中，为了扩大传输容量和提高传输效率，常常需要将若干个低速数字信号流合并成一个高速数字信号流，以便在高速宽带信道中传输。数字复接技术就是解决 PCM 信号由低次群到高次群的合成技术。数字复接技术先后有两种传输体制：准同步数字系列（PDH）和同步数字系列（SDH）。本节先介绍时分多路复用及 PCM 帧结构的概念，然后主要讨论 SDH 的帧结构与复接原理。

2.2.1　时分复用原理

1. 时分多路复用、帧结构的基本概念

上几节比较详细地分析了如何把模拟信号变换成数字信号的几种方法。以下将讨论时分复用的概念。通常，为了提高通信系统的利用率，语音信号的传输往往采用多路通信的方式。所谓多路信道复用就是多路信号互不干扰地在同一信道上传输。实现多路信道复用的方式有：频分复用（FDM）、时分复用（TDM）及码分复用（CDM）方式。

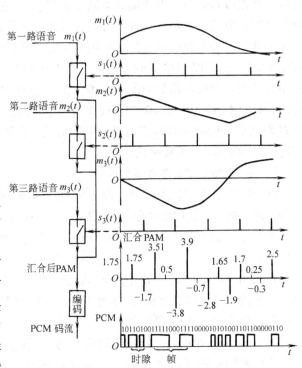

图 2-20　3 路 PCM 时分复用的示意图

时分复用是建立在抽样定理基础上的，因为抽样定理使模拟的基带信号有可能被在时间上离散出现的抽样脉冲值所代替。这样，当抽样脉冲占据较短时间时，在抽样脉冲之间就留出了时间空隙。利用这种空隙，便可以传输其他信号的抽样值，因此，就有可能在一条信道上同时传送多个基带信号。图 2-20 是 3 路 PCM 时分复用的示意图。图中 $m_1(t)$、$m_2(t)$ 和 $m_3(t)$ 具有相同的抽样频率，但它们的抽样脉冲在时间上交替出现。那么这种时间复用信号在接收端只要在时间上恰当地进行分离，各个信号就能分别得到恢复。这就是时分复用的概念。图中只绘出了发送部分、收信部分及全部通信的具体过程，请读者自己分析。

以上概念可以应用到 N 路语音信号进行时分复用的情形中去。图 2-21 是一个 N 路时分复用系统的示意图。图中，发送端的转换开关 S 以单路信号抽样周期为其旋转

周期，并按时间次序进行转换，获得图 2-22 所示的 N 路时分复用信号的时隙分配关系。

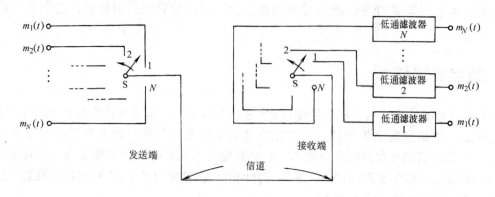

图 2-21　时分复用系统的示意图

每一路信号所占用的时间间隔称为时隙，这里的时隙 1 分配给第一路信号，时隙 2 分配给第二路信号等。N 个时隙的总时间在术语上称为一帧，每一帧的时间必须符合抽样定理的要求。由于单路语音信号的抽样频率规定为 8000Hz，故一帧时间为 125μs。这种信号通过信道后，在接收端通过与发送端完全同步的转换开关 S，分别接向相应的信号通路。于是，N 路信号得到分离，分离后的各信号通过低通滤波器，便恢复出该路的模拟信号。

通常，时分多路的语音信号采用数字方式传输时，其量化编码的方式既可以用脉冲编码调制 PCM，也可以用增量调制 ΔM。对于小容量、短距离脉码调制的多路数字电话，国际上已建议的有两种标准化制度，即 30/32 路（A 律压扩特性）PCM 制式和 24 路（μ 律压扩特性）PCM 制式。我国规定采用 30/32 路 PCM 制式。

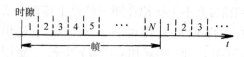

图 2-22　N 路时分复用信号的时隙分配关系

2. 30/32 路 PCM 基群帧结构

在 30/32 路 PCM 制式中，抽样周期为 $1/8000Hz = 125μs$，它被称为一个帧周期，即 125μs 为一帧。一帧内要时分复用 32 路，每一路占用 125μs/32 = 3.9μs，称为时隙。一帧有 32 个时隙，按顺序编号为 TS_0、TS_1、TS_2、$\cdots$、TS_{31}。帧和复帧结构如图 2-23 所示。时隙的使用分配为：

1）$TS_1 \sim TS_{15}$、$TS_{17} \sim TS_{31}$ 为 30 话路时隙。每个话路时隙内要将样值变成 8 位二进制码，每个码元占 3.9μs/ 8 = 488ns，称为 1bit，编号为 1~8。第 1 比特为极性码，第 2~4 比特为段落码，第 5~8 比特为段内码。

2）TS_0 为帧同步码，监视码时隙。为了使收发两端严格同步，每帧都要传送一组有特定标志的帧同步码组或监视码组。帧同步码组为 0011011，占用偶数帧 TS_0 的 2~8 码位，第 1 比特供国际通信用，不使用时发送 "1" 码。奇帧 TS_0 的比特分配为：第 3 位为失步告警用，以 A_1 表示，同步时送 "0" 码；失步时送 "1" 码。为避免奇帧 TS_0 的第 2~8 位出现假同步信号，第 2 位码为监视码，固定为 "1"。第 4~8 码位为国际通信用，目前都定为 "1"。

3）TS_{16} 为信令时隙（振铃、占线等各种标志信号）。若将 TS_{16} 时隙的码位按时间顺序分

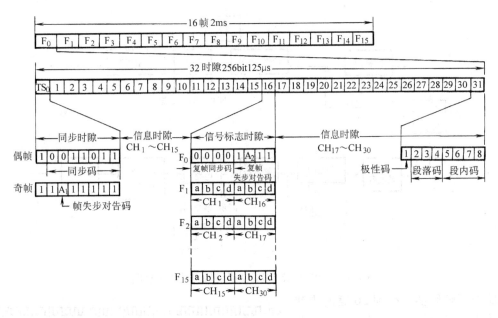

图 2-23 帧和复帧结构

配给各路话路传送信令，需要 16 个帧组成一个复帧，分别用 F_0、F_1、…、F_{15} 表示，复帧频率为 500Hz，周期为 2ms。复帧中各个子帧的 TS_{16} 时隙分配为：F_0 帧的第 1~4 码位传送复帧同步信号 0000；第 6 码位传送复帧失步对局告警信号 A_2，同步为 "0"，失步为 "1"。第 5、7、8 码位传送 "1" 码。

F_1~F_{15} 帧的 TS_{16} 前 4 比特传 CH_1~CH_{15} 信令信号，后 4 比特传送 CH_{16}~CH_{30} 信令信号。

3. 30/32 路 PCM 基群终端机的构成

本小节将以 30/32 路 PCM 基群终端机为例，介绍其整机结构及性能。30/32 路 PCM 基群终端机在脉冲编码调制多路通信中是一个基群设备。用它可组成高次群，也可以单独使用。它与市话电缆、长途电缆、数字微波系统、光纤等传输信道连接，作为有线或无线电话的时分多路终端设备。30/32 路 PCM 基站终端机除了提供电话外，通过适当接口可以传送数据、载波电报、数字电话等其他数字信息业务。

图 2-24 所示为 30/32 路 PCM 基群终端机的骨干框图。图中上半部分为发信支路。模拟信号经抽样、量化、编码后转换为数字信号。抽样门共有 30 个，它们分别受发定时系统的 30 个抽样脉冲控制，各路信号在不同的时间抽样，时间上是彼此错开的。30 路抽样后的样值即 PAM 信号编成 8 位二进制码。编得的语音信息码分别安排在 TS_1~TS_{15} 和 TS_{17}~TS_{31} 时隙内。通过汇总电路将帧同步码和失步对告码安排在 TS_0 时隙，将各路的信令信息码分别安排在各帧的 TS_{16} 时隙内。所得的总码流经码型变换电路变换成适合在信道上传输的码型后送到信道。

发定时系统主要产生抽样用的路脉冲和编码用的位脉冲，其波形如图 2-25 所示。它们都由主时钟 CP 控制产生。主时钟 CP 的频率为 2048kHz，位脉冲的频率为 256kHz，脉宽为 1bit。8 个位脉冲序列 D_1~D_8，分别位于每个时隙的第 1~8 位处。路脉冲的频率是 8kHz，脉宽为 2bit，共有 30 个路脉冲序列 CH_1~CH_{30}。

图 2-24 中的下半部分为收信部分。从信道接收到的数字信号经再生、码型反变换和分

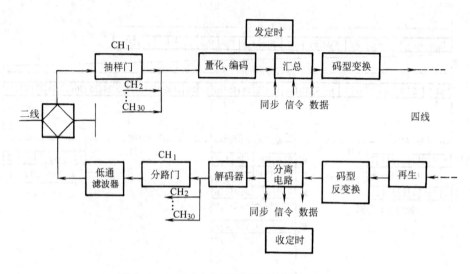

图 2-24 30/32 路 PCM 基群终端机的骨干框图

离电路送至解码器，得到 30 路的重建 PAM 信号，再送至 30 个分路门。各分路门受收定时路脉冲控制，将群路 PAM 信号按规定的时间分开送至各路的低通滤波器，恢复出模拟信号。TS_0 时隙的同步、监视对告码组送至信令系统。为了保证双方终端机同步工作，收定时系统的主时钟是从对方送来的信号码流中提取的，其起止时间受对方送来的同步码组控制。

PCM 终端机以二线方式连接至市话交换机，而 PCM 终端机内部收、发各需要一对线，共四条线，所以需要 2/4 转换电路。它具有邻端方向传输衰减小，对端方向衰减大的特性。

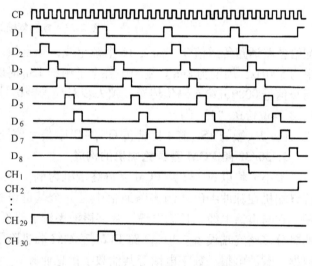

图 2-25 发定时系统产生的波形

完整的 PCM 终端机还应有电源供给系统、信令系统、告警系统、自动监视系统和测试系统等。

近年来随着大规模集成电路的发展，PCM 时分多路复用系统的组成也有所变化，由原来的采用群路编解码器（见图 2-24）进行编解码，改用单路编解码器来实现编码与解码。由单路编解码器组成的 30/32 路 PCM 系统的基本工作原理与前述的群路编解码器是一致的。只是结构上有所不同，其主要不同之处在于单路编解码方式采取对 30 个话路分别编码后合路形成群路信号。接收端分别将各路码字进行解码，恢复各路相应的语音信号，其框图如图 2-26 所示。

图中的单路编解码器为 Intel 2914，它包括编解码器和发送接收语音滤波器。复接侧的功能与群路编解码方式中的汇总电路功能类似。把各 8 位 PCM 码、信令码、同步码组等严格按帧结构的要求汇合起来，因此，输出的 PCM 码流的安排规律完全符合 30/32 路 PCM 系统的帧结构规律。分接侧的功能是送数据码流中将各路的信令信号码和代表各路样值的 8 位 PCM 码流分离，并送到相应的话路的 D-A 转换器和信令盘，进而恢复语音信号输出到相应的 2/4 线转换器。图 2-26 框图的其他方框功能与群路编解码器方式相同。

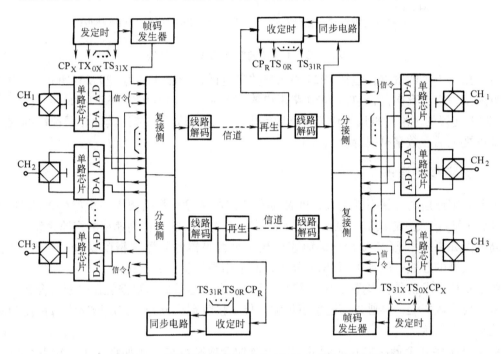

图 2-26　单路编解码器构成的 30/32 路 PCM 系统框图

30/32 路 PCM 终端机的性能是按 CCITT 的有关建议设计的，其主要性能指标为：

1）话路数目为 30 路。

2）抽样频率为 8kHz。

3）压扩特性：A87.6/13 折线压扩律，编码位数 $n = 8$，量化阶数 $N = 2^n = 256$，采用逐次反馈比较型编码器。

4）每帧时隙数为 32。

5）总数码率为 8000Hz×32×8bit = 2048kbit/s。

4. PCM 高次群

以上讨论的 30/32 路 PCM 时分多路数字电话系统，称为数字基群或一次群。如果要传输更多路的数字电话，则需要将若干个一次群数字信号通过数字复接设备，复合成二次群，二次群复合成三次群等。我国和欧洲各国采用以 30/32 路 PCM 制式为基础的高次群复合方式，北美和日本采用以 24 路 PCM 制式为基础的高次群复合方式。

ITU-T(CCITT)建议的数字 TDM 等级结构如图 2-27 所示，它是我国和欧洲大部分国家所采用的标准。

ITU-T 建议的标准由 30 路 PCM 用户数字电话复用成一次群，传输速率为 2.048Mbit/s。由 4 个一次群复接为 1 个二次群，包括 120 路用户数字电话，传输速率为 8.448Mbit/s。由 4 个二次群复接为 1 个三次群，包括 480 路用户数字电话，传输速率为 34.368Mbit/s。由 4 个

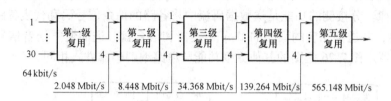

图 2-27　ITU-T 建议的数字 TDM 等级结构

三次群复接为 1 个四次群，包括 1920 路用户数字电话，传输速率为 139.264Mbit/s。由 4 个四次群复接为 1 个五次群，包括 7680 路用户数字电话，传输速率为 565.148Mbit/s。

ITU-T 建议的标准可以用来传输多路数字电话，也可以用来传送其他相同速率的数字信号，如可视电话、数字电视等。

2.2.2　数字复接原理

随着数字通信的容量不断增大，PCM 通信方式的传输容量需要由一次群(30/32 路 PCM 或 24 路 PCM)扩大到二次群、三次群、四次群及五次群，甚至更高速率的多路系统。

高次群如果采用 PCM 复用，编码速度快，对编码器的元器件精度要求高，不易实现。所以，高次群的形成一般不采用 PCM 复用，而采用数字复接的方法。

数字复接技术就是在多路复用的基础上把若干个小容量低速数据流在时域上合并成一个大容量的高速数据流，再通过高速信道传输，传到接收端再分开，完成数字大容量传输的过程，就是数字复接。

数字复接将几个低次群在时间的空隙上叠加合成高次群。例如将 4 个一次群合成二次群，4 个二次群合成三次群等。图 2-28 是数字复接的原理示意图。

图中低次群(1)与低次群(2)的速率完全相同(假设全为"1"码)，为了达到数字复接的目的，首先将各低次群的脉宽缩窄(波形是脉宽缩窄后的低次群)，以便留出空隙进行复接，然后对低次群(2)进行时间位移，就是将低次群(2)的脉冲信号移到低次群(1)的脉冲信号的空隙中，最后将低次群(1)和低次群(2)合成高次群 C。

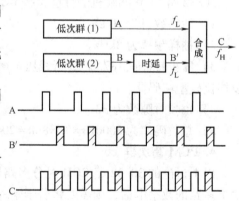

图 2-28　数字复接的原理示意图

数字复接按复接中各支路信号时钟间的关系分类，可分为：

1）同步复接：如果被复接的各支路信号使用的时钟都是由一个总时钟提供的，为同步复接。

2）异步复接：如果各支路信号的时钟并非来自同一时钟源，各信号之间不存在同步关系，称为异步复接。

3）准同步复接：如果各支路信号的时钟由不同的时钟源提供，而这些时钟源在一定的容差范围内为标称相等情况，对应的复接称为准同步复接。

数字复接按复接中各支路信号的交织长度分类，可分为：

1）按位复接和按字复接：按位复接每次只依次复接 1 位码；按字复接每次只依次复接一个码字。

2）按路复接：对 PCM 基群来说，一个路时隙有 8 位码。按路复接就是指每次按顺序复接 8 位码。

3）按帧复接：按帧复接是指每次复接一个支路的一帧数码（一帧含有 256 个码）。

（1）同步复接、异步复接和准同步复接

1）同步复接。同步复接是用一个高稳定的主时钟来控制被复接的几个低次群，使这几个低次群的数码率（简称码速）统一在主时钟的频率上，可直接进行复接。

2）异步复接。异步复接各支路信号的时钟源无固定关系，且又无统一的标称频率，时钟频率偏差非常大。

3）准同步复接。准同步复接是各低次群各自使用自己的时钟，由于各低次群的时钟频率不一定相等，使得各低次群的数码率不完全相同，因而先要进行码速调整，使各低次群获得同步，再复接。各低次群的标称数码率相等，允许有一定范围的偏差，所以称准同步复接。PDH 采用的是准同步复接方式，所以命名为准同步数字体系。

数字复接的同步指的是使被复接的几个低次群的数码率相同。几个低次群信号，如果是由各自的时钟控制产生的，即使它们的标称数码率相同，例如 30/32 路 PCM 基群的数码率都是 2048kbit/s，但它们的瞬时数码率总是不相同的，因为几个晶体振荡器的振荡频率不可能完全相同。

ITU-T 规定 30/32 路 PCM 的数码率为 2048kbit/s±100kbit/s，即允许它们有 100kbit/s 的误差。如果不进行同步，这样几个低次群直接复接后的数码就会产生重叠和错位。所以，数码率不同的低次群信号是不能直接复接的。

因此，在各低次群复接之前，必须使各低次群数码率互相同步，同时使其数码率符合高次群帧结构的要求，这一过程称为码速调整。

码速调整技术分为正码速调整、正/负码速调整和正/零/负码速调整三种。其中正码速调整应用最普遍，正码速调整就是人为在各待复接的支路信号中插入一些脉冲，速率低的多插一些，速率高的少插一些，从而使这些支路信号在插入适当的脉冲之后，变为瞬时数码率完全一致的信号。在接收端，分接器先把高次群总信码进行分接，再通过标志信号检出电路，检出标志信号，依据此信号，扣除插入脉冲，即可恢复出原支路信码。

（2）按位复接和按字复接

1）按位复接。按位复接是每次复接各低次群的一位码而形成高次群。如图 2-29a 所示是 4 个 30/32 路 PCM 基群的时隙的码字情况。如图 2-29b 所示是按位复接的情况，复接后的二次群信号码中第 1 位码表示第 1 支路第 1 位码的状态，第 2 位码表示第 2 支路第 1 位码的状态，第 3 位码表示第 3 支路第 1 位码的状态，第 4 位码表示第 4 支路第 1 位码的状态。4 个支路第 1 位码取过之后，再循环取以后各位，如此循环下去就实现了数字复接。复接后高次群每位码的间隔是复接前各支路的 1/4，即高次群的速率提高到复接前各支路的 4 倍。

按位复接要求复接电路存储容量小，简单易行，准同步数字体系大多采用它。但这种方法破坏了一个字节的完整性，不利于以字节为单位的信息的处理和交换。

2）按字复接。按字复接是每次复接各低次群的一个码字形成高次群。如图 2-29c 所示是按字复接，每个支路都要设置缓冲存储器，事先将接收到的每一支路的信码储存起来，等到传送时刻到来时，一次高速地将 8 位码取出，四个支路轮流被复接。这种按字复接要求有较大的存储容量，但保证了一个码字的完整性，有利于以字节（B）为单位的信息的处理和交换。同步数字体系（SDH）大多采用这种方法。

2.2.3　准同步数字系列

准同步数字系列 PDH 有两种基础速率：一种是以 1.544Mbit/s 为第一级（一次群，或称基群）基础速率，采用的国家有北美各国和日本等国家；另一种是以 2.048Mbit/s 为第一级（一次群）基础速率，采用的国家有中国和西欧各国等国家。

图 2-30 是世界各国商用数字光纤通信系统的 PDH 传输体制，图中示出了两种基础速率各次群的速率、话路数及其相互关系。

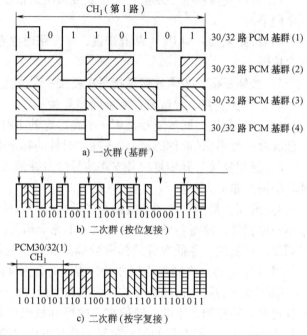

图 2-29　按字复接和按位复接

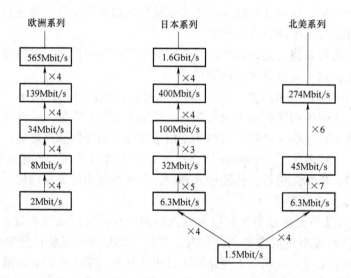

图 2-30　世界各国商用数字光纤通信系统的 PDH 传输体制

对于以 2.048Mbit/s（图中省略为 2Mbit/s）为基础速率的制式，各次群的话路数按 4 倍递增，速率的关系略大于 4 倍，这是因为复接时插入了一些相关的比特。对于以 1.544Mbit/s（图中省略为 1.5Mbit/s）为基础速率的制式，在三次群以上，日本和北美各国又不相同。数字复接系列（准同步数字系列）传输速率等级表如表 2-5 所示。

表 2-5 数字复接系列传输速率等级表

		一次群(基群)	二次群	三次群	四次群
中国欧洲	群路等级	E1	E2	E3	E4
	路数	30 路	120 路(30×4)	480 路(120×4)	1920 路(480×4)
	码率	2.048Mbit/s	8.448Mbit/s	34.368Mbit/s	139.264Mbit/s
北美	群路等级	T1	T2	T3	T4
	路数	24 路	96 路(24×4)	672 路(96×7)	4032 路(672×6)
	码率	1.544Mbit/s	6.312Mbit/s	44.736Mbit/s	274.176Mbit/s
日本	群路等级	T1	T2	T3	T4
	路数	24 路	96 路(24×4)	480 路(96×5)	1440 路(480×3)
	码率	1.544Mbit/s	6.312Mbit/s	32.064Mbit/s	97.728Mbit/s

PDH 各次群比特率相对于其标准值有一个规定的容差,而且是异源的,通常采用正码速调整方法实现准同步复用。一次群至四次群接口比特率早在 1976 年就实现了标准化,并得到各国广泛采用,主要适用于中低速率点对点的传输。

1. PDH 数字复接系统结构

数字复接系统包括数字复接器和数字分接器两大部分。把两路或两路以上的支路数字信号按时分复用方式合并成为一路数字信号的过程称作数字复接。在传输线路的接收端把一个复合数字信号分离成各分支信号的过程,称为数字分接。将数字复接器和数字分接器用于信道传输,就构成了数字复接系统。PDH 数字复接系统包括三个主要部分:定时、码速调整和复接,如图 2-31 所示。数字分接系统包括:同步分离、定时、分接和码速恢复。

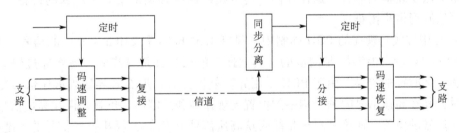

图 2-31 PDH 数字复接系统

30/32 路 PCM 高次群数字复接等级如图 2-32 所示。

2. PDH 传输体制的缺陷

传统的由 PDH 传输体制组建的传输网,由于其复用的方式明显不能满足信号大容量传输的要求,另外 PDH 体制的地区性规范也使网络互联增加了难度,因此在通信网向大容量、标准化发展的今天,PDH 的传输体制已经愈来愈成为现代通信网的瓶颈,制约了传输网向更高的速率发展。

传统的 PDH 传输体制的缺陷体现在以下几个方面:

(1)接口方面 只有地区性的电接口规范,不存在世界性标准。现有的 PDH 数字信号序列有三种信号速率等级:欧洲系列、北美系列和日本系列。各种信号系列的电接口速率等级、信号的帧结构以及复用方式均不相同,这种局面造成了国际互通的困难,不适应当前随

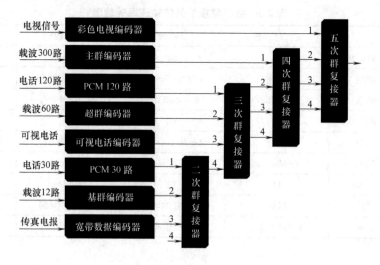

图 2-32　高次群数字复接等级

时随地便捷通信的发展趋势。

（2）光接口方面　没有世界性标准的光接口规范。为了使设备对光路上的传输性能进行监控，各厂家各自采用自行开发的线路码型。典型的例子是 mBnB 码。其中 mB 为信息码，nB 是冗余码，冗余码的作用是实现设备对线路传输性能的监控功能。由于冗余码的接入使同一速率等级上光接口的信号速率大于电接口的标准信号速率，不仅增加了发光器的光功率代价，而且由于各厂家在进行线路编码时，为完成不同的线路监控功能，在信息码后加上了不同的冗余码，导致不同厂家同一速率等级的光接口码型和速率也不一样，致使不同厂家的设备无法实现横向兼容。这样在同一传输路线两端必须采用同一厂家的设备，给组网、管理及网络互通带来困难。

（3）复用方式　现在的 PDH 体制中，只有 1.5Mbit/s 和 2Mbit/s 速率的信号（包括日本系列 6.3Mbit/s 速率的信号）是同步的，其他速率的信号都是异步的，需要通过码速的调整来匹配和容纳时钟的差异。由于 PDH 采用异步复用方式，那么就导致当低速信号复用到高速信号时，其在高速信号的帧结构中的位置无规律性和固定性。也就是说在高速信号中不能确认低速信号的位置，而这一点正是能否从高速信号中直接分/插出低速信号的关键所在。

既然 PDH 采用异步复用方式，那么从 PDH 的高速信号中就不能直接的分/插出低速信号，例如，不能从 140Mbit/s 的信号中直接分/插出 2Mbit/s 的信号。这会引起两个问题：

1）从高速信号中分/插出低速信号要一级一级地进行。例如从 140Mbit/s 的信号中分/插出 2Mbit/s 低速信号要经过如图 2-33 所示过程。

从图中看出，在将 140Mbit/s 信号分/插出 2Mbit/s 信号过程中，使用了大量的复用和解复用设备。通过三级解复用设备从 140Mbit/s 的信号中分出 2Mbit/s 低速信号；再通过三级复用设备将 2Mbit/s 的低速信号复用到 140Mbit/s 信号中。一个 140Mbit/s 信号可复用进 64 个 2Mbit/s 信号，但是若在此仅仅从 140Mbit/s 信号中分/插一个 2Mbit/s 的信号，也需要全套的三级复用和解复用设备。这样不仅增加了设备的体积、成本、功耗，还增加了设备的复杂性，降低了设备的可靠性。

2）由于低速信号分/插到高速信号要通过层层的复用和解复用过程，这样就会使信号

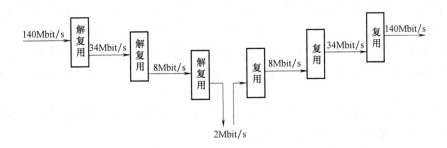

图 2-33　从 140Mbit/s 的信号中分/插出 2Mbit/s 低速信号示意图

在复用和解复用过程中产生的损伤加大，使传输性能劣化，在大容量传输时，此种缺点是不能容忍的。这也就是为什么 PDH 体制传输信号的速率没有更进一步提高的原因。

（4）运行管理维护方面　PDH 信号的帧结构里用于运行管理维护（OAM）工作的开销字节不多，这也就是为什么在设备进行光路上的线路编码时，要通过增加冗余编码来完成线路性能监控功能。由于 PDH 信号运行维护工作的开销字节少，因此对完成传输网的分层管理、性能监控、业务的实时调度、传输带宽的控制、告警的分析定位是很不利的。

（5）网管接口方面　由于没有统一的网管接口，这就使你买一套某厂家的设备，就需买一套该厂家的网管系统。容易形成网络的七国八制的局面，不利于形成统一的电信管理网。

由于以上种种缺陷，使 PDH 传输体制越来越不适应传输网的发展，于是美国贝尔通信研究所首先提出了用一整套分等级的标准数字传递结构组成的同步网络（SONET）体制。CCITT 于 1988 年接受了 SONET 概念，并重命名为同步数字体系（SDH），使其成为不仅适用于光纤传输，也适用于微波和卫星传输的通用技术体制。

2.2.4　同步数字系列

同步数字系列 SDH 传输体制是由 PDH 传输体制进化而来的，因此它具有 PDH 体制所无可比拟的优点，它是不同于 PDH 体制的全新的一代传输体制，与 PDH 相比在技术体制上进行了根本的变革。

1. SDH 概述

SDH 概念的核心是从统一的国家电信网和国际互通的高度来组建数字通信网，是综合业务数字网（ISDN），特别是宽带综合业务数字网（B-ISDN）的重要组成部分。那么怎样理解这个概念呢？与传统的 PDH 体制不同，按 SDH 组建的网络是一个高度统一的、标准化的、智能化的网络。它采用全球统一的接口以实现设备多厂家环境的兼容，在全程全网范围内实现高效的协调一致的管理和操作，实现灵活的组网与业务调度，实现网络自愈功能，提高网络资源利用率。并且由于维护功能的加强，大大降低了设备的运行维护费用。

下面就 SDH 所具有的优势，从以下几个方面进一步说明。

（1）接口方面

1）电接口方面。接口的规范化与否是决定不同厂家的设备能否互连的关键。SDH 体制对网络节点接口（NNI）作了统一的规范。规范的内容有数字信号速率等级、帧结构、复接方法、线路接口、监控管理等。这就使 SDH 设备容易实现多厂家互连，也就是说在同一传输线路上可以安装不同厂家的设备，体现了横向兼容性。

　　SDH 体制有一套标准的信息结构等级，即有一套标准的速率等级。基本的信号传输结构等级是同步传输模块——STM-1，相应的速率是 155Mbit/s。高等级的数字信号系列，例如 622Mbit/s(STM-4)、2.5Gbit/s(STM-16)等，是通过将低速率等级的信息模块(例如 STM-1)进行字节间插同步复接而成，复接的个数是 4 的倍数，例如，STM-4 = 4×STM-1，STM-16 = 4×STM-4。

　　2) 光接口方面。线路接口(这里指光接口)采用世界性统一标准规范，SDH 信号的线路编码仅对信号进行扰码，不再进行冗余码的插入。

　　扰码的标准是世界统一的，这样对端设备仅需通过标准的解码器就可与不同厂家 SDH 设备进行光接口互连。扰码的目的是抑制线路码中的长连 "0" 和长连 "1"，便于从线路信号中提取时钟信号。由于线路信号仅通过扰码，所以 SDH 的线路信号速率与 SDH 电接口标准信号速率相一致，这样就不会增加发送端激光器的光功率代价。

　　(2) 复用方式　由于低速 SDH 信号是以字节间插方式复用进高速 SDH 信号的帧结构中的，这样就使低速 SDH 信号在高速 SDH 信号的帧中的位置是固定的、有规律的，也就是说是可预见的。这样就能从高速 SDH 信号(例如从 STM-16 中直接分/插出低速 SDH 信号(例如 STM-1)，从而简化了信号的复接和分接，使 SDH 体制特别适合于高速大容量的光纤通信系统。

　　另外，由于采用了同步复用方式和灵活的映射结构，可将 PDH 低速支路信号(例如 2Mbit/s)复用进 SDH 信号的帧中去(STM-N)，这样使低速支路信号在 STM-N 帧中的位置也是可预见的，于是可以从 STM-N 信号中直接分/插出低速支路信号。注意，此处不同于前面所说的从高速 SDH 信号中直接分/插出低速 SDH 信号，此处是指从 SDH 信号中直接分/插出低速支路信号，例如 2Mbit/s、34Mbit/s 与 140Mbit/s 等低速信号。于是节省了大量的复接/分接设备(背靠背设备)，增加了可靠性，减少了信号损伤、设备成本、功耗、复杂性等，使业务的上、下更加简便。

　　SDH 的这种复用方式使数字交叉连接(DXC)功能更易于实现，使网络具有了很强的自愈功能，便于用户按需动态组网，实现灵活的业务调配。

　　网络自愈是指当业务信道损坏导致业务中断时，网络会自动将业务切换到备用业务信道，使业务能在较短的时间(ITU-T 规定为 50ms 以内)得以恢复正常传输。注意这里仅是指业务得以恢复，而发生故障的设备和发生故障的信道则还是要人去修复。

　　那么为达到网络自愈功能除了设备具有 DXC 功能(完成将业务从主用信道切换到备用信道)外，还需要有冗余的信道(备用信道)和冗余设备(备用设备)。

　　(3) 运行管理维护方面　SDH 信号的帧结构中安排了丰富的用于运行管理维护(OAM)功能的开销字节，使网络的监控功能大大加强，也就是说维护的自动化程度大大加强。PDH 的信号中开销字节不多，以至于在对线路进行性能监控时，还要通过在线路编码时加入冗余编码来完成。以 30/32 路 PCM 信号为例，其帧结构中仅有 TS_0 时隙和 TS_{16} 时隙中的比特是用于 OAM 功能。

　　SDH 信号丰富的开销占用整个帧所有比特的 1/20，大大加强了 OAM 功能。这样就使系统的维护费用大大降低，而在通信设备的综合成本中，维护费占相当大的一部分，于是 SDH 系统的综合成本要比 PDH 系统的综合成本低，据估算仅为 PDH 系统的 63.8%。

　　(4) 兼容性方面　SDH 有很强的兼容性，当组建 SDH 传输网时，原有的 PDH 传输网不会作废，两种传输网可以共同存在。也就是说可以用 SDH 网传送 PDH 业务，另外，异步转移模式的信号（ATM）、FDDI 信号等其他体制的信号也可用 SDH 网来传输。

那么 SDH 传输网是怎样实现这种兼容性的呢？SDH 网中 SDH 信号的基本传输模块（STM-1）可以容纳 PDH 的三个数字信号系列和其他的各种体制的数字信号系列——ATM、FDDI、DQDB 等，从而体现了 SDH 的前向兼容性和后向兼容性，确保了 PDH 向 SDH 及 SDH 向 ATM 的顺利过渡。SDH 是怎样容纳各种体制的信号呢？很简单，SDH 把各种体制的低速信号在网络边界处（例如 SDH/PDH 起点）复用进 STM-1 信号的帧结构中，在网络边界处（终点）再将它们拆分出来即可，这样就可以在 SDH 传输网上传输各种体制的数字信号了。

在 SDH 网中，SDH 的信号实际上起着运货车的功能，它将各种不同体制的信号像货物一样打成不同大小（速率级别）的包，然后装入货车（装入 STM-N 帧中），在 SDH 的主干道上（光纤上）传输。在接收端从货车上卸下打成货包的货物（其他体制的信号），然后拆包封，恢复出原来体制的信号。这也就形象地说明了不同体制的低速信号复用进 SDH 信号（STM-N），在 SDH 网上传输和最后拆分出原体制信号的全过程。

凡事有利就有弊，SDH 的这些优点是以牺牲其他方面为代价的。下面简单地讨论一下 SDH 的缺陷所在。

1) 频带利用率低。通常，有效性和可靠性是一对矛盾，增加了有效性必将降低可靠性，增加可靠性也会相应地使有效性降低。相应地，SDH 的一个很大优势是系统的可靠性大大地增强了（运行维护的自动化程度高），这是由于在 SDH 的信号——STM-N 帧中加入了大量的用于 OAM 功能的开销字节，这样必然会使在传输同样多有效信息的情况下，PDH 信号所占用的频带（传输速率）要比 SDH 信号所占用的频带（传输速率）窄，即 PDH 信号所用的速率低。例如，SDH 的 STM-1 信号可复用进 63 个 2Mbit/s 或 3 个 34Mbit/s（相当于 48×2Mbit/s）或 1 个 140Mbit/s（相当于 64×2Mbit/s）的 PDH 信号。只有当 PDH 信号是以 140Mbit/s 的信号复用进 STM-1 信号的帧时，STM-1 信号才能容纳 64×2Mbit/s 的信息量，但此时它的信号速率是 155Mbit/s，速率要高于 PDH 同样信息容量的 E4 信号（140Mbit/s），也就是说 STM-1 所占用的传输频带要大于 PDH E4 信号的传输频带（二者的信息容量是一样的）。

2) 指针调整机理复杂。SDH 体制可从高速信号（例如 STM-1）中直接上、下低速信号（例如 2Mbit/s），省去了多级复用和解复用过程。而这种功能的实现是通过指针机理来完成的，指针的作用就是时刻指示低速信号的位置，以便在"拆包"时能正确地拆分出所需的低速信号，保证了 SDH 从高速信号中直接上、下低速信号功能的实现。可以说指针是 SDH 的一大特色。

但是指针功能的实现增加了系统的复杂性。最重要的是使系统产生 SDH 的一种特有抖动——由指针调整引起的结合抖动。这种抖动多发于网络边界处（SDH/PDH），其频率低、幅度大，会导致低速信号在拆出后性能劣化，这种抖动的滤除会相当困难。

3) 软件的大量使用对系统安全性的影响。SDH 的一大特点是 OAM 的自动化程度高，这也意味着软件在系统中占用相当大的比重，这就使系统很容易受到计算机病毒的侵害，特别是在计算机病毒无处不在的今天。另外，在网络层上人为的错误操作、软件故障，对系统的影响也是致命的。这样，系统的安全性就成了很重要的一个隐患。

SDH 体制是一种在发展中不断成熟的体制，尽管还有这样那样的缺陷，但它已在传输网的发展中，显露出了强大的生命力，传输网从 PDH 过渡到 SDH 是一个不争的事实。

2. SDH 信号的帧结构

STM-N 信号帧结构的安排应尽可能使支路低速信号在一帧内均匀地、有规律地排列。这样便于实现支路低速信号的分/插、复用和交换，其实质就是为了方便地从高速 SDH 信号中直接上、下低速支路信号。鉴于此，ITU-T 规定了 STM-N 的帧是以字节（8bit）为单位的矩形块状帧结构，如图 2-34 所示。

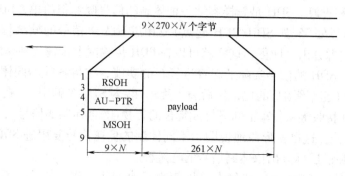

图 2-34　STM-N 帧结构图

为了便于对信号进行分析，往往将信号的帧结构等效为块状帧结构，这不是 SDH 信号所特有的，PDH 信号、ATM 信号以及分组交换的数据包，它们的帧结构都算是块状帧。例如，PDH E1 信号的帧是 32 个字节组成的 1 行×32 列的块状帧，ATM 信号是 53 个字节构成的块状帧。将信号的帧结构等效为块状，仅仅是为了分析的方便。

从图 2-34 中可看出，STM-N 的信号是 9 行×270×N 列的帧结构。此处的 N 与 STM-N 的 N 相一致，取值范围：1, 4, 16, 64, …，表示此信号由 N 个 STM-1 信号通过字节间插复用而成。由此可知，STM-1 信号的帧结构是 9 行×270 列的块状帧，当 N 个 STM-1 信号通过字节间插复用成 STM-N 信号时，仅仅是将 STM-1 信号的列按字节间插复用，行数恒定为 9 行。

通常，信号在线路上传输时是一个比特一个比特地进行传输的，那么这个块状帧是怎样在线路上进行传输的呢？难道是将整个块都送上线路同时传输吗？当然不是这样，STM-N 信号的传输也遵循按比特的传输方式。那么先传哪些比特后传哪些比特呢？SDH 信号帧传输的原则是：帧结构中的字节（8bit）从左到右、从上到下一个字节一个字节、一个比特一个比特地传输，传完一行再传下一行，传完一帧再传下一帧。

STM-N 信号的帧频（也就是每秒传送的帧数）是多少呢？ITU-T 规定对于任何级别的 STM-N 帧，帧频是 8000 帧/s，也就是帧长或帧周期为恒定的 125μs。

这里需要注意到的是：帧周期恒定是 SDH 信号的一大特点，任何级别的 STM-N 帧的帧频都是 8000 帧/s。由于帧周期的恒定使 STM-N 信号的速率有规律性。例如 STM-4 的传输数速恒定的等于 STM-1 信号传输数速的 4 倍，STM-16 恒定等于 STM-4 的 4 倍，等于 STM-1 的 16 倍。而 PDH 中的 E2 信号速率不等于 E1 信号速率的 4 倍。SDH 信号的这种规律性使高速 SDH 信号可以直接分/插出低速 SDH 信号，特别适用于大容量的传输情况。

从图 2-34 中看出，STM-N 的帧结构由三部分组成：信息净负荷（payload）；段开销，包括再生段开销（RSOH）和复用段开销（MSOH）；管理单元指针（AU-PTR）。下面介绍这三部分的功能。

（1）信息净负荷（payload）　信息净负荷是在 STM-N 帧结构中存放将要由 STM-N 传送的各种信息码块的地方。信息净负荷区相当于 STM-N 这辆运货车的车厢，车厢内装载的货物就是经过打包的低速信号——待运输的货物。为了实时监测货物（打包的低速信号）在传输过程中是否有损坏，在将低速信号打包的过程中加入了监控开销字节——通道开销（POH）字节。POH 作为信息净负荷的一部分与信息码块一起装载在 STM-N 这辆货车上在 SDH 网中传送，它负责对打包的货物（低速信号）进行通道性能监视、管理和控制（类似于传感器）。

何谓通道？举例说明，STM-1 信号可复用进 63×2Mbit/s 的信号，那么换一种说法可将 STM-1 信号看成一条传输大道，那么在这条大路上又分成了 63 条小路，每条小路通过相应速率的低速信号，那么每一条小路就相当于一个低速信号通道，通道开销的作用就可以看成监控这些小路的传送状况。这 63 个 2Mbit/s 通道复合成了 STM-1 信号这条大路——此处可称为"段"。所谓通道指相应的低速支路信号，POH 的功能就是监测这些低速支路信号在由 STM-N 这辆货车承载，在 SDH 网上运输时的性能。

（2）段开销（SOH）　段开销是为了保证信息净负荷正常、灵活传送所必须附加的供网络运行、管理和维护（OAM）使用的字节。例如段开销可对 STM-N 这辆运货车中的所有货物在运输中是否有损坏进行监控，而 POH 的作用是当车上有货物损坏时，通过它来判定具体是哪一件货物出现损坏。也就是说 SOH 完成对货物整体的监控，POH 完成对某一件特定的货物的监控。当然，SOH 和 POH 还有一些管理功能。

段开销又分为再生段开销（RSOH）和复用段开销（MSOH），分别对相应的段层进行监控。段其实也相当于一条大的传输通道，RSOH 和 MSOH 的作用也就是对这一条大的传输通道进行监控。

那么，RSOH 和 MSOH 的区别是什么呢？简单地讲，二者的区别在于监管的范围不同。举个简单的例子，若光纤上传输的是 2.5Gbit/s 的信号，那么，RSOH 监控的是 STM-16 整体的传输性能，而 MSOH 则是监控 STM-16 信号中每一个 STM-1 的性能情况。

再生段开销在 STM-N 帧中的位置是第 1 到第 3 行的第 1 到第 9×N 列，共 3×9×N 个字节；复用段开销在 STM-N 帧中的位置是第 5 到第 9 行的第 1 到第 9×N 列，共 5×9×N 个字节。与 PDH 信号的帧结构相比较，段开销丰富是 SDH 信号帧结构的一个重要的特点。

（3）管理单元指针（AU-PTR）　管理单元指针位于 STM-N 帧中第 4 行的 9×N 列，共 9×N 个字节，AU-PTR 起什么作用呢？前面讲过 SDH 能够从高速信号中直接分/插出低速支路信号（例如 2Mbit/s），为什么会这样呢？这是因为低速支路信号在高速 SDH 信号帧中的位置有预见性，也就是有规律性。预见性的实现就在于 SDH 帧结构中有指针开销字节功能。AU-PTR 是用来指示信息净负荷的第一个字节在 STM-N 帧内的准确位置的指示符，以便接收端能根据这个位置指示符的值（指针值）正确分离信息净负荷。

其实指针有高、低阶之分，高阶指针是 AU-PTR，低阶指针是 TU-PTR（支路单元指针），TU-PTR 的作用类似于 AU-PTR，只不过所指示的货物堆更小一些。

3. SDH 的复用

（1）基本复用结构　SDH 的复用包括两种情况：一种是由 STM-1 信号复用成 STM-N 信号；另一种是由 PDH 支路信号（如 2Mbit/s、32Mbit/s、140Mbit/s）复用成 SDH 信号 STM-N。

第一种情况复用的方法主要通过字节间插的同步复用方式来完成的，复用的基数是 4，即 4×STM-1→STM-4，4×STM-4→STM-16。在复用过程中保持帧频不变（8000 帧/s），这就意味着高一级的 STM-*N* 信号是低一级的 STM-*N* 信号速率的 4 倍。在进行字节间插复用过程中，各帧的信息净负荷和指针字节按原值进行字节间插复用。在同步复用形成的 STM-*N* 帧中，STM-*N* 的段开销并不是所有低阶 STM-*N* 帧中的段开销间插复用而成，而是舍弃了某些低阶帧中的段开销。

第二种情况就是将各级 PDH 支路信号复用进 STM-*N* 信号中去。

SDH 网的兼容性要求 SDH 的复用方式既能满足异步复用（如将 PDH 支路信号复用进 STM-*N*），又能满足同步复用（如 STM-1→STM-4），而且能方便地由高速 STM-*N* 信号分/插出低速信号，同时不造成较大的信号时延和滑动损伤，这就要求 SDH 需采用自己独特的一套复用步骤和复用结构。在这种复用结构中，通过指针调整定位技术来取代 125μs 缓存器用以校正支路信号频差和实现相位对准，各种业务信号复用进 STM-*N* 帧的过程都要经历映射、定位、复用 3 个步骤。

ITU-T 规定了一整套完整的映射复用结构，通过复用路线可将 PDH 的 3 个系列的数字信号以多种方法复用成 STM-*N* 信号。ITU-T 规定的复用路线如图 2-35 所示。

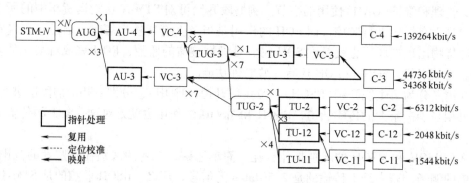

图 2-35　复用路线

从图中可以看到此复用结构包括了一些基本的复用单元：C——容器、VC——虚容器、TU——支路单元、TUG——支路单元组、AU——管理单元、AUG——管理单元组，这些复用单元的下标表示与此复用单元相应的信号级别。在图中从一个有效负荷到 STM-*N* 的复用路线不是唯一的，有多条路线也就是说有多种复用方法。例如 2Mbits 的信号有两条复用路线，也就是说可用两种方法复用成 STM-*N* 信号。另外，8Mbit/s 的 PDH 支路信号是无法复用成 STM-*N* 信号的。

（2）我国的 SDH 复用结构　尽管一种信号复用成 SDH 的 STM-*N* 信号的路线有多种，但我国的光同步传输网技术体制规定了以 2Mbit/s 信号为基础的 PDH 系列作为 SDH 的有效负荷，并选用 AU-4 的复用路线，我国 SDH 基本复用映射结构如图形 2-36 所示。

（3）复用单元

1）容器。容器（C）是一种用来装载各种速率业务信号的信息结构，其基本功能是完成 PDH 信号与 VC 之间的适配（即码速调整）。

ITU-T 规定了 5 种标准容器：C-11、C-12、C-2、C-3 和 C-4，每一种容器分别对应于一种标称的输入速率，即 1.544Mbit/s、2.048Mbit/s、6.312Mbit/s、34.368Mbit/s 和 139.264Mbit/s。

我国的 SDH 复用映射结构仅涉及 C-12、C-3 及 C-4。

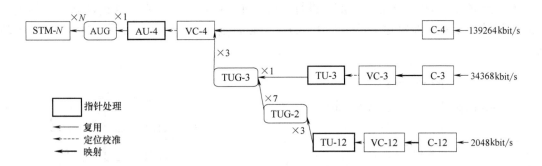

图 2-36 我国 SDH 基本复用映射结构

2) 虚容器。虚容器(VC)是用来支持 SDH 通道层连接的信息结构,由信息净负荷(容器的输出)和通道开销(POH)组成,即 VC-n=C-n+VC-nPOH。VC 可分成低价 VC 和高阶 VC 两类。TU 前的 VC 为低阶 VC,有 VC-11、VC-12、VC-2 和 VC-3(我国有 VC-12 和 VC-3);AU 前的 VC 为高阶 VC,有 VC-4 和 VC-3(我国有 VC-4)。

用于维护和管理这些 VC 的开销称为通道开销(POH)。管理低阶 VC 的通道开销称为低阶通道开销(LPOH)。管理高阶 VC 的通道开销称为高阶通道开销(HPOH)。

3) 支路单元。支路单元(TU)是一种提供低阶通道层和高阶通道层之间适配功能的信息结构,是传送低阶 VC 的实体,可表示为 TU-n(n=11,12,2,3)。TU-n 由低阶 VC-n 和相应的支路单元指针(TU-nPTR)组成,即 TU-n=低阶 VC-n+TU-nPTR。

4) 支路单元组。支路单元组(TUG)是由一个或多个在高阶 VC 净负荷中占据固定的、确定位置的支路单元组成。有 TUG-3 和 TUG-2 两种支路单元组。1×TUG-2=3×TU-12;1×TUG-3=7×TUG-2=21×TU-12;1×VC-4=3×TUG-3=63×TU-12。

5) 管理单元。管理单元(AU)是一种提供高阶通道层和复用段层之间适配功能的信息结构,是传送高阶 VC 的实体,可表示为 AU-n(n=3,4)。它是由一个高阶 VC-n 和一个相应的管理单元指针(AU-nPTR)组成,AU-n=高阶 VC-n+AU-nPTR。

6) 管理单元组。管理单元组(AUG)是由一个或多个在 STM-N 净负荷中占据固定的、确定位置的管理单元组成。例如,1×AUG=1×AU-4。

7) 同步传送模块(STM-N)。N 个 AUG 信号按字节间插同步复用后再加上 SOH 就构成了 STM-N 信号(N=4,16,64,…),即 N×AUG+SOH=STM-N。

(4) 应用示例

1) 140Mbit/s 的 PDH 信号复用进 STM-N 信号。首先将 140Mbit/s 的 PDH 信号经过正码速调整(比特塞入法)适配进 C-4,C-4 是用来装载 140Mbit/s 的 PDH 信号的标准信息结构。经 SDH 复用的各种速率的业务信号都应首先通过码速调整适配装进一个与信号速率级别相对应的标准容器:2Mbit/s——C-12、34Mbit/s——C-3、140Mbit/s——C-4。

容器的主要作用就是进行速率调整。140Mbit/s 的信号装入 C-4 相当于将其打了个包封,使 139.264Mbit/s 信号的速率调整为标准的 C-4 速率。C-4 的帧结构是以字节为单位的块状帧,帧频是 8000 帧/s,也就是说经过速率适配,139.264Mbit/s 的信号在适配成 C-4 信号后就已经与 SDH 传输网同步了。这个过程也就是将异步的 139.264Mbit/s 信号装入了 C-4。C-4 的帧结构如图 2-37 所示。

　　为了能够对 140Mbit/s 的通道信号进行监控，在复用过程中要在 C-4 的块状帧前加上一列通道开销字节（高阶通道开销 VC-4 POH），此时信号构成 VC-4 信息结构，如图 2-38 所示。

图 2-37　C-4 帧结构　　　　　　　　　　　　　　　图 2-38　VC-4 信息结构

　　VC-4 是与 140Mbit/s PDH 信号相对应的标准虚容器，此过程相当于对 C-4 信号又打一个包封，将对通道进行监控管理的开销（POH）打入包封中去，以实现对通道信号的实时监控和管理。

　　在将 C-4 打包成 VC-4 时，要加入 9 个开销字节，它们位于 VC-4 帧的第一列，这时 VC-4 的帧结构就成了 9 行×261 列。VC-4 其实就是 STM-1 帧的信息净负荷。将 PDH 信号经打包形成 C（容器），再加上相应的通道开销而形成 VC（虚容器）这种信息结构，整个这个过程就叫"映射"。

　　信息被"映射"进入 VC 之后，就可以往 STM-N 帧中装载了。装载的位置是其信息净负荷区。为了在接收端能正确分离出 VC-4 信息包，SDH 在 VC-4 前附加一个管理单元指针（AU-PTR）。此时信号包由 VC-4 变成了管理单元 AU-4 这种信息结构，如图 2-39 所示。

　　AU-4 这种信息结构与 STM-1 帧结构相比，只不过缺少段开销（SOH）而已。只要将 VC-4 信息包再加 9 个字节的 AU 指针即可构成 AU-4，AU-4 再加上段开销就形成 STM-1 帧结构。

　　管理单元（AU）为高阶通道层和复用段层提供适配功能，它由高阶 VC 和 AU 指针组成。AU 指针的作用是指明高阶 VC 在 STM-N 帧中的位置，也就是指明 VC 信息包在 STM-N 车厢中的具体位置。通过指针的作用，允许高阶 VC 在 STM-N 帧内浮动，也就是说允许 VC-4 和 AU-4 有一定的速率差异。这种差异性不会影响接收端正确地辨认和分离 VC-4。尽管 VC-4 在信息净负荷区内浮动，但是 AU-PTR 本身在 STM-N

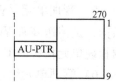

图 2-39　AU-4 结构

帧内的位置是固定的，AU-PTR 不在净负荷区，而是在段开销的中间。这就保证了接收端能准确地找到 AU-PTR，进而通过 AU 指针定位 VC-4 的位置，进而从 STM-N 帧信号中分离出 VC-4。

　　一个或多个在 STM-N 帧内占用固定位置的 AU-4 组成 1 个 AUG（管理单元组）。

　　将 AU-4 加上相应的 SOH 合成完整的 STM-1 帧信号，而后 N 个 STM-1 信号通过字节间插复用形成 STM-N 帧信号。

　　2）34Mbit/s 的 PDH 信号复用进 STM-N 信号。PDH 的 34Mbit/s 的支路信号先经过码速调整将其适配到标准容器 C-3 中，然后加上相应的通道开销，形成 VC-3，此时的帧结构是 9 行×85 列。为了便于接收端辨认 VC-3，以便能将它从高速信号中直接拆离出来，在 VC-3 的帧前面加了 3 个字节（$H_1 \sim H_3$）的指针——TU-PTR（支路单元指针）。TU-PTR 用以指示低阶 VC 的首字节在支路单元 TU 中的具体位置。这与 AU-PTR 的作用很相似，AU-PTR 是指示

VC-4 起点在 STM-N 帧中的具体位置。实际上两者的工作机理是一样的。TU-3 的帧结构如图 2-40 所示。

图 2-40 中的 TU-3 的帧结构有点残缺，应将其缺口部分补上。将其第 1 列中 $H_1 \sim H_3$ 余下的 6 个字节都填充哑信息（R），即形成如图 2-41 所示的帧结构。它就是 TUG-3——支路单元组。

3 个 TUG-3 通过字节间插复用主式，复合成 C-4 信号结构，复合的结果如图 2-42 所示。

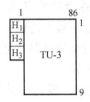

图 2-40　TU-3 的帧结构

图 2-41　TUG-3 的帧结构

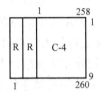

图 2-42　C-4 信号结构

因为 TUG-3 是 9 行×86 列的信息结构，所以 3 个 TUG-3 通过字节间插复用方式复合后的信息结构是 9 行×258 列的块状帧结构，而 C-4 是 9 行×260 列的块状帧结构。于是在 3×TUG-3 的合成结构前面加 2 列塞入比特，使其成为 C-4 的信息结构。

剩下的工作是将 C-4 装入 STM-N 中，过程同前面所讲的将 140Mbit/s 信号复用进 STM-N 信号的过程类似：C-4→VC-4→AU-4→AUG→STM-N，在此就不再复述了。

（5）基本复用步骤　在以上介绍过的将低速 PDH 支路信号复用成 STM-N 信号过程中分别经历了 3 种不同步骤：映射、定位、复用。

1）映射。映射（Mapping）是一种在 SDH 网络边界处（如 SDH/PDH 边界处）将支路信号适配进虚容器的过程。例如，将各种速率（140Mbit/s、34Mbit/s、2Mbit/s 和 45Mbit/s）的 PDH 支路信号先经码速调整，分别装入到各自相应的标准容器 C 中，再加上相应的通道开销，形成各自相应的虚容器 VC 的过程，称为映射。映射的逆过程称为去映射或解映射。

为了适应各种不同的网络应用情况，有异步、比特同步、字节同步 3 种映射方法与浮动 VC 和锁定 TU 两种映射模式。

2）定位。定位（Alignment）是一种当支路单元或管理单元适配到它的支持层帧结构时，将帧偏移量收进支路单元或管理单元的过程。它依靠 TU-PTR 或 AU-PTR 功能来实现。定位校准总是伴随指针调整事件同步进行的。

3）复用。复用（Multiplex）是一种使多个低阶通道层的信号适配进高阶通道层（如 TU-12（×3）→TUG-2（×7）→TUG-3（×3）→VC-4），或把多个高阶通道层信号适配进复用段层的过程（如 AU-4（×1）→AUG（×N）→STM-N）。复用的基本方法是将低阶信号按字节间插后再加上一些塞入比特和规定的开销形成高阶信号，这就是 SDH 的复用。在 SDH 映射复用结构中，各级的信号都取了特定的名称，如 TU-12、TUG-2、VC-4 和 AU-4 等。复用的逆过程称为解复用。

2.3　数字信号的基带传输

所谓基带就是指基本频带。基带传输就是在线路中直接传送数字信号的电脉冲，这是一种最简单的传输方式。基带传输时，需要解决数字数据的数字信号表示以及收发两端之间的信号同步问题。由于实际信道总是频带受限的，因此基带信号的设计也是一个重要的问题。

2.3.1　数字基带传输系统的基本理论

来自数据终端的原始数据信号，如计算机输出的二进制序列、电传机输出的代码，或者是来自模拟信号经数字化处理后的 PCM 码组、ΔM 序列等都是数字信号。这些信号往往包含丰富的低频分量，甚至直流分量，因而称之为数字基带信号。在某些具有低通特性的有线信道中，特别是传输距离不太远的情况下，数字基带信号可以直接传输，称之为数字基带传输。而大多数信道（如各种无线信道和光信道）则是带通型的，数字基带信号必须经过载波调制，把频谱搬移到高频处才能在信道中传输，这种传输被称为数字频带（调制或载波）传输。

数字基带传输系统的基本结构如图 2-43 所示。它主要由脉冲形成器、发送滤波器、信道、接收滤波器和采样判决器组成。为了保证系统可靠有序地工作，还应有同步系统。

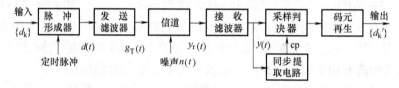

图 2-43　数字基带传输系统的基本结构

1）脉冲形成器：基带传输系统的输入是由终端设备或编码器产生的脉冲序列，它往往不适合直接送到信道中传输。脉冲形成器的作用就是把原始基带信号变换成适合于信道传输的基带信号，这种变换主要是通过码型变换和波形变换来实现的，其目的是与信道匹配，便于传输，减小码间串扰，利于同步提取和采样判决。

2）发送滤波器：用来产生适合于信道传输的基带信号。

3）信道：允许基带信号通过的媒质，通常为有线信道，如市话电缆、架空明线等。信道的传输特性通常不满足无失真传输条件，甚至是随机变化的。另外，信道还会进入噪声。在通信系统的分析中，常常把噪声 $n(t)$ 等效，集中在信道中引入。

4）接收滤波器：它的主要作用是滤除带外噪声，对信道特性均衡，使输出的基带波形有利于采样判决。

5）采样判决器：它是在传输特性不理想及噪声背景下，在规定时刻对接收滤波器的输出波形进行采样判决，以恢复或再生基带信号。

图 2-44 给出了图 2-43 所示基带系统的各环节波形示意图。

其中，图 2-44a 是输入的基带信号，这是最常见的单

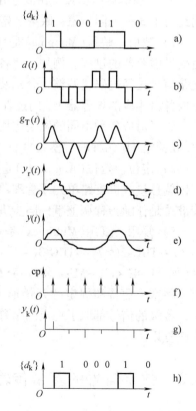

图 2-44　基带系统各环节波形示意图

极性非归零信号；图 2-44b 是进行码型变换后的波形；图 2-44c 对图 2-44a 而言进行了码型及波形的变换，是一种适合在信道中传输的波形；图 2-44d 是信道输出信号，显然由于信道频率特性不理想，波形发生失真并叠加了噪声；图 2-44e 为接收滤波器输出波形，与图 2-44d 相比，失真和噪声减弱；图 2-44f 是位定时同步脉冲；图 2-44g 为回复的信息波形；图 2-44h 为恢复的信息。显然，接收端能否正确恢复信息，在于能否有效地抑制噪声和减小码间串扰。

2.3.2　数字基带信号码型

1. 码型变换原则

所谓数字基带信号，就是消息代码的电脉冲表示。在实际基带传输系统中，并非所有的原始数字基带信号都能在信道中传输，例如，含有丰富直流和低频成分的基带信号就不适宜在信道中传输，因为它有可能造成信号严重畸变；再例如，一般基带传输系统都是从接收到的基带信号中提取位同步信号，而位同步信号却又依赖于代码的码型，如果代码出现长时间的连"0"符号，则基带信号可能会长时间出现 0 电位，从而使位同步恢复系统难以保证位同步信号的准确性。

实际的基带传输系统还可能提出其他要求，从而导致对基带信号也存在各种可能的要求。归纳起来，对传输用的基带信号的要求主要有两点：

1）对各种代码的要求，期望将原始信息符号编制成适于传输用的码型。

2）对所选的码型的电波形的要求，期望电波形适宜于在信道中传输。

前一问题称为传输码型的选择，后一问题为基带脉冲的选择。这是两个既彼此独立又相互联系的问题，也是基带传输原理中十分重要的两个问题。

信号的电脉结构称为码型。表示数字信息的电脉冲在传输过程中代码之间进行的变换称为码型变换。设计数字基带信号码型应考虑以下原则：

1）对于传输频率很低的信道来说，线路传输码型的频谱中应不含直流分量，且低频分量尽量少。

2）码型中应包含定时信息。

3）要求基带编码具有内在检错能力。

4）高的编码效率。

5）码型中高频分量尽量少，这样可以节省传输频带，提高信道的频谱利用率，还可以减少串扰。

6）编解码设备应尽量简单。

2. 基带传输的常用码型

在数字通信系统中，信道编码器输出的代码还需经过码型变换，变为适于传输的码型。常用的基带传输码主要有单极性不归零码、双极性不归零码、单极性归零码、双极性归零码和曼彻斯特码等。

这里的所谓双极性是指用正脉冲和负脉冲分别代表数字信号 1 和 0；所谓单极性是指用正脉冲和零分别代表数字信号 1 和 0。所谓不归零是代表第一个码元的脉冲过后紧接着是代表第二个码元的脉冲，两者之间没有时间间隔；两者之间有时间间隔，即所谓归零。曼彻斯特码是以半个符号宽的先正后负（1、0）的脉冲代表数字信号 1，而以半个符号宽的先负后正的脉冲(0、1)代表数字信号0。双极性不归零码中，如果0和1出现的概率相同，正负电正好抵消无直流分量，因而对传输有利且有较强的抗干扰能力。

数字基带信号都是矩形波，矩形波脉冲包含有丰富的谐波分量，所以在有限的信道带宽中，传输时必会产生失真，为此会引起较大的误码率。又由于每个码元所产生的谐波在时域上是相互交叠的，所以就产生了码间干扰。码元波形是按一定间隔发出的，只要在特定时刻的波形幅值没有失真，即使其他部分失真很大对码元的再生判决也无影响。

常用的数字基带传输码型有以下几种，部分波形如图2-45所示。

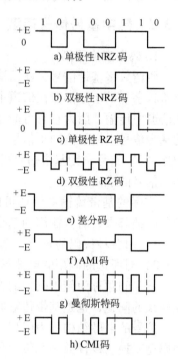

图 2-45　基带传输的部分码型

（1）单极性不归零(NRZ)码　单极性 NRZ 码如图2-45a所示。在表示一个码元时，二进制符号"1"和"0"分别对应基带信号的正电平和零电平，在整个码元持续时间，电平保持不变。单极性 NRZ 码具有如下特点：

1）发送能量大，有利于提高接收端信噪比。

2）在信道上占用频带较窄。

3）有直流分量，将导致信号的失真与畸变；且由于直流分量的存在，无法使用一些交流耦合的线路和设备。

4）不能直接提取位同步信息。

5）抗噪性能差。接收单极性 NRZ 码的判决电平应取"1"码电平的一半。由于信道衰减或特性随各种因素变化时，接收波形的振幅和宽度容易变化，因而判决门限不能稳定在最佳电平，使抗噪性能变坏。

6）传输时需一端接地。

由于单极性 NRZ 码的诸多缺点，基带数字信号传输中很少采用这种码型，它只适合极短距离传输。

（2）双极性不归零(NRZ)码　在此编码中，"1"和"0"分别对应正、负电平，如图2-45b所示。其特点除与单极性 NRZ 码特点的1）、2）、4）相同外，还有以下特点：

1）直流分量小。当二进制符号"1"、"0"等可能出现时，无直流成分。

2）接收端判决门限为0，容易设置并且稳定，因此抗干扰能力强。

3）可以在电缆等无接地的线上传输。

双极性 NRZ 码常在 CCITT 的 V 系列接口标准或 RS-232 接口标准中使用。

（3）单极性归零(RZ)码　归零码是指它的有电脉冲宽度比码元宽度窄，每个脉冲都回到零电平，即还没有到一个码元终止时刻就回到零值的码型。单极性归零码如图 2-45c 所示，在传送"1"码时发送 1 个宽度小于码元持续时间的归零脉冲；在传送"0"码时不发送脉冲。脉冲宽度与码元宽度之比叫占空比。

单极性 RZ 码与单极性 NRZ 码比较，缺点是发送能量小、占用频带宽，主要优点是可以直接提取同步信号。此优点虽不意味着单极性归零码能广泛应用到信道上传输，但它却是其他码型提取同步信号需采用的一个过渡码型。即对于适合信道传输的，但不能直接提取同步信号的码型，可先变为单极性归零码，再提取同步信号。

（4）双极性归零（RZ）码　双极性归零码构成原理与单极性归零码相同，如图 2-45d 所示。"1"和"0"在传输线路上分别用正和负脉冲表示，且相邻脉冲间必有零电平区域存在。

对于双极性归零码，在接收端根据接收波形归于零电平便可知道 1bit 信息已接收完毕，以便准备下 1bit 信息的接收。所以，在发送端不必按一定的周期发送信息。可以认为正负脉冲前沿起了启动信号的作用，后沿起了终止信号的作用。因此，可以经常保持正确的比特同步，即收发之间无需特别定时，且各符号独立地构成起止方式，此方式也叫自同步方式。

双极性归零码具有双极性非归零码的强抗干扰能力及码中不含直流成分的优点，应用比较广泛。

（5）差分码　在差分码中，"1"、"0"分别用电平跳变或不变来表示。若用电平跳变来表示"1"，称为传号差分码（在电报通信中，常把"1"称为传号，把"0"称为空号），如图2-45e 所示。若用电平跳变来表示"0"，称为空号差分码。由图可见，这种码型在形式上与单极性或双极性码型相同，但它代表的信息符号与码元本身电位或极性无关，而仅与相邻码元的电位变化有关。差分码也称相对码，而相应地称前面的单极性或双极性码为绝对码。

差分码的特点是，即使接收端收到的码元极性与发送端完全相反，也能正确地进行判决。

（6）AMI 码　AMI 码的全称是传号交替反转码。此方式是单极性方式的变形，即把单极性方式中的"0"码仍与零电平对应，而"1"码对应发送极性交替的正、负电平，如图2-45f 所示。这种码型实际上把二进制脉冲序列变为三电平的符号序列（故叫伪三元序列），其优点如下：

1）在"1"、"0"码不等概率的情况下，也无直流成分，且零频附近低频分量小。因此，对具有变压器或其他交流耦合的传输信道来说，不易受隔直特性的影响。

2）若接收端收到的码元极性与发送端的完全相反，也能正确判决。

3）便于观察误码情况。

此外，AMI 码还有编译码电路简单等优点，是一种基本的线路码，使用广泛。

不过，AMI 码有一个重要缺点，即当它用来获取定时信息时，由于它可能出现长的连 0 串，因而会造成提取定时信号的困难。

（7）HDB3 码　为了保持 AMI 码的优点而克服其缺点，人们提出了许多种类的改进 AMI 码，其中广泛为人们接受的解决办法是采用高密度双极性码 HDB n。三阶高密度双极性码 HDB3 码就是高密度双极性码中最重要的一种。HDB3 码的编码规则为：

1）先把消息代码变成 AMI 码，然后检查 AMI 码的连"0"串情况，当无 3 个以上连"0"码时，则这时的 AMI 码就是 HDB3 码。

2）当出现 4 个或 4 个以上连 0 码时，则将每 4 个连"0"小段的第 4 个"0"变换成"非0"码。这个由"0"码改变来的"非0"码称为破坏符号，用符号 V 表示，而原来的二进制码元序列中所有的"1"码称为信码，用符号 B 表示。当信码序列中加入破坏符号以后，信码 B 与破坏符号 V 的正负必须满足如下两个条件：

① B 码和 V 码各自都应始终保持极性交替变化的规律，以便确保编好的码中没有直流成分。

② V 码必须与前一个码(信码 B)同极性，以便和正常的 AMI 码区分开来。如果这个条件得不到满足，那么应该在四个连"0"码的第一个"0"码位置上加一个与 V 码同极性的补信码，用符号 B 表示，并做调整，使 B 码和 V 码合起来保持信码(含 B 及 V)极性交替变换的规律。

例如：

a) 代码：   0 1 0 0 0 0 1 1 0 0 0 0 0 1 0 1

b) AMI 码： 0 +1 0 0 0 0 -1 +1 0 0 0 0 0 -1 0 +1

c) 加 V：   0 +1 0 0 0 +V -1 +1 0 0 0 -V 0 -1 0 +1

d) 加 B：   0 +1 0 0 0 +V -1 +1 -B 0 0 -V 0 -1 0 +1

e) HDB3： 0 +1 0 0 0 +1 -1 +1 -1 0 0 -1 0 +1 0 -1

虽然 HDB3 码的编码规则比较复杂，但译码却比较简单。从上述原理可以看出，每一破坏符号总是与前一非 0 符号同极性。据此，从收到的符号序列中很容易找到破坏点 V，于是断定 V 符号及其前面的 3 个符号必定是连"0"符号，从而恢复 4 个连"0"码，再将所有的+1、-1 变成"1"后便得到原信息代码。

HDB3 的特点是明显的，它除了保持 AMI 码的优点外，还增加了使连"0"串减少至不多于 3 个的优点，而不管信息源的统计特性如何。这对于定时信号的恢复是极为有利的。HDB3 是 CCITT 推荐使用的码型之一。

(8) 曼彻斯特码 曼彻斯特(Manchester)码又称为数字双相码或分相码。它的特点是每个码元用两个连续的极性相反的脉冲来表示，如"1"码用正、负脉冲表示，"0"码用负、正脉冲表示，如图 2-45g 所示。该码的优点是无直流分量，最长连"0"、连"1"数为 2，定时信息丰富，编译码电路简单。但其码元速率比输入的信码速率提高了一倍。

曼彻斯特码适用于数据终端设备在中速短距离上传输，如以太网采用曼彻斯特码作为线路传输码。

曼彻斯特码当极性反转时会引起译码错误，为解决此问题，可以采用差分码的概念，将曼彻斯特码中用绝对电平表示的波形改为用电平相对变化来表示，这种码型称为条件分相码或差分曼彻斯特码。数据通信的令牌网即采用这种码型。

(9) CMI 码 CMI 码是传号反转码的简称，其编码规则为："1"码交替用"00"和"11"表示；"0"码用"01"表示，图 2-45h 给出其编码的例子。CMI 码的优点是没有直流分量，且频繁出现波形跳变，便于定时信息的提取，具有误码监测能力。

由于 CMI 码具有上述优点，再加上编译码电路简单，容易实现，因此，在高次群脉冲编码调制终端设备中广泛用作接口码型，在速率低于 8448kbit/s 的光纤数字传输系统中也被建议作为线路传输码型。

(10) 5B6B 码 除了上述这些码型外，近年来，高速光纤数字传输系统中还应用到 5B6B 码，它是将每 5 位二元码输入信息编成 6 位二元码码组输出(曼彻斯特码和 CMI 码属于 1B2B 类)。这种码型输出虽比输入增加 20% 的码速，但却换来了便于提取定时、低频分量小、同步迅速等优点。

(11) 多进制码 上面介绍的是用得较多的二进制代码，实际上还常用到多进制代码，其波形特点是多个二进制符号对应一个脉冲码元。图 2-46 画出了两种四进制代码波形。其中图 2-46a 所示为单极性信号，只有正电平，分别用 +3E、+2E、+E、0 对应两个二进制符号（一位四进制）00、01、10、11；而图 2-46b 所示为双极性信号，具有正负电平，分别用 +3E、+E、-E、-3E 对应两个二进制符号（一位四进制）

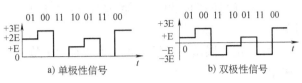

a) 单极性信号　　　b) 双极性信号

图 2-46　四进制代码波形

00、01、10、11。由于这种码型的一个脉冲可以代表多个二进制符号，故在高数据速率传输系统中，采用这种信号形式是适宜的。多进制码的目的是在码元速率一定时提高信息速率。

实际上，组成基带信号的单个码元波形并非一定是矩形的。根据实际的需要，还可以有多种多样的波形形式，比如余弦脉冲、高斯形脉冲等。

2.3.3　眼图

在实际应用中需要用简便的实验方法来定性测量系统的性能，其中一个有效的实验方法是观察接收信号的眼图。眼图是指利用实验手段方便地估计和改善（通过调整的方式）系统性能时在示波器上观察到的一种图形。观察眼图的方法是：用一个示波器跨接在接收滤波器的输出端，然后调整示波器水平扫描周期，使其与接收码元的周期同步。此时可以从示波器显示的图形上观察出码间干扰和噪声的影响，从而估计系统性能的优劣程度。在传输二进制信号波形时，示波器显示的图形很像人的眼睛，故名"眼图"。

1. 无噪声时的眼图

结合图 2-47 来了解眼图形成的原理。为了便于理解，先不考虑噪声的影响。图 2-47a 是接收滤波器输出的无码间串扰的双极性基带波形，用示波器观察它，并将示波器扫描周期调整到码元周期 T_s，由于示波器的余辉作用，扫描所得的每一个码元波形将重叠在一起，形成图 2-47c 所示的迹线细而清晰的大"眼睛"；图 2-47b 是有码间串扰的双极性基带波形，由于存在码间串扰，此波形已经失真，示波器的扫描迹线就不完全重合，于是形成的眼图线迹杂乱，"眼睛"张开得较小，且眼图不端正，如图 2-47d 所示。对比图 2-47c 和图 2-47d 可知，眼图的"眼睛"张开得越大，且眼图越端正，表示码间串扰越小，反之，表示码间串扰越大。

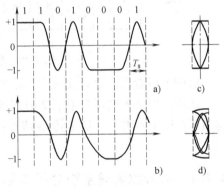

图 2-47　眼图

2. 存在噪声时的眼图

当存在噪声时，观察到的眼图的线迹会变得模糊不清。若同时存在码间串扰，"眼睛"将张开得更小。与无码间串扰时的眼图相比，原来清晰端正的细线迹，变成了比较模糊的带状线，而且不端正。噪声越大，线迹越宽，越模糊；码间串扰越大，眼图越不端正。

3. 眼图的模型

从以上分析可知，眼图可以定性反映码间串扰的大小和噪声的大小；可以用来指示接收滤波器的调整，以减小码间串扰，改善系统性能。为了说明眼图和系统性能之间的关系，可把眼图简化为一个模型，如图 2-48 所示。由该图可以获得以下信息：

1）最佳抽样时刻在"眼睛"张最大的时刻。

2）对定时误差的灵敏度可由眼图斜边的斜率决定。

3）在抽样时刻上，眼图上下两分支阴影区的垂直高度，表示最大信号畸变。

4）眼图中横轴位置应对应判决门限电平。

5）在抽样时刻上，上下两分支离门限最近

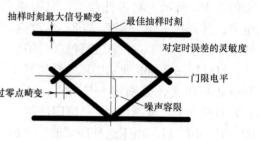

图 2-48　眼图模型

的一根线迹至门限的距离表示各相应电平的噪声容限，噪声瞬时值超过它就可能发生错误判决。

6）倾斜分支与横轴相交的区域的大小，表示零点位置变动范围的大小。

2.4　实训任务　数字基带通信系统的分析与测试

数字基带通信系统主要由下列系统模块组成：电话接口模块、语音编解码模块、信号复接与解复接模块、线路编码和解码模块等。

数字基带通信系统电路方框图如图 2-49 所示。

图 2-49　数字基带通信系统电路方框图

由图可以看出，语音在数字基带通信系统中通信过程如下：

从用户电话 1 向用户电话 2 的信号流程为：用户电话接口 1→语音编码→信号复接→线路编码（HDB3/CMI）→基带传输信道→线路解码→信道解复接→语音解码→用户电话接口 2。

2.4.1　语音编解码系统分析与测试

2.4.1.1　PAM 编解码电路分析与测试

1. 实训目的

1）验证抽样定理。

2）观察了解 PAM 信号形成的过程。

3）了解混迭效应形成的原因。

2. 实训设备

1）ZH7001 通信原理综合实验系统。

2）20MHz 双踪数字存储示波器。

3）函数信号发生器。

3. 实训原理

抽样定理在通信系统、信息传输理论方面占有十分重要的地位。抽样过程是模拟信号数字化的第一步，抽样性能的优劣关系到通信设备整个系统的性能指标。

利用抽样脉冲把一个连续信号变为离散时间样值的过程称为抽样，抽样后的信号称为脉冲调幅（PAM）信号。

抽样定理指出，一个频带受限信号 $m(t)$，如果它的最高频率为 f_h，则可以唯一地由频率等于或大于 $2f_h$ 的样值序列所决定。在满足抽样定理的条件下，抽样信号保留了原信号的全部信息。并且，从抽样信号中可以无失真地恢复出原始信号。通常将语音信号通过一个 3400Hz 低通滤波器（或通过一个 300～3400Hz 的带通滤波器），限制语音信号的最高频率为 3400Hz，这样可以用频率大于或等于 6800Hz 的样值序列来表示。语音信号的频谱和语音信号抽样频谱如图 2-50 和图 2-51 所示。从语音信号抽样频谱图可知，用截止频率为 f_h 的理想低通滤波器可以无失真地恢复原始信号 $m(t)$。

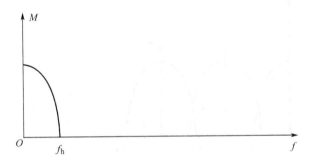

图 2-50　语音信号频谱

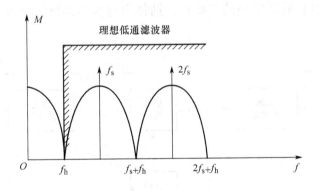

图 2-51　$f_s = 2f_h$ 时语音信号的抽样频谱

实际上，设计实现的滤波器特性不可能是理想的，对限制最高频率为 3400Hz 的语音信号，通常采用 8kHz 抽样频率。这样可以留出一定的防卫带（1200Hz），如图 2-52 所示。当抽样频率 f_s 低于 2 倍语音信号的最高频率 f_h，就会出现频谱混叠现象，产生混叠噪声，影响恢复出的语音质量，原理如图 2-53 所示。

4. 实训电路

在抽样定理实验中，采用标准的 8kHz 抽样频率，并用函数信号发生器产生一个频率为 f_h 的信号来代替实际语音信号。通过改变函数信号发生器的频率 f_h，观察抽样序列和低通滤

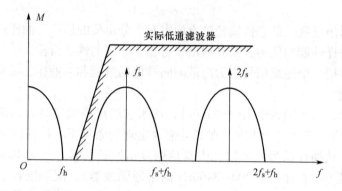

图 2-52　留出防卫带$(f_s>2f_h)$的语音信号的抽样频谱

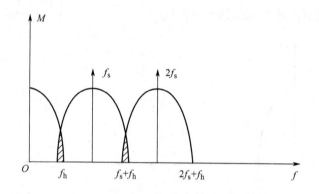

图 2-53　$f_s<2f_h$ 时语音信号的抽样频谱

波器的输出信号，检验抽样定理的正确性。抽样定理实验原理框图及相应波形如图 2-54 所示。

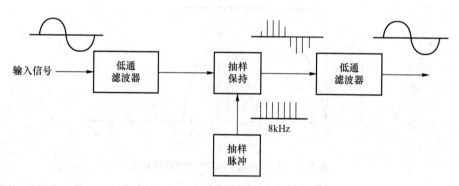

图 2-54　抽样定理实验原理框图及相应波形

图 2-55 是通信原理综合实验系统所设计的抽样定理实验电路组成框图。

输入信号首先经过信号选择跳线器 K701，当 K701 设置在 N 位置时，输入信号来自电话 1 接口模块的发送语音信号；当 K701 设置在 T 位置时，输入信号来自测试信号。测试信号可以选择外部测试信号或内部测试信号，当设置在交换模块内的跳线器 KQ01 设置在 1_2 位置时，选择内部 1kHz 测试信号；当设置在 2_3 位置时选择外部测试信号。抽样定理实验

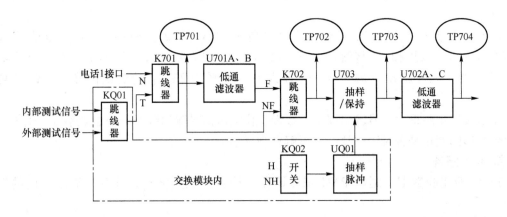

图 2-55　抽样定理实验电路组成框图

采用外部测试信号输入。

运放 U701A、U701B(TL084)和周边阻容器件组成一个 3dB 的带宽为 3400Hz 的低通滤波器，用于限制最高的语音信号频率，称为 U701A、B 滤波器。信号经 U701A、B 滤波器缓冲输出，送到 U703(CD4066)模拟开关。

跳线器 K702 用于选择输入滤波器，当 K702 设置在 F 位置时(左端)，送入到抽样电路的信号经过 3400Hz 的低通滤波器；当 K702 设置在 NF 位置时(右端)，信号不经过抗混迭滤波器直接送到抽样电路，其目的是为了观测混迭现象。

模拟开关 U703(CD4066)通过抽样时钟完成对信号的抽样，形成抽样序列信号。运放 U702A、U702C(TL084)和周边阻容器件组成一个 3dB 的带宽为 3400Hz 的低通滤波器，用来恢复原始信号。

该电路模块各测试点安排如下：

TP701：输入模拟信号。

TP702：经滤波器输出的模拟信号。

TP703：抽样序列。

TP704：恢复模拟信号。

5. 实训内容

准备工作：将交换模块内的抽样时钟模式开关 KQ02 设置在 NH 位置(右端)，将测试信号选择开关 KQ01 设置在外部测试信号输入 2＿3 位置(右端)。

(1) 近似理想抽样脉冲序列测量　首先将输入信号选择开关 K701 设置在 T(测试状态)位置，将低通滤波器选择开关 K702 设置在 F(滤波位置)，为便于观测，调整函数信号发生器正弦波输出频率为 200～1000Hz、输出电平为 2Vp-p 的测试信号送入信号测试端口。

用示波器同时观测正弦波输入信号和抽样脉冲序列信号(TP703)，观测时以 TP703 做同步。调整示波器同步电平和微调调整函数信号发生器输出频率，使抽样序列与输入测试信号基本同步。测量抽样脉冲序列信号与正弦波输入信号的对应关系。

(2) 理想抽样重建信号观测　TP704 为重建信号输出测试点。保持测试信号不变，用示波器同时观测重建信号输出测试点和正弦波输入信号，观测时以输入信号做同步。

（3）信号混迭观测　当输入信号频率高于4kHz（1/2抽样频率）时，重建信号将出现混迭效应。观测时，将跳线器K702设置在NF（无输入滤波器）位置。调整函数信号发生器正弦波输出频率为6~7kHz左右、电平为2Vp-p的测试信号送入信号测试端口。

用示波器观测重建信号输出波形。缓慢变化测试信号输出频率，注意观察输入信号与重建信号波形的变化是否对应一致。分析解释测量结果。

6. 实训报告

1）整理实验数据，画出PAM编译码器系统各测试点波形，并分析混迭效应的形成原因。

2）当$f_s>2f_h$和$f_s<2f_h$时，低通滤波器输出的波形是什么？总结一般规律。

2.4.1.2　PCM编译码电路分析与测试

1. 实训目的

1）了解语音编码的工作原理，验证PCM编译码原理。

2）熟悉PCM抽样时钟、编码数据和输入/输出时钟之间的关系。

3）了解PCM专用大规模集成电路的工作原理和应用。

2. 实训设备

1）ZH7001通信原理综合实验系统。

2）20MHz双踪示波器。

3）函数信号发生器。

3. 实训原理

通信系统可以分为模拟系统和数字系统两类，而且可以把模拟信号数字化后，用数字通信方式传输。为了在数字通信系统中传输模拟消息，发送端首先应将模拟信号抽样，使其成为一系列离散的抽样值，然后再将抽样值量化为相应的量化值，并经编码变化成数字信号，用数字通信方式传输，在接收端则相应的将接收到的数字信号恢复成模拟信号。利用抽样、量化、编码来实现模拟信号的数字传输的方框图如图2-56所示，对应的PCM单路抽样、量化、编码示意图如图2-57所示。

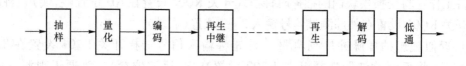

图2-56　PCM通信系统

PCM编译码模块将来自用户接口模块的模拟信号进行PCM编译码，该模块采用MC145540集成电路完成PCM编译码功能。该器件具有多种工作模式和功能，工作前通过显示控制模块将其配置成直接PCM模式（直接将PCM码进行打包传输），使其具有以下功能：

1）对来自接口模块发支路的模拟信号进行PCM编码输出。

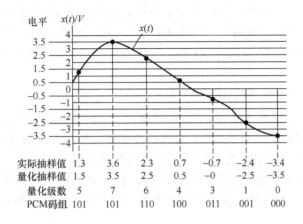

图 2-57 PCM 单路抽样、量化、编码示意图

2）将输入的 PCM 码字进行译码，并将译码之后的模拟信号送入用户接口模块。

在通信原理实验平台中，有二套完全一致的 PCM 编译码模块，这两个模块与相应的电话用户接口模块相连。本节仅以第一个 PCM 编译码模块原理进行说明，另一个模块原理与第一个模块相同，不再重述。

4. 实训电路

PCM 编解码器模块电路组成框图如图 2-58 所示，由语音编解码集成电路 U502（MC145540）、运放 U501（TL082）和相应的跳线器、电位器组成。

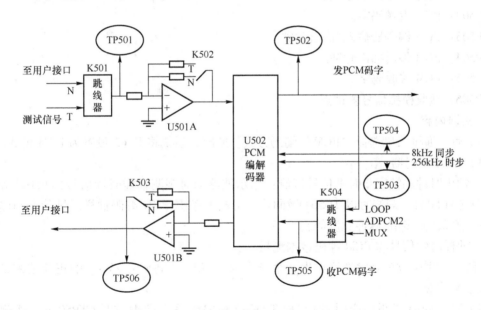

图 2-58 PCM 编解码器模块电路组成框图

电路工作原理如下：

PCM 编解码模块中，由收、发两个支路组成，在发送支路上发送信号经 U501A 运放后，送入 U502 进行 PCM 编码。编码输入时钟为 256kHz，编码数据从 U502 输出（TP502），编码抽样时钟为 8kHz。编码之后的数据结果送入后续数据复接模块进行处理，或直接送到对方

PCM 解码单元。在接收支路中，收数据是来自解数据复接模块的信号，或是直接来自对方 PCM 编码单元信号，在接收帧同步时钟 8kHz 与接收输入时钟 256kHz 的共同作用下，将接收数据送入 U502 中进行 PCM 解码。解码之后的模拟信号经运放 U501B 放大缓冲输出，送到用户接口模块中。

PCM 编译码模块中的各跳线功能如下：

跳线器 K501 用于选择输入信号，当 K501 置于 N（正常）位置时，选择来自用户接口单元的语音信号；当 K501 置于 T（测试）位置时选择测试信号。测试信号主要用于测试 PCM 的编译码特性。测试信号可以选择外部测试信号或内部测试信号。

跳线器 K502 用于设置发送通道的增益选择，当 K502 置于 N（正常）位置时，选择系统平台缺省的增益设置；当 K502 置于 T（调试）位置时可将通过调整电位器设置发通道的增益。

跳线器 K504 用于设置 PCM 译码器的输入数据信号选择，当 K504 置于 MUX（左）时处于正常状态，解码数据是来自解复接模块的信号；当 K504 置于 ADPCM2（中）时处于正常状态，解码数据直接来自对方 PCM 编码单元信号；当 K504 置于 LOOP（右）时 PCM 单元将处于自环状态。

跳线器 K503 用于设置接收通道增益选择，当 K503 置于 N（正常）时，选择系统平台缺省的增益设置；当 K503 置于 T（调试）时将通过调整电位器设置收通道的增益。

在该模块中，各测试点的定义如下：

TP501：发送模拟信号测试点。

TP502：PCM 发送码字。

TP503：PCM 编码器输入/输出时钟。

TP504：PCM 编码抽样时钟。

TP505：PCM 接收码字。

TP506：接收模拟信号测试点。

5. 实训内容

加电后，通过菜单选择"PCM"编码方式。此时，系统将 U502 设置为 PCM 模式。

（1）PCM 编码器

1）输出时钟和帧同步时隙信号观测：用示波器同时观测抽样时钟信号（TP504）和输出时钟信号（TP503），观测时以 TP504 做同步。分析和掌握 PCM 编码抽样时钟信号与输出时钟的对应关系（同步沿、脉冲宽度等）。

2）抽样时钟信号与 PCM 编码数据测量：

方法一：用函数信号发生器产生一个频率为 1000Hz、电平为 2Vp-p 的正弦波测试信号送入信号测试端口。

用示波器同时观测抽样时钟信号（TP504）和编码输出数据信号（TP502），观测时以 TP504 做同步。分析和掌握 PCM 编码输出数据与抽样时钟信号（同步沿、脉冲宽度）及输出时钟的对应关系。

方法二：由该模块产生一个 1kHz 的测试信号，送入 PCM 编码器。

用示波器同时观测抽样时钟信号（TP504）和编码输出数据信号端口（TP502），观测时以 TP504 做同步。分析和掌握 PCM 编码输出数据与帧同步时隙信号、发送时钟的对应关系。

将发通道增益选择开关 K502 设置在 T 位置（右端），通过调整电位器改变发通道的信号电平。用示波器观测编码输出数据信号（TP502）随输入信号电平变化的关系。

（2）PCM 解码器　将跳线器 K501 设置在 T（右端），K502 设置在 N，K504 设置在 LOOP 位置（右端）。此时将 PCM 输出编码数据直接送入本地译码器，构成自环。用函数信号发生器产生一个频率为 1000Hz、电平为 2Vp-p 的正弦波测试信号送入信号测试端口。

PCM 解码器输出模拟信号观测：

1）用示波器同时观测解码器输出信号端口（TP506）和编码器输入信号端口（TP501），观测信号时以 TP501 做同步。定性的观测解码恢复出的模拟信号质量。

2）将测试信号频率固定在 1000Hz，改变测试信号电平，定性的观测解码恢复出的模拟信号质量。观测信噪比随输入信号电平变化的相关关系。

3）将测试信号电平固定在 2Vp-p，调整测试信号频率，定性的观测解码恢复出的模拟信号质量。观测信噪比与输入信号频率变化的相关关系。

6. 实训报告

1）整理实验数据，画出 PCM 编解码器系统各测试点相应波形，并能分析其工作原理。

2）总结和分析 PCM 编解码器系统中改变发送模拟信号的电平和频率对 PCM 解码恢复出的模拟信号质量的影响。

3）分析在通信系统中 PCM 接收端应如何获得接收输入时钟和接收帧同步时钟信号。

2.4.1.3　ADPCM 编解码器电路分析与测试

1. 实训目的

1）了解语音编解码器的工作原理，验证 ADPCM 编解码原理。

2）熟悉 ADPCM 时钟信号、编码数据和输出时钟之间的关系。

3）了解 ADPCM 专用大规模集成电路的工作原理和应用。

2. 实训设备

1）ZH7001 通信原理综合实验系统。

2）20MHz 双踪示波器。

3）函数信号发生器。

3. 实训原理

ADPCM 编解码模块将来自用户接口模块的模拟信号进行 ADPCM 编解码，该模块采用 MC145540 集成电路完成 ADPCM 编解码功能。该器件具有多种工作模式和功能，开机时通过显示控制模块将其配置成 ADPCM 模式（直接将 ADPCM 码进行打包传输），使其具有以下功能：

1）对接口模块送来的发支路模拟信号进行 ADPCM 编码输出。

2）将输入的 ADPCM 码字（即通话对方的 ADPCM 码字）进行解码，并将解码之后的模拟信号送入用户接口模块。

3）在通信原理实验平台中，有二套完全一致的 ADPCM 编解码模块，这两个模块与相应的电话用户接口模块相连。本节仅以第一个模块 ADPCM 编解码原理进行说明，另个模块原理与第一个模块相同，不再重述。

4. 实训电路

ADPCM 编解码模块电路框图如图 2-59 所示。

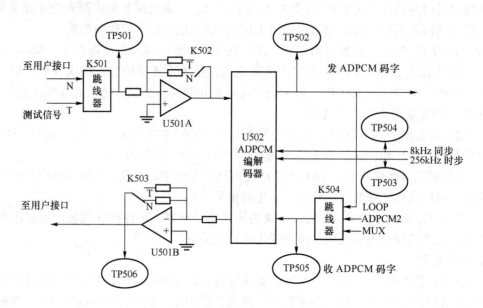

图 2-59 ADPCM 模块电路框图

ADPCM 编解码模块使用与 PCM 编解码模块相同的电路，ADPCM 编解码器收、发两支路组成由编码集成电路 U502（MC145540）、运放 U501（TL082）及相应的跳线器、电位器组成。发送支路的发送信号经 U501A 运放后放大后，送入 U502 进行 ADPCM 编码。编码的输出时钟为 256kHz，编码数据从 U502 输出（TP502），编码抽样时钟信号为 8kHz。编码之后的数据结果送入后续数据复接模块进行处理，或直接送到对方 ADPCM 解码单元。在接收支路中，收数据是来自解数据复接模块的信号，或是直接来自对方 ADPCM 编码单元信号，在接收帧同步时钟与接收输入时钟的共同作用下，将接收数据送入 U502 中进行 ADPCM 解码。解码之后的模拟信号经运放 U501B 放大缓冲输出，送到用户接口模块中。

5. 实训内容

加电后，通过菜单工作方式选择"ADPCM"编码方式。此时，系统将集成电路 U502 的工作参数设置为 ADPCM 模式。

（1）ADPCM 编码器

1）输出时钟和抽样时钟信号观测：用示波器同时观测帧同步时隙信号（TP504）和输出时钟信号（TP503），观测时以 TP504 做同步。分析和掌握 ADPCM 编码抽样时钟信号与输出时钟的对应关系。

2）抽样时钟信号与 ADPCM 编码数据测量：用示波器同时观测帧同步时隙信号（TP504）和编码输出数据信号端口（TP502），观测时以 TP504 做同步。分析和掌握 ADPCM 编码输出数据与抽样时钟信号、输出时钟的对应关系。

将输入信号选择开关 K501 设置在 T 位置，将交换模块内测试信号选择开关 K001 设置在内部测试信号 1_2 位置（左端）。此时由该模块产生一个 1kHz 的测试信号，送入 ADPCM 编码器；将发通道增益选择开关 K502 设置在 T 位置（右端），通过调整电位器改变发通道的信号电平。用示波器观测编码输出数据信号（TP502）随输入信号电平变化的关系。

（2）ADPCM 解码器 将跳线器 K501 设置在 T 位置（右端）、K504 设置在 LOOP 位置

（右端）。此时将 ADPCM 输出编码数据直接送入本地解码器，构成自环。用函数信号发生器产生一个频率为 1000Hz、电平为 2Vp-p 的正弦波测试信号送入信号测试端口。

ADPCM 解码器输出模拟信号观测：

1）用示波器同时观测 ADPCM 解码器输出信号端口（TP506）和编码器输入信号端口（TP501），信号观测时以 TP501 做同步。定性的观测解码恢复出的模拟信号质量。

2）将测试信号频率固定在 1000Hz，改变测试信号电平，定性的观测解码恢复出的模拟信号质量。观测信噪比随输入信号电平变化的相关关系。

3）将测试信号电平固定在 2Vp-p，调整测试信号频率，定性的观测解码恢复出的模拟信号质量。观测信噪比随输入信号频率变化的相关关系。

6. 实训报告

1）整理实验数据，画出 ADPCM 编解码器系统各测试点相应波形，并能分析其工作原理。

2）总结和分析 ADPCM 编解码器系统中改变发送模拟信号的电平和频率对 PCM 解码恢复出的模拟信号质量的影响。

3）对 ADPCM 和 PCM 系统的系统性能进行比较。

2.4.2 帧复接与解复接系统分析与测试

1. 实训目的

1）了解帧的概念和基本特性。

2）了解帧的结构。

3）熟悉帧信号的观测方法。

2. 实训设备

1）ZH7001 通信原理综合实验系统。

2）20MHz 双踪示波器。

3. 实训原理

在数字传输系统中，几乎所有业务均以一定的格式出现（例 PCM 以 8bit 一组出现）。因而在信道上对各种业务传输之前要对业务的数据进行包装。

信道上对业务数据包装的过程称之为帧组装。不同的系统、信道设备帧组装的格式、过程不一样。

TDM 制式的数字通信系统，在国际上已逐步建立起标准并广泛使用。TDM 的主要特点是在同一个信道上利用不同的时隙来传递各路不同信号（语音、数据或图像）。各路信号之间的传输相互独立且互不干扰。

32 路 TDM（一次群）系统帧组成结构示意图如图 2-60 所示。

在通信原理综合实验系统中，信道传输采用了类似 TDM 的传输方式：定长组帧、帧定位码与信息格式。一帧按 8 个 bit 一组分成了 4 个固定时隙，如图 2-61 所示。各时隙从 0 到 3 顺序编号，分别记为 TS0、TS1、TS2 和 TS3。TS0 时隙为帧定位码，帧定位码的码型和码长选择直接影响接收端帧定位搜索和漏同步性能，本同步系统中帧定位码选用 7 位 Barker 码（1110010），Barker 码具有良好的自相关特性，使接收端具有良好的相位分辨能力。TS1 时隙为语音时隙。TS2 时隙为开关信号时隙，8 位跳线开关数据全可变。TS3 时隙为特殊码时隙，共 4 种码型可选。TS0~TS3 复合成一个 256kbit/s 数据流在同一信道上传输。

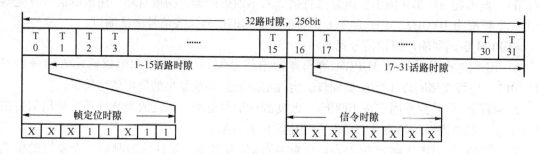

图 2-60　32 路 TDM 系统帧组成结构示意图

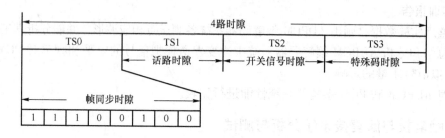

图 2-61　时隙

4. 实训电路

TDM 传输功能由复接模块和解复接模块完成，其原理框图如图 2-62 所示。

帧传输复接模块主要由 Barker 码产生、同步调整、复接、系统定时单元所组成；帧传输解复接模块（也称分接器）是由同步、系统定时、分接和恢复单元组成。在通信原理综合实验系统中，复接模块是用一片现场可编程门阵列（FPGA）芯片来完成（UB01）。UB01 内部还构造了一个 m 序列发生器，为便于观测复接信号波形，通过跳线器 SWB02（M_SEL0，M_SEL1）可以选择 4 种 m 序列码型。m 序列码型可以在 TPB01 检测点观测。错码产生器可以通过跳线器 SWB02（E_SEL0，E_SEL1）设置 4 种不同信道误码率，便于了解帧传输解复接模块在误码环境下接收端帧同步的过程和抗误码性能。

在测试功能模块中，测试点的安排如下：

1）TPB01：发端 m 序列输出（复接模块）。

2）TPB02：发端插入错码指示（复接模块）。

3）TPB03：输入复接帧信号（解复接模块）。

4）TPB04：输入时钟（解复接模块）。

5）TPB05：收端 m 序列输出（解复接模块）。

6）TPB06：收端帧同步指示（解复接模块）。

7）TPB07：发端帧同步指示（复接模块）。

5. 实训内容

准备工作：首先将解复接模块内的输入信号和时钟选择设为自环状态，使复接模块和解复接模块连接成自环测试方式；将复接模块内的工作状态选择跳线器 SBW02 的 m 序列选择跳线器 M_SEL0、M_SEL1 拔下，使 m 序列发生器产生 m 序列 1，将错码选择跳线器 E_SEL0、E_SEL1 拔下，不在传输帧中插入误码。

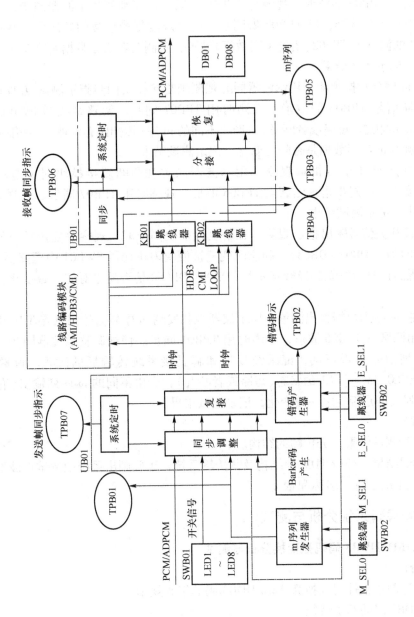

图 2-62 复接模块和解复接模块原理框图

（1）帧定位信号测量 用示波器同时观测帧复接模块同步指示测试点 TPB07 与解复接模块复接帧信号 TPB03 的波形，观测时用 TPB07 同步。仔细调整示波器同步，找到并读出帧定位信号码格式，记录测试结果。

（2）帧内语音数据观察 用示波器同时观测帧复接模块同步指示测试点 TPB07 与解复接模块复接帧信号 TPB03 的波形，观测时用 TPB07 同步。仔细调整示波器同步，找出帧内语音数据。如有存储示波器，以 TPB07 做同步，同时观测复接信号的帧内语音数据 TPB03 和 ADPCM 模块的测试点 TP502（语音编码数据）波形，观测两者语音数据码字是否一致及数据速率差异等，记录测试结果。

（3）帧内 m 序列数据观测 用示波器同时观测帧复接模块同步指示测试点 TPB07 与解复接模块复接帧信号 TPB03 的波形，观测时用 TPB07 同步。调整跳线器 SWB02 上 M_SEL0、M_SEL1 的状态（短路或者断开），产生不同的 m 序列输出（有 4 种）。仔细调整示波器同步，观测帧内 m 序列数据是否随之变化，记录测试结果。

（4）解复接帧同步信号指示观测 用示波器同时观测帧复接模块同步指示测试点 TPB07 与解复接模块帧同步指示测试点 TPB06 波形，观测时用 TPB07 同步。观测两信号之间是否完全同步，记录测试结果。

（5）解复接开关信号输出指示观测 在解复接模块同步时，观察解复接模块的开关信号发光二极管指示灯（DB01~DB08）。随意改变复接模块内跳线器 SWB01 中短路器（LED1~LED8）状态，观测接收端发光二极管指示灯（DB01~DB08）是否随之对应一致变化，记录测试结果。

（6）解复接 m 序列数据输出测量 用示波器观测发端 m 序列信号测试点 TPB01 与收端 m 序列信号输出测试点 TPB05 波形，观测时用 TPB01 同步。仔细调整示波器同步，观测解复接输出 m 序列信号是否正确，记录经复接和解复接系统传输后的时延。调整跳线器 SWB02 上 M_SEL0、M_SEL1 的状态（短路或者断开），产生不同的 m 序列输出（有 4 种），观测帧内 m 序列数据是否随之一致变化，记录测试结果。

6. 实训报告

1）整理实验测试结果，分析帧的结构。

2）根据测试结果，分析 TDM 帧结构及其传输系统，正确画出系统中测试点波形，并解释测试点在系统中的位置、名称和意义

2.4.3 线路编解码系统分析与测试

2.4.3.1 AMI/HDB3 码码型变换分析与测试

1. 实训目的

1）了解二进制单极性码变换为 AMI/HDB3 码的编码规则。

2）熟悉 HDB3 码的基本特征。

3）熟悉 HDB3 码编解码器的工作原理和实现方法。

4）根据测量和分析结果，画出电路关键部位的波形。

2. 实训设备

1）ZH7001 通信原理综合实验系统。

2）20MHz 双踪示波器。

3) 函数信号发生器。

3. 实训原理

AMI 码的全称是传号交替反转码。这是一种将消息代码 0(空号)和 1(传号)按如下规则进行编码的码：代码的 0 仍变换为传输码的 0，而把代码中的 1 交替地变换为传输码的 +1、-1、+1、-1⋯

由于 AMI 码的传号交替反转，故由它决定的基带信号将出现正负脉冲交替，而 0 电位保持不变的规律。由此看出，这种基带信号无直流成分，且只有很小的低频成分，因而它特别适宜在不允许这些成分通过的信道中传输。

AMI 码除有上述特点外，还有编解码电路简单及便于观察误码情况等优点。但是，AMI 码有一个重要缺点，即接收端从该信号中来获取定时信息时，由于它可能出现长的连 0 串，因而会造成提取定时信号的困难。HDB3 码能够保持 AMI 码的优点而克服其缺点。

HDB3 码的全称是三阶高密度双极性码。它的编码原理是这样的：先把消息代码变换成 AMI 码，然后去检查 AMI 码的连 0 串情况，当没有 4 个以上连 0 串时，则这时的 AMI 码就是 HDB3 码；当出现 4 个以上连 0 串时，则将每 4 个连 0 小段的第 4 个 0 变换成与其前一非 0 符号(+1 或 -1)同极性的符号。显然，这样做可能破坏"极性交替反转"的规律，这个符号就称为破坏符号，用 V 表示(即 +1 记为 +V，-1 记为 -V)。为使附加 V 符号后的序列不破坏"极性交替反转"造成的无直流特性，还必须保证相邻 V 符号也应极性交替。这一点，当相邻符号之间有奇数个非 0 符号时，则是能得到保证的；当有偶数个非 0 符号时，则就得不到保证，这时再将该小段的第 1 个 0 变换成 +B 或 -B 符号的极性与前一非 0 符号相反，并让后面的非 0 符号从 V 符号开始再交替变化。

虽然 HDB3 码的编码规则比较复杂，但解码却比较简单。从上述原理看出，每一个破坏符号 V 总是与前一非 0 符号(包括 B 在内)同极性。这就是说，从收到的符号序列中可以容易地找到破坏点 V 于是可断定 V 符号及其前面的 3 个符号必是连 0 符号，从而恢复 4 个连 0 码，再将所有 -1 变成 +1 后便得到原消息代码。

4. 实训电路

在通信原理综合试验箱中，采用了 CD22103 专用芯片(UD01)实现 AMI/HDB3 的编解码实验，AMI/HDB3 编解码模块组成框图见图 2-63。

在该电路模块中，没有采用复杂的线圈耦合的方法来实现 HDB3 码字的转换，而是采用运算放大器(UD02)完成对 AMI/HDB3 输出进行电平变换。变换输出为双极性码或单极性码。由于 AMI/HDB3 为归零码，含有丰富的时钟分量，因此输出数据直接送到位同步提取锁相环(PLL)以提取接收时钟。

输入的码流进入 UD01 的 1 脚，在 2 脚时钟信号的推动下输入 UD01 的编码单元，HDB3 与 AMI 由跳线器 KD03 选择。编码之后的结果在 UD01 的 14(TPD03)、15(TPD04)脚输出。输出信号在电路上直接返回到 UD01 的 11、13 脚，由 UD01 内部解码单元进行解码。通常解码之后 TPD07 与 TPD01 的波形应一致，但由于当前输出的 HDB3 码字可能与前 4 个码字有关，因而 HDB3 的编解码时延较大。运算放大器 UD02A 构成一个差分放大器，用来将线路输出的 HDB3 码变换为双极性码输出(TPD05)。运算放大器 UD02B 构成一个相加器，用来将线路输出的 HDB3 码变换为单极性码输出(TPD08)。

跳线器 KD01 用于输入编码信号选择：当 KD01 设置在 Dt 位置时(左端)，输入编码信

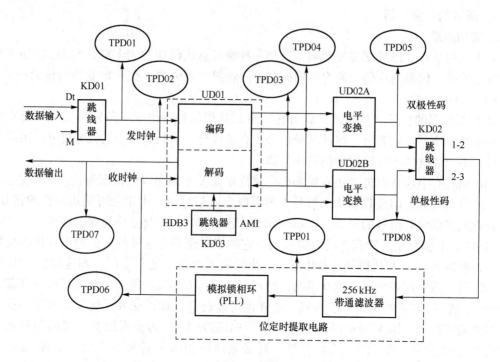

图 2-63 AMI/HDB3 编解码模块组成框图

号来自复接模块的 TDM 帧信号；当 KD01 设置在 M 位置时（右端），输入编码信号来自本地的 m 序列，用于编码信号观测。本地的 m 序列格式受 CMI 编码模块跳线器 KX02 控制：

跳线器 KD02 用于选择将双极性码或单极性码送到位同步提取锁相环以提取收时钟：当 KD02 设置在 1_2 位置（左端），输出为双极性码；当 KD02 设置 2_3 位置（右端），输出为单极性码。

跳线器 KD03 用于 AMI 或 HDB3 方式选择：当 KD03 设置在 HDB3 状态时（左端），UD01 完成 HDB3 编解码系统；当 KD03 设置在 AMI 状态时（右端），UD01 完成 AMI 编解码系统。

该模块内各测试点的安排如下：

1) TPD01：编码输入数据（256kbit/s）。

2) TPD02：编码输入时钟（256kHz）。

3) TPD03：HDB3 输出+。

4) TPD04：HDB3 输出−。

5) TPD05：HDB3 输出（双极性码）。

6) TPD06：解码输入时钟（256kHz）。

7) TPD07：解码输出数据（256kbps）。

8) TPD08：HDB3 输出（单极性码）。

5. 实训内容

（1）AMI 码码型变换规则验证

1) AMI 码码型变换规则验证：首先将输入信号选择跳线器 KD01 设置在 M 位置（右端）、单/双极性码输出选择器 KD02 设置在 2_3 位置（右端）、AMI/HDB3 编码开关 KD03 设置在 AMI 位置（右端），使该模块工作在 AMI 码方式。

　　调节 CMI 编码模块内的 m 序列类型选择跳线器 KX02，使其产生 7 位周期 m 序列。用示波器同时观测输入数据 TPD01 和 AMI 输出双极性编码数据 TPD05 波形及单极性编码数据 TPD08 波形，观测时用 TPD01 同步。分析观测输入数据与输出数据关系是否满足 AMI 编码关系，画下一个 m 序列周期的测试波形。

　　调节 CMI 编码模块内的 m 序列类型选择跳线器，使其产生 15 位周期 m 序列。重复上述测试步骤，记录测试结果。

　　调节 CMI 编码模块内的 m 序列类型选择跳线器，使其产生全 1 码。重复上述测试步骤，记录测试结果。

　　2）AMI 码解码和时延测量：将输入数据选择跳线器 KD01 设置在 M 位置（右端）；调节 CMI 编码模块内的 m 序列类型选择跳线器 KX02，使其产生 15 位周期 m 序列；将锁相环模块内输入信号选择跳线器 KP02 设置在 HDB3 位置（左端）。

　　用示波器同时观测输入数据 TPD01 和 AMI 解码输出数据 TPD07 波形，观测时用 TPD01 同步。观测 AMI 解码输出数据是否正确，画出测试波形。

　　问：AMI 编码和解码的数据时延是多少？

　　调节 CMI 编码模块内的 m 序列类型选择跳线器 KX02，使其产生 7 位周期 m 序列。重复上述测量步骤，记录测试结果。

　　问：此时 AMI 编码和解码的数据时延是多少？

　　3）AMI 编码信号中同步时钟分量定性观测：将输入数据选择跳线器 KD01 设置在 M 位置（右端），调节 CMI 编码模块内的 M 序列类型选择跳线器 KX02，使其产生 15 位周期 m 序列；将锁相环模块内输入信号选择跳线器 KP02 设置在 HDB3 位置（左端）。

　　将极性码输出选择跳线器 KD02 设置在 2_3 位置（右端），产生单极性码输出，用示波器测量模拟锁相环模块 TPP01 波形；然后将跳线开关 KD02 设置在 1_2 位置（左端），产生双极性码输出，观测 TPP01 波形变化。

　　通过测量结果回答：

　　① AMI 编码信号转换为双极性码或单极性码后，那一种码型时钟分量更丰富，为什么？

　　② 接收机应将接收到的信号转换成何种码型才有利于收端位定时电路对接收时钟进行提取。

　　调节 CMI 编码模块内的 m 序列类型选择跳线器 KX02，使其产生全 0 码，重复上述测试步骤，记录测试结果。

　　思考：具有长连 0 码格式的数据在 AMI 编解码系统中传输会带来什么问题，如何解决？

　　4）AMI 解码位定时恢复测量：将输入数据选择跳线开关 KD01 设置在 m 位置（右端），将 CMI 编码模块内的 m 序列类型选择跳线开关 KX02 设置在 15 位序列状态位置，将锁相环模块内输入信号选择跳线器 KP02 设置在 HDB3 位置（左端）。

　　先将跳线器 KD02 设置在 2_3 位置（右端）单极性码输出，用示波器测量同时观测发送时钟测试点 TPD02 和接收时钟测试点 TPD06 波形，测量时用 TPD02 同步。此时两收发时钟应同步。然后，再将跳线开关 KD02 设置在 1_2 位置（左端）双极性码输出，观测 TPD02 和 TPD06 波形。记录和分析测量结果。

　　将跳线开关 KD02 设置回 2_3 位置（右端）单极性码输出，将 CMI 编码模块内的 m 序列类型选择跳线开关 KX02 全 1 码或全 0 码。重复上述测试步骤，记录分析测试结果。

思考：为什么在实际传输系统中使用 HDB3 码？用其他方法(如 nBmB)行吗？

（2）HDB3 码码型变换规则验证

1）HDB3 码码型变换规则验证：首先将输入信号选择跳线器 KD01 设置在 M 位置(右端)、单/双极性码输出选择器 KD02 设置在 2_3 位置(右端)、AMI/HDB3 编码器 KD03 设置在 HDB3 位置(左端)，使该模块工作在 HDB3 码方式。

将 CMI 编码模块内的 m 序列类型选择跳线器 KX02 设置为产生 7 位周期 m 序列。用示波器同时观测输入数据 TPD01 和 AMI 输出双极性编码数据 TPD05 波形及单极性编码数据 TPD08 波形，观测时用 TPD01 同步。分析观测输入数据与输出数据关系是否满足 HDB3 编码关系，画下一个 m 序列周期的测试波形。

将 CMI 编码模块内的 m 序列类型选择跳线器 KX02 设置为产生 15 位周期 m 序列。重复上述测试步骤，记录测试结果。

使输入数据产生全 1 码，重复上述测试步骤，记录测试结果。

使输入数据为全 0 码，重复上述测试步骤，记录测试结果。

2）HDB3 码解码和时延测量：将输入数据选择跳线器 KD01 设置在 M 位置(右端)；将 CMI 编码模块内的 m 序列类型选择跳线开关 KX02 设置为产生 15 位周期 m 序列；将锁相环模块内输入信号选择跳线器 KP02 设置在 HDB3 位置(左端)。

用示波器同时观测输入数据 TPD01 和 HDB3 解码输出数据 TPD07 波形，观测时用 TPD01 同步。分析观测 HDB3 编码输入数据与 HDB3 解码输出数据关系是否满足 HDB3 编解码系统要求，画出测试波形。

问：HDB3 编码和解码的数据时延是多少？

将 CMI 编码模块内的 m 序列类型选择跳线器 KX02 设置为产生 7 位周期 m 序列。重复上译步骤测量，记录测试结果。

问：此时 HDB3 编码和解码的数据时延是多少？

3）HDB3 编码信号中同步时钟分量定性观测：将输入数据选择跳线器 KD01 设置在 M 位置(右端)，将 CMI 编码模块内的 m 序列类型选择跳线器 KX02 设置为产生 15 位周期 m 序列；将锁相环模块内输入信号选择跳线器 KP02 设置在 HDB3 位置(左端)。

将极性码输出选择跳线器 KD02 设置在 2_3 位置(右端)产生单极性码输出，用示波器测量模拟锁相环模块 TPP01 波形；然后将跳线开关 KD02 设置在 1_2 位置(左端)产生双极性码输出，观测 TPP01 波形变化根据测量结果思考：HDB3 编码信号转换为双极性码和单极性码中那一种码型时钟分量丰富。

使输入数据为全"1"码，重复上述测试步骤，记录分析测试结果。

使输入数据为全"0"码，重复上述测试步骤，记录测试结果。

分析总结：HDB3 码与 AMI 码有何不一样的结果？

4）HDB3 解码位定时恢复测量：将输入数据选择跳线器 KD01 设置在 M 位置(右端)，将 CMI 编码模块内的 m 序列类型选择跳线器 KX02 设置在 15 位序列状态位置，将锁相环模块内输入信号选择跳线器 KP02 设置在 HDB3 位置(左端)。

先将跳线器 KD02 设置在 2_3 位置(右端)产生单极性码输出，用示波器测量，同时观测发送时钟测试点 TPD02 和接收时钟测试点 TPD06 波形，测量时用 TPD02 同步。此时两收发时钟应同步。然后，再将跳线器 KD02 设置在 1_2 位置(左端)双极性码输出，观测

TPD02 和 TPD06 波形。记录和分析测量结果。

思考：接收端为便于提取位同步信号，需要对收到的 HDB3 编码信号做何处理？

使输入数据为全 1 码或全 0 码。重复上述测试步骤，记录分析测试结果。

6. 实训报告

1）根据实验结果，画出主要测量点波形。

2）根据测量结果，分析 AMI 码和 HDB3 码收时钟提取电路与输入数据的关系。

3）总结 HDB3 码的信号特征。

2.4.3.2 CMI 码码型变换分析与测试

1. 实训目的

1）掌握 CMI 码的编码规则。

2）熟悉 CMI 编解码系统的特性。

2. 实训设备

1）ZH7001 通信原理综合实验系统。

2）20MHz 双踪示波器。

3. 实训原理

在实际的基带传输系统中，并不是所有码字都能在信道中传输。例如，含有丰富直流和低频成分的基带信号就不适宜在信道中传输，因为它有可能造成信号严重畸变。同时，一般基带传输系统都从接收到的基带信号流中提取收定时信号，而收定时信号却又依赖于传输的码型，如果码型出现长时间的连 0 或连 1 符号，则基带信号可能会长时间的出现 0 电位，从而使收定时恢复系统难以保证收定时信号的准确性。实际的基带传输系统传输码（传输码又称为线路码）的结构将取决于实际信道特性和系统工作的条件。

CMI 编码规则如表 2-6 所示。

表 2-6 CMI 编码规则

输入码字	编码结果
0	01
1	00、11 交替表示

由表 2-6 可知，在 CMI 编码中，输入码字 0 直接输出 01 码型，较为简单。对于输入为 1 的码字，其输出 CMI 码字存在两种结果 00 或 11 码，因而对输入 1 的状态必须记忆。同时，编码后的速率增加一倍，因而整形输出时钟必须是 2 倍的输入码流时钟。在这里 CMI 码的第一位称为 CMI 码的高位，第二位称为 CMI 码的低位。

在 CMI 解码端，存在同步和不同步两种状态，因而需设置同步。同步过程的设置可根据码字的状态进行，因为在输入码字中不存在 10 码型，如果出现 10 码，则必须调整同步状态。在该功能模块中，可以观测到 CMI 解码时的同步过程。CMI 码具有如下特点：

1）不存在直流分量。

2）在 CMI 码流中，具有很强的时钟分量，有利于在接收端对时钟信号进行恢复。

3）具有检错能力，这是因为 1 码用 00 或 11 表示，而 0 码用 01 码表示，因而在 CMI 码流中不存在 10 码，且无 00 与 11 码组连续出现，这个特点可用于检测 CMI 的部分错码。

4. 实训电路

（1）CMI 编码模块　CMI 编码模块组成框图如图 2-64 所示。

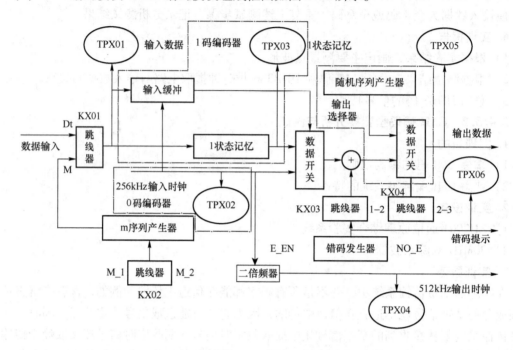

图 2-64　CMI 编码模块组成框图

CMI 编码器由 1 码编码器、0 码编码器、输出选择器等组成。

1）1 码编码器：因为在 CMI 编码规则中，要求在输入码为 1 时，交替出现 00、11 码，因而在电路中必须设置一状态来确认上一次输入比特为 1 时的编码状态。这一机制是通过一个 D 触发器来实现，每次当输入码流中出现 1 码时，D 触发器进行一次状态翻转，从而完成对 1 码编码状态的记忆（1 状态记忆）。同时，D 触发器的 Q 输出端也将作为输入比特为 1 时的编码输出（测试点 TPX03）。

2）0 码编码器：当输入码流为 0 时，则以时钟信号输出做 01 码。

3）输出选择器：由输入码流缓冲器的输出 Q 选择是 1 码编码器输出还是 0 码编码器输出。输入码经过编码之后在测试点 TPX05 上可测量出 CMI 的编码输出结果。

4）m 序列产生器：m 序列产生器输出受码型选择跳线器 KX02 控制，可产生不同的特殊码序列（111100010011010 或 1110010）。当输入数据选择跳线器 KX01 设置在 M 位置时（右端），CMI 编码器输入为 m 序列产生器输出数据，此时可以用示波器观测 CMI 编码输出信号，验证 CMI 编码规则。

5）错码发生器：为验证 CMI 编解码器系统具有检测错码能力，可在 CMI 编码器中人为插入错码。将 KX03 设置在 E_EN 位置时（左端），插入错码，否则设置在 NO_E 位置（右端）时，无错码插入。

6）随机序列产生器：为观测 CMI 解码器的失步功能，可以产生随机数据送入 CMI 解码器，使其无法同步。先将输入数据选择跳线器 KX01 设置在 Dt 位置（左端），再将跳线器 KX04 设置在 2_3 位置（右端），CMI 编码器将选择随机信号序列数据输出。正常工作时，跳线开关 KX04 设置在 1 _ 2 位置(左端)。

在该模块中,测试点的安排如下:

1) TPX01:输入数据(256kbit/s)。

2) TPX02:输入时钟(256kHz)。

3) TPX03:1 状态记忆输出。

4) TPX04:输出时钟(512kHz)。

5) TPX05:CMI 编码输出(512kbit/s)。

6) TPX06:加错输出指示。

(2) CMI 解码模块　CMI 解码模块组成框图如图 2-65 所示。

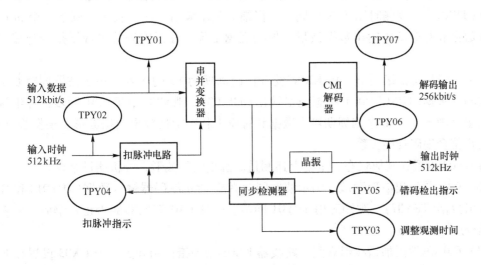

图 2-65　CMI 解码模块组成框图

CMI 解码电路由串并变换器、CMI 解码器、同步检测器、扣脉冲电路等组成。

1) 串并变换器:输入的 512kbit/s 的 CMI 码流首先送入串并变换器,在时钟的作用下将 CMI 的编码码字的高位与低位码子分路输出。

2) CMI 解码器:当 CMI 码的高位与低位通过异或门实现 CMI 码的解码。由于电路中的时延存在差异,输出端可能存在毛刺,需进行输出整形。解码之后的结果可在 TPY07 上测量出来,其与 TPX01 的波形应一致,仅存在一定的时延。

3) 同步检测器:根据 CMI 编码的原理,CMI 码同步时不会出现 10 码字(不考虑信道传输错码);如果 CMI 码没有同步好(即 CMI 的高位与低位出现错锁),将出现多组 10 码字,此时解码错误。同步检测器的原理是:当在一定时间内(1024bit 的时间),如出现多组 10 码字则认为 CMI 解码器未同步。此时同步检测电路输出一个控制信号到扣脉冲电路扣除一个时钟,调整 1bit 时延,使 CMI 解码器同步。测试点 TPY03 是调整观测时间(1024bit 的周期)。

在该模块中,测试点的安排如:

1) TPY01:CMI 编码输入数据。

2) TPY02:512kHz 输入时钟。

3) TPY03:调整观测时间(1024bit 的周期)。

4）TPY04：扣脉冲指示。

5）TPY05：错码检出指示。

6）TPY06：256kHz 输出时钟。

7）TPY07：CMI 解码数据输出。

5. 实训内容

首先将输入信号选择跳线器 KX01 设置在 M 位置（右端）；加错使能跳线器 KX03 设置在无错 NO＿E 位置（右端）；m 序列码型选择器 KX02 设置为产生 7 位周期 m 序列；将输出数据选择器 KX04 设置在 1＿2 位置，选择 CMI 编码数据输出。

（1）CMI 码编码规则测试　用示波器同时观测 CMI 编码器输入数据（TPX01）和输出编码数据（TPX05）。观测时用 TPX01 同步，仔细调整示波器同步。找出并画下一个 m 序列周期输入数据和对应编码输出数据波形。根据观测结果，分析编码输出数据是否与编码理论一致。

（2）1 码状态记忆测量　用 KX02 设置输出周期为 15 的序列，用示波器同时观测 CMI 编码器输入数据（TPX01）和 1 状态记忆输出（TPX03）。观测时用 TPX01 同步，仔细调整示波器同步。画下一个 m 序列周期输入数据和对应 1 状态记忆输出数据波形。根据观测结果，分析是否符合编码规则关系。

将 KX02 设置在其他状态，重复上述测量。画出测量波形，分析测量结果。

（3）CMI 码解码波形测试　用示波器同时观测 CMI 编码器输入数据（TPY01）和 CMI 解码器输出数据（TPY07）。观测时用 TPY01 同步。验证 CMI 解码器能否正常解码，两者波形除时延外应一一对应。

（4）CMI 码编码加错波形观测　跳线器 KX03 是加错控制开关，当 KX03 设置在 E＿EN 位置时（左端），将在输出编码数据流中每隔一定时间插入 1 个错码。

TPX06 是发端加错指示测试点，用示波器同时观测加错指示点 TPX06 和输出编码数据 TPX05 的波形，观测时用 TPX06 同步。画下有错码时的输出编码数据，并分析接收端 CMI 解码器是否检测出。

（5）CMI 码检错功能测试　首先将输入信号选择跳线器 KX01 设置在 Dt 位置（左端）；将加错跳线器 KX03 设置在 E＿EN 位置，人为插入错码，模拟数据经信道传输误码。

用示波器同时测量加错指示点 TPX06 和 CMI 解码模块中错码检出指示点 TPY05 波形。

将输入信号选择跳线器 KX01 设置在 M 位置（右端），将 m 序列码型选择器 KX02 设置在其他位置，用示波器同时测量加错指示点 TPX06 和 CMI 解码模块中检测错码指示点 TPY05 波形。观测测量结果有何变化。

关机 5s 后再开机，用示波器同时测量加错指示点 TPX06 和 CMI 解码模块中检测错码指示点 TPY05 波形。认真观测测试结果有何变化（注：可以重复多次测试，关机后再开机）。

思考：为什么有时错码检出指示点输出波形与加错输出指示点波形不一致？

（6）抗连 0 码性能测试　将输入信号选择跳线器 KX01 拔去，使 CMI 编码输入数据悬空（全 0 码）。用示波器测量输出编码数据（TPX05）。输出数据为 01 码，说明具有丰富的时钟信息。

测量 CMI 解码输出数据是否与发端一致。

6. 实训报告

1）画出主要测量点波形。

2）分析为什么有时错码检出指示点输出波形与加错输出指示点波形不一致？

3）CMI 码是否具有纠错功能？

本 章 小 结

1. 语音数字通信的基本构成方式是发送端将模拟电信号经模-数转换后送往信道传输，在接收端将接收到的数字信号再经数-模转换即可还原成模拟的语音电信号。

2. 抽样是把时间上连续的模拟信号变成一系列时间上离散的抽样值的过程。能否由此样值序列重建原信号，是抽样定理要回答的问题。抽样定理的内容是，如果对一个频带有限的时间连续的模拟信号抽样，当抽样频率达到一定数值时，那么根据它的抽样值就能重建原信号。因此，抽样定理是模拟信号数字化的理论依据。

3. 抽样是把一个时间上连续的信号变换成时间离散的信号，而量化是抽样信号的幅度离散化的过程，利用预先规定的有限个电平来表示模拟信号抽样值的过程称为量化。量化间隔是均匀的，这种量化称为均匀量化；量化间隔不均匀的量化为非均匀量化，非均匀量化克服了均匀量化的缺点，是语音信号实际应用的量化方式。

4. 编码是把量化后的信号电平值变换成二进制码组的过程，其逆过程称为解码或译码。

5. DPCM 系统的编码对象是样值的差值。由于语音信号的相关性，从而可以使码速率得到压缩。ADPCM 系统属于量化自适应或量化、预测相兼的自适应系统，最佳量化特性是根据量化噪声功率最小的准则确定的。

6. 多路复用的传输方式是多个信号在同一条信道上传输。对于时分多路复用，在信道上传输时，各路信息的抽样只是周期地占用抽样间隔的一部分，即通过分时使用一条信道来传输多个信源的信号。

7. 30/32 路 PCM 系统是全系统共分为 32 个时隙，其中 30 个时隙用来传送 30 路语音信息，一个路时隙，即 TS_0 用来传送帧同步码；另一个路时隙，即 TS_{16} 用来传送 30 路话路的信令信号。

8. 数字复接是将两个或多个支路数字信号按时分复用的方法汇接成一个单一的合成高速数字信号。复接时码字的排列较常用的有按位复接和按字复接两种方式。数字复接的过程要解决同步和复接两个问题。

9. 分析了 PDH 存在的缺点。重点介绍了 SDH 的基本概念特点、速率等级和帧结构，主要分析 STM-1 帧结构、帧结构中各部分的功能、再生段开销和复用段开销在帧结构中位置、再生段开销和复用段开销中主要字节的作用等内容。要求清楚 SDH 的产生背景，明确 SDH 的基本含义和基本概念，掌握 SDH 的特点。重点掌握 SDH 传输模块 STM-1 帧结构、传输速率的计算，要求能够熟记 STM-1 帧结构，主要是熟记帧结构分为哪几个区域及各区域的功能。

10. 分析了 SDH 信号的映射复用结构，要求明确映射、复用和定位的基本概念。要求掌握我国用的 PDH 支路信号映射复用到 STM-N 的结构，重点掌握 2Mbit/s 的信号映射复用到 STM-1 的方法及全过程。

11. 数字基带传输系统主要由脉冲形成器、发送滤波器、信道、接收滤波器和采样判决器组成。数字基带信号的常用码型有：单极性非归零码、双极性非归零码、单极性归零码、双极性归零码、差分码、AMI 码、HDB 3 码、Manchester 码、CMI 码和多进制码等。

12. 传输码的结构将取决于实际信道特性和系统工作的条件。通常传输码的结构应具有下列主要特性：相应的基带信号无直流分量，且低频分量少；便于从信号中提取定时信息；信号中高频分量尽量少，以节省传输频带并减少码间串扰；不受信息源统计特性的影响，即能适应于信息源的变化；具有内在的检错能力；传输码型应具有一定规律性，以便利用这一规律性进行宏观监测；编解码设备要尽可能简单等。

13. 眼图是指利用实验手段估计和改善系统性能时在示波器上观察到的一种图形。从示波器显示的眼图上，可观察出码间干扰和噪声的影响，从而估计系统性能的优劣程度。眼图的"眼睛"张开得越大，且眼图越端正，表示码间串扰越小，反之，表示码间串扰越大。

练习与思考题

2-1　什么是模拟信号的数字化传输？简述 PAM 通道、PCM 通道、时分复用多路通信各自的含义及相互联系。

2-2　什么是低通型信号的抽样定理？已抽样信号的频谱混叠是由什么原因引起的？

2-3　如果 $f_s = 4000Hz$，语音信号的频带为 $0 \sim 5000Hz$，能否完成 PAM 通信？为什么？如何解决？

2-4　什么叫量化？为什么要进行量化？

2-5　什么是脉冲编码调制？什么是增量调制？增量调制与脉冲编码调制有何异同？

2-6　什么是时分复用？试画出 30/32 路 PCM 帧结构图，并说明其基本参数值。

2-7　简述时分复用 PCM 终端机系统组成，说明各组成部分的作用。

2-8　简述 DPCM 编解码系统的工作原理。DPCM 系统的量化误差取决于哪些因素？如何减小其量化误差？

2-9　简述同步复接、异步复接、按位复接、按字复接的原理。

2-10　简述 PDH 存在的缺点。

2-11　SDH 体制有哪些优点？它又有哪些缺点？

2-12　描述 SDH 的帧结构及其各主要部分的作用。

2-13　什么是块状帧？

2-14　STM-N 信号的帧频是多少？STM-N 信号帧中单独一个字节的比特传输速率是多少？

2-15　什么是指针？

2-16　简要介绍 PDH 信号复用进 STM-N 帧的各个步骤。

2-17　画出 2Mbit/s 的信号复用进 STM-N 信号的映射复用过程。

2-18　说明将低速支路信号复用成 STM-N 信号要经过的 3 个步骤。

2-19　什么是数字基带信号？数字基带信号有哪些常用码型？它们各有什么特点？

2-20　简述基带传输和频带传输的区别。

2-21　试画出序列 100101000110 的下列码型：a）CMI 码；b）差分码。

2-22　画出基带传输系统的模型。

2-23　试画出序列 100101001001001000111 的 HDB$_3$ 码型。

2-24　设二进制符号序列为 110010001110，试以矩形脉冲为例，分别画出相应的单极性不归零码、双极性不归零码、单极性归零码、双极性归零码及二进制差分码的波形。

2-25　什么是眼图，眼图的作用是什么？

2-26　试画出序列 10011000000001100001 的下列码型：a）AMI 码；b）HDB$_3$ 码。

2-27　试画出序列 100100001100011 的下列码型：a）双极性不归零码；b）单极性不归零码；c）双极性归零码；d）单极性归零码。

2-28　简单说明眼图的模型。

第3章

数字频带传输系统的分析与测试

本章以分析数字频带传输系统组成及原理为主线来介绍数字频带传输系统。根据信号方式的不同，通信可分为模拟通信和数字通信。数字信号可以直接在有线信道中传输，也可以调制后在有线或无线信道中传输，前者称为基带传输，后者称为频带传输。本章讨论与数字信号的基带传输有关的基本概念、术语和基础知识；数字频带传输系统的基本组成及工作原理；几种数字调制与解调电路的工作原理；各种数字调制解调方法、特点和应用。

本章要求掌握的重点内容如下：

1) 数字频带传输系统的组成及各部分的作用。
2) 数字频带传输系统中基本的数字调制与解调方法及工作原理。
3) 数字频带传输系统中现代数字调制与解调方法及工作原理。
4) 各种数字调制与解调电路的特点及其性能和应用。
5) 差错控制编码的概念和方式。
6) 检错和纠错的基本原理。
7) 奇偶校验码、行列监督码、恒比码和正反码等常用检错码的检错原理。
8) 简单汉明码的生成及特点。
9) 常用循环码的生成及特点。
10) 卷积码的基本概念。

3.1 数字频带传输系统

数字基带传输系统是按照数字信号原有的波形（以脉冲形式）在信道上直接传输，它要求信道具有较宽的通频带。基带传输不需要调制、解调，设备花费少，适用于较小范围的数据传输。

数字频带传输系统是一种采用调制、解调技术的传输形式。在发送端，采用调制手段，对数字信号进行某种变换，将代表数据的二进制"1"和"0"变换成具有一定频带范围的模拟信号，以适应在模拟信道上传输；在接收端，通过解调手段进行相反变换，把模拟的调制信号复原为"1"或"0"。常用的调制方法有：频率调制、振幅调制和相位调制。

实际通信系统中很多信道都不能直接传送基带信号，必须用基带信号对载波波形的某些参量进行控制，使载波的这些参量随基带信号的变化而变化，以适应信道的传输，这个过程称为调制。

从原理上来说，受调制的载波可以是任意的，只要已调制信号适应于信道传输就可以了。实际上，在大多数数字通信系统中，都选择正弦信号作为载波。这是因为正弦信号形式简单，便于产生及接收，和模拟调制一样，数字调制也有调幅、调频、调相三种基本形式，并可以派生出多种其他形式。数字调制与模拟调制相比，其原理没有什么区别。模拟调制是对载波信号的参量进行连续调制，在接收端则对载波信号的调制参量连续地进行估计；而数字调制是用载波信号的某些离散状态来表征所传送的信息，在接收端也只对载波信号的离散调制参数进行检测。因此，数字调制信号也称键控信号。例如，对载波的振幅、频率及相位进行键控，便可获得三种最基本的调制方式：振幅键控（ASK）、移频键控（FSK）及移相键控（PSK）。

　　根据已调信号的频谱结构特点的不同，数字调制可分为线性调制和非线性调制。在线性调制中，已调信号的频谱结构与基带信号的频谱结构相同，只不过是频率位置搬移了；在非线性调制中，已调制信号的频谱结构与基带信号的频谱结构不同，不是简单的频谱搬移，而是有其他新的频率成分出现。振幅键控属于线性调制，而移频键控和移相键控属于非线性调制。这些特点与模拟调制是相同的。

3.1.1　数字调制

1. 二进制振幅键控

　　设信息源发出的是由二进制符号"0"、"1"组成的序列，二进制振幅键控（2ASK）信号的产生及波形如图 3-1 所示，图 3-1a 就是一种键控方法的原理图，它的开关电路受 $s(t)$ 控制，$s(t)$ 就是信息源。图 3-1b 即为 $s(t)$ 信号与 $e_0(t)$ 信号的波形。当信息源发出"1"时，开关电路接通，$e_0(t)$ 输出有载波信号，当信息源发出"0"时，开关电路断开，$e_0(t)$ 输出无载波信号。

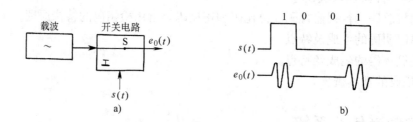

图 3-1　二进制振幅键控信号的产生及波形

　　如同调幅（AM）信号的解调方法一样，键控信号也有两种基本解调方法：非相干解调（包络检波法）及相干解调（同步检测法）。相应的接收系统的组成框图如图 3-2 所示。与 AM 信号的接收系统相比可知，这里增加了一个"抽样判决器"方框，这对于提高数字信号的接收性能是十分必要的。

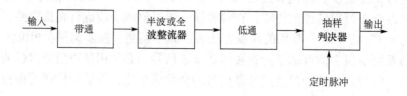

图 3-2　二进制振幅键控信号的接收系统的组成框图

　　二进制振幅键控信号的功率谱密度如图 3-3 所示。在图中，$P_s(f)$ 为一个随机单极性矩形脉冲序列 $s(t)$ 的功率谱密度，$P_E(f)$ 为二进制振幅调制信号 $e_0(t)$ 的功率谱密度。

由图 3-3 可以看出：

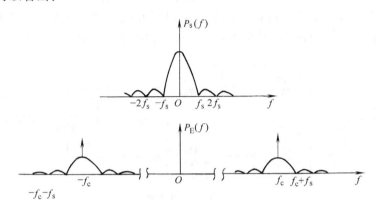

图 3-3　二进制振幅键控信号的功率谱密度

1）2ASK 信号的功率谱由连续谱和离散谱两部分组成，其中连续谱取决于单个基带信号码元 $g(t)$ 经线性调制后的双边带谱，离散谱则由载波分量决定。

2）2ASK 信号的带宽是基带脉冲波形的两倍。

二进制振幅键控方式是数字调制中出现较早的，也是最简单的。这种方法最早应用在电报系统，但由于它抗噪声的能力较差，它的功率利用率和频带利用率都不高，故在数字通信中应用的不多，一般都是与其他调制方式合用。

2. 二进制移频键控

用基带信号 $f(t)$ 对载波的瞬时频率进行控制的调制方式叫作调频，在数字通信中则称为移频键控（FSK）。数字频率调制在数字通信中是使用较早的一种调制方式。这种方式实现起来比较容易，抗干扰和抗衰落的性能也较强。缺点是占用频带较宽，频带利用率不够经济。因此，它主要应用于低、中速数据传输，以及衰落信道和频带较宽的信道。

设信息源发出的是由二进制符号 0、1 组成的序列，那么，二进制移频键控（2FSK）信号就是 0 符号对应于载波 ω_1，而 1 符号对应于载波 ω_2 的已调波形，而且 ω_1 与 ω_2 之间的改变是瞬间完成的。

实现数字频率调制的一般方法有两种，一种叫直接调频法；另一种叫键控法。所谓直接调频法，就是连续调制中的调频（FM）信号的产生方法。此法是用输入的基带脉冲去控制一个振荡器的某种参数而达到改变振荡器频率的目的。2FSK 信号的另一种调制方法是键控法，即利用受矩形脉冲序列控制的开关电路对两个不同的独立频率源进行选通。以上两种产生方法及波形如图 3-4 所示。图中，$s(t)$ 代表信息的二进制矩形脉冲序列，$e_0(t)$ 即是 2FSK 信号。

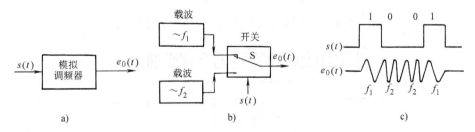

图 3-4　2FSK 信号的产生及波形

　　2FSK 信号的解调方法常采用非相干检测法和相干检测法等,如图 3-5 所示。这里的抽样判决器用来判定哪一个输入样值大,此时可以不专门设置门限电平。二进制移频键控(2FSK)信号还有其他解调方法,比如鉴频法、过零检测法及差分检波法等。

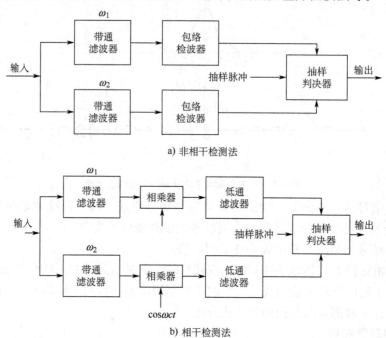

图 3-5　二进制移频信号的解调

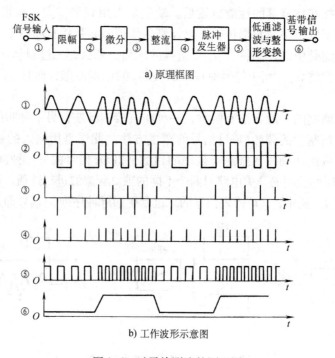

图 3-6　过零检测法的原理图

过零检测法为一种非相干解调法。可以想象,数字调频波的过零点随不同载波而异,故检出过零点数,可以得到关于频率的差异,这就是过零检测法的基本思想。其原理框图如图3-6a 所示,其相应的工作波形示意图如图 3-6b 所示。数字调频信号有两种频率状态,经过限幅、微分、整流变为单向窄脉冲,在把此窄脉冲输入到脉冲展宽电路(脉冲发生器)中,便可得到具有一定宽度的和一定幅度的方波,这是一个与频率变化相应的脉冲序列,它是一个归零脉冲信号。此信号的平均直流分量与脉冲频率成正比,也就是和输入信号频率成正比,经低通滤波器滤出此平均直流分量,再经过整形变换即为基带信号输出。在此方法中,信号频率相差越大,平均直流分量差别也越大,抗干扰性能也越高,但所占频带也越宽。

现在分析 2FSK 调制信号的功率谱。由于 2FSK 调制属于非线性调制,因此,它的频谱特性分析较复杂。但在一定条件下,可以近似地分析 2FSK 信号的频谱特性,就是把二进制频率键控信号看成是两个振幅键控信号相叠加。相位不连续的 2FSK 信号的功率谱示意图如图 3-7 所示。从图中可以得以下结论:

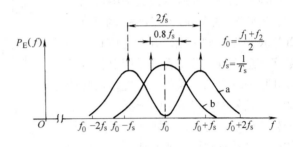

图 3-7 2FSK 信号的功率谱示意图

1)2FSK 信号的功率谱与 2ASK 的功率谱相似,同样由连续谱和离散谱组成。其中连续谱由两个双边带叠加而成,而离散谱则出现在两个载频位置上。

2)若两个载波 f_1 与 f_2 之差较小,例如小于 f_s,则连续谱出现单峰;若载波之差逐渐增大,即 f_1 与 f_2 的距离增加,则连续谱出现双峰。

3)由此发现传输 2FSK 信号所需的频带约为:

$$\Delta f = |f_2 - f_1| + 2f_s \tag{3-1}$$

3. 移相键控

用基带数字信号对载波相位进行调制的方式叫数字调相,也称为移相键控,记为 PSK。数字调相是利用载波相位的变化来传递信息的。例如,在二进制调相系统中,用两个不同相位(0°和180°)而频率相同的信号,即可以分别代表两个数字信息。这就要求在数字相位调制时,要用有待传输的基带脉冲信号去控制载波相位的变化,从而形成振幅和频率都不变而相位取离散数值的调相信号。

(1)二进制移相键控 设二进制符号及基带脉冲波形与以前假设的一样,即二进制符号为0时,基带脉冲波形是低电平;二进制符号为1时,基带脉冲波形是高电平。那么,二进制移相键控(2PSK)的信号为:发送二进制符号0时,$e_0(t)$ 取 0 相位;发送二进制符号1时,$e_0(t)$ 取 π 相位。这种以载波的不同移相直接去表示相应数字信息的移相键控,通常被称为绝对移相方式。

如果采用绝对移相方式,由于发送端是以某一个相位作为基准的,因而在接收端必须有一个固定的基准相位作为参考。如果这个参考相位发生变化,则恢复的数字信息就发生 0 变 1 或 1 变 0 的现象,从而造成错误的恢复。所以,采用 2PSK 方式就会在接收端发生错误的恢复。这种现象称为 2PSK 方式的"倒 π"现象。为此,实际应用中一般不采用 2PSK 方式,而采用一种所谓的二进制相对移相(2DPSK)方式。

2DPSK 方式就是利用前后相邻码元的相对载波相位去表示数字信息的一种方式。例如,

定义 $\Delta\varphi$ 表示为本码元初相与前一码元初相之差并设

$$\Delta\varphi = \pi \quad \rightarrow \quad 数字信息 "1"$$
$$\Delta\varphi = 0 \quad \rightarrow \quad 数字信息 "0"$$

则数字信息序列与 2DPSK 信号的码元相位关系可举例表示如下：

二进制数字信息： 0 1 0 0 1 1 1 0 1 1

2PSK 信号相位： π 0 0 π π π 0 π π

2DPSK 信号相位： 0 π π π 0 π 0 0 π 0

按此规定画出的 2PSK 及 2DPSK 信号的波形如图 3-8 所示，从图中可以看出，2DPSK 的波形与 2PSK 的不同。2DPSK 波形的同一相位并不对应相同的数字信息符号，而前后码元相对相位的差才唯一决定信息符号。因此，在解调2DPSK 信号时，就不依赖于某一个固定的载波相位参考值，只要前后码元的相位相对关系不破坏，则鉴别这个相位关系就可以正确恢复数字信息。采用2DPSK 调制方式可以避免 2PSK 方式中的倒 π 现象发生。从图 3-8 中也可以看出，单从波形上无法区别 2DPSK 和 2PSK 信

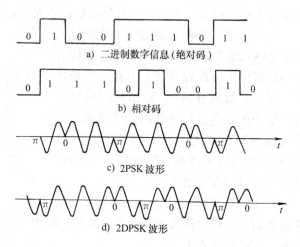

a) 二进制数字信息（绝对码）

b) 相对码

c) 2PSK 波形

d) 2DPSK 波形

图 3-8 2PSK 及 2DPSK 信号的波形

号。这说明，一方面，只有已知移相键控方式是绝对的还是相对的，才能正确判断原信息；另一方面相对移相信号可以看成是把数字信息序列（绝对码）变换成相对码，然后再根据相对码进行绝对移相而形成。例如，图中的相对码就是按相邻符号不变表示原数字信息 "0"、相邻符号改变表示原数字信息 "1" 的规律由绝对码变换而来的。绝对码 a_i 与相对码 R_i 之间有以下关系：

$$a_i = R_i \oplus R_{i-1} \tag{3-2}$$

1）2PSK 信号的产生和解调。2PSK 信号的产生方法有直接调相法和相位选择法两种。2PSK 信号产生的原理图如图 3-9 所示。图 3-9a 为直接调相法原理图，它是用平衡调制器产生调制信号的方法，这时作为控制开关用的基带信号应该是双极性脉冲信号。图 3-9b 是相

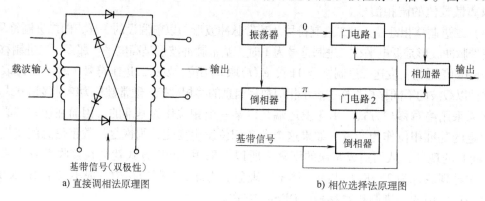

a) 直接调相法原理图

b) 相位选择法原理图

图 3-9 2PSK 信号产生的原理图

位选择法进行调相的原理图，这种方法预先把所需要的相位准备好，然后根据基带信号的规律性选择相位，得到相应的输出。

下面讨论 2PSK 信号的解调问题。对于 2PSK 信号来说，信息携带者就是相位本身，在识别它们时，必须依据相位，因此必须采用相干解调法。相干接收用的本地载波可以单独产生，也可以从输入信号中提取。一般的解调电路原理框图如图 3-10a 所示。信号经过带通滤波器以后，进入相乘器，它的输出为收到的信号 $f_m = A\cos(\omega_c + \varphi)$ 和本地载波 $B\cos\omega_c t$ 的乘积。经三角函数展开可以看出，其中包含直流项 $AB\cos\varphi$，在绝对调相 2PSK 信号中，$\cos\varphi$ 为 +1 或 -1。直流项可以通过低通滤波器，其他高频信号则不能通过。最后由抽样判决器再生出数字信号。考虑到相干解调在这里实际上起鉴相作用，故相干解调中的相乘器和低通滤波器可以用鉴相器代替，如图 3-10b 所示。图中的解调过程，实质上是输入已调信号 2PSK 与本地载波信号进行比较的过程，所以也称极性比较法解调。

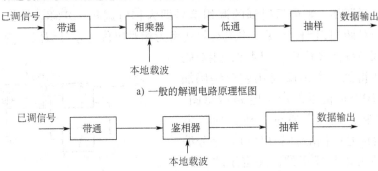

a) 一般的解调电路原理框图

b) 相乘器和低通滤波器用鉴相器代替的解调电路原理框图

图 3-10 2PSK 信号的接收框图

在 2PSK 解调中，最关键的是本地载波振荡的恢复，图 3-11 所示是产生相干载波信号的

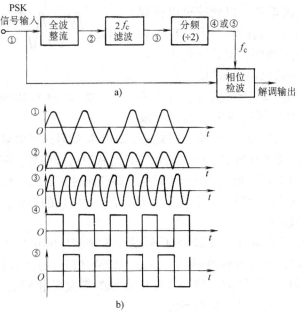

图 3-11 倍频-分类法载波提取

一种方法。将2PSK信号进行整流(倍频),产生频率为$2f_c$的二次谐波,再用滤波器把$2f_c$分量滤出,经过二次分频就可以得到频率为f_c的相干本地载波振荡,这个过程称为载波提取。

应该指出,在对$2f_c$的振荡信号分频以产生本地载波信号f_c时,f_c的初相位是不确定的,它可能是0相,也可能是π相,则恢复的数字信息就会发生0与1反向,使所得结果完全颠倒,这就是前面所提到的绝对调相中的倒π现象。这个问题可以采用相对调相2DPSK来解决,在相对调相系统中,无论相干信号初相位被判为1或0,都可以恢复绝对码序列。由于相对调相有这个特点,因此,在数字调相中得到广泛应用。

2)2DPSK信号的产生和解调。上面提到,在绝对调相2PSK中,由于恢复出的载波初相角的不确定性会产生"倒π现象",如果采用相对调相2DPSK,则可以解决这个问题。从前面讨论的绝对调相和相对调相两者的关系中可知,如果先把绝对码转换成相对码,然后让相对码去进行绝对调相,则最后得到的调相信号即为相对调相2DPSK。因此,2DPSK可以采用码变换加绝对调相2PSK实现。将绝对码变换为相对码称为差分编码。绝对码a_i与相对码R_i之间的关系为$a_i = R_i \oplus R_{i-1}$。因此,相对码可以用模二加法得到。图3-12是用差分编码加绝对调相构成2DPSK信号的产生电路示意图。$f(t)$是基带数字脉冲信号,通过"模二加"电路产生差分编码信号(即相对码)$f'(t)$,差分编码信号的第一位可以是任意的,决定于"模二加"电路的起始状态。设$f'(t)$的起始状态为0,可得出图3-12b所示的差分编码信号$f'(t)$。将$f'(t)$信号加到环形调制器对$\cos\omega_0 t$进行绝对调相,即传送1时发送0相的载波振荡;传送0时发送相位为π的载波振荡,以此就可以得到2DPSK信号。如果$f'(t)$的起始状态为"1",和上述的$f'(t)$只是变化了极性,但其中包含$f(t)$的前后码元相位变化的信息还是相同的。

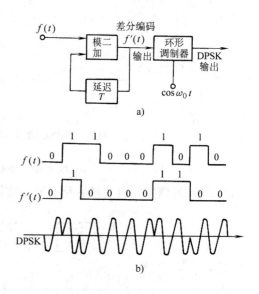

图3-12 差分调相2DPSK信号产生电路示意图

由图3-12不难看出,2DPSK信号也可以采用极性比较法解调,但必须把输出序列再变成绝对码序列,其原理框图如图3-13a所示。此外,2DPSK信号还可以采用一种差分相干解调的方法,其原理是通过直接比较前后码元的相位差而获得已调信号,所以也称为相位比较法解调,其原理框图如图3-13b所示。由于此时的解调已同时完成码变换作用,故无需码变换器。由于这种解调方法无需专门的相干载波,所以是一种实用的方法。但它需要一个精确的延时电路,使设备的成本增加。

下面讨论2PSK信号的频谱。求2PSK信号的功率谱密度时可以采用与求2ASK信号的功率谱密度相同的方法。通过分析可得以下结论:2PSK信号的连续谱与2ASK信号的连续谱基本相同。所以,2PSK信号的带宽与2ASK信号的带宽是相同的。另外,还可以说明2DPSK的频谱与2PSK的频谱是完全相同的。

由于二进制移相键控系统在抗噪声性能及信道频带利用率等方面比2FSK及2ASK都优

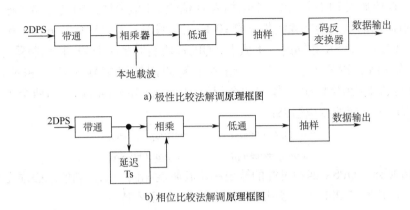

a) 极性比较法解调原理框图

b) 相位比较法解调原理框图

图 3-13 2DPSK 信号的接收框图

越, 因而被广泛应用于数字通信。考虑到 2PSK 方式有倒 π 现象, 所以它的改进型 2DPSK 受到重视, 2DPSK 是 CCITT 建议选用的一种数字调制方式。

(2) 四进制移相键控 (QPSK) 多进制数字调相又称为多相制, 它是利用不同的相位来表征数字信息的调制方式。和二进制调相一样, 多相制也分为绝对移相和相对移相两种。在实际通信中, 大多采用相对移相。

下面来说明 $M(M \geqslant 2)$ 相调制波形的表示法。由于 M 种相位可以表示 K 比特码元的 2^K 种状态, 故有 $2^K = M$。多相制的波形可以看成是两个正交载波进行多电平双边带调制所得的信号之和。通常, 多相制中经常使用的是四相制和八相制, 即 $M = 4$ 或 $M = 8$。在此, 以四相制为例讨论多相制原理。

由于四种不同的相位可以代表四种不同的数字信息。因此, 对于输入的二进制数字序列应先进行分组, 将每两个比特编为一组; 然后用四种不同的载波相位去表征它们。

例如, 输入二进制数字信息序列为 1 0 1 1 0 1 0 0…, 则可以将它们分成 10、11、01、00 等, 然后用四种不同相位来分别代表它们。

多相移相键控, 特别是四相移相键控 (QPSK) 是目前微波或卫星数字通信中常用的一种载波传输方式, 它具有较高的频谱利用率, 较强的抗干扰性, 同时在电路实现上比较简单, 成为某些通信系统的一种主要调制方式。

QPSK 调制器框图如图 3-14 所示。双比特进入比特分离器。双比特串行输入之后, 它们同时并行输出。

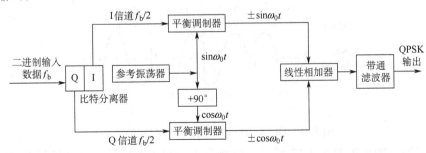

图 3-14 QPSK 调制器框图

一个比特直接加入 I 信道，另一个则加入 Q 信道，I 信道调制的是与参考振荡同相的载波，而 Q 信道调制的是与参考载波相位成 90° 的正交载波。一旦双比特分为 I 和 Q 信道，其每个信道的工作是与 2PSK 相同的。本质上，QPSK 调制器是两个 2PSK 调制器的并行组合。

逻辑 1 为 +1V，逻辑 0 为 −1V，I 信道平衡调制器可能输出两个相位（$+\sin\omega_0 t$ 和 $-\sin\omega_0 t$），Q 信道平衡调制器可能输出两个相位（$+\cos\omega_0 t$ 和 $-\cos\omega_0 t$）。当两个正交信号线性组合时，就有四种可能的相位结果：

$$+\sin\omega_0 t - \cos\omega_0 t \qquad -\sin\omega_0 t - \cos\omega_0 t$$
$$+\sin\omega_0 t + \cos\omega_0 t \qquad -\sin\omega_0 t + \cos\omega_0 t$$

如图 3-15 所示，QPSK 四种可能的输出相位其幅度相同。二进制信息必须完全按输出信号相位编码，这是鉴别 PSK 和正交振幅调制（QAM）的重要特性。

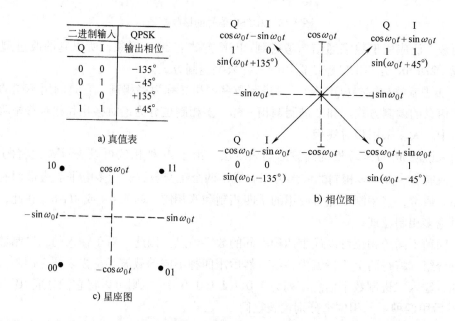

图 3-15　QPSK 调制器的真值表、相位图和星座图

从图 3-15 可以看出，QPSK 中任何相邻两个移相角度均是 90°。因此，QPSK 信号在传输过程中几乎可以承受 +45° 或 −45° 移相，当接收机解调时，仍然可以保证正确的编码信息。图 3-16 为 QPSK 调制器输出相位与时间的关系。

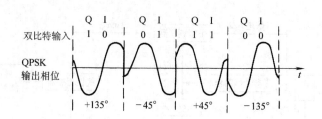

图 3-16　QPSK 调制器输出相位与时间的关系

QPSK 解调器的框图如图 3-17 所示。信号分离器将 QPSK 信号直接送到 I、Q 信道检测器和载波恢复电路。载波恢复电路再生原传输载波振荡信号，恢复的载波必须是和传输参考

载波相干的频率和相位。QPSK 信号在 I、Q 信道检测器中解调，而产生原 I、Q 数据比特。检测器的输出信号送入比特混合电路，将并行的 I、Q 数据变为二进制串行输出数据。

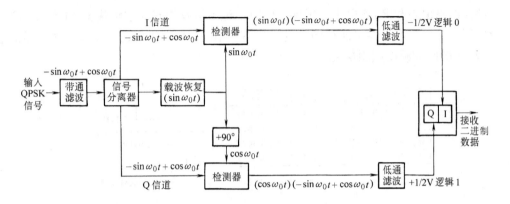

图 3-17　QPSK 解调器的框图

输入的 QPSK 信号可能是图 3-15 所示四种可能的输出相位中的一种。假设输入的 QPSK 信号为 $-\sin\omega_0 t + \cos\omega_0 t$，数学上，解调过程如下：

I 信道检测器的输入为接收的 QPSK 信号 $-\sin\omega_0 t + \cos\omega_0 t$；另一个输入是恢复的载波信号 $\sin\omega_0 t$，则 I 信道检测器的输出信号经滤波后，$I = -\dfrac{1}{2}\text{V}$，逻辑为 0。

Q 信道检测器的输入为接收的 QPSK 信号 $-\sin\omega_0 t + \cos\omega_0 t$；另一个输入是恢复的载波信号 $\cos\omega_0 t$，则 Q 信道检测器的输出信号经滤波后，$Q = \dfrac{1}{2}\text{V}$，逻辑为 1。解调的 Q、I 比特（单个 0、1），符合图 3-15 所示 QPSK 调制器的真值表和星座图。

（3）八相 PSK　八相 PSK（8PSK）是一种 $M = 8$ 编码技术。用 8PSK 调制器有 8 种可能的输出相位。要对 8 种不同的相位解码，输入比特需为三比特一组。

8PSK 调制器的框图如图 3-18 所示。输入的串行比特流进入比特分离器，变为并行的三信道输出（I 为同相信道，Q 为正交信道，C 为控制信道），所以每信道的速率必须为 $f_b/3$。在 I、Q 信道中的比特进入 I 信道 2-4 电平转换器，同时，在 Q 和 $\overline{\text{C}}$ 信道中的比特进入 Q 信道 2-4 电平转换器。本质上，2-4 电平转换器是并行输入数-模转换器（DAC），2 输入比特就有 4 种可能的输出电压。DAC 算法非常简单，I 或 Q 比特决定了输出模拟信号的极性（逻辑

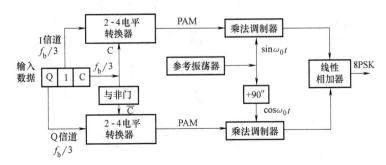

图 3-18　8PSK 调制器的框图

1 = +1V,逻辑 0 = -1V),而 C 和 $\overline{C}$ 比特决定了量值(逻辑 1 = 1.307V,逻辑 0 = 0.541V)。由此,两种量值和两种极性,就产生了四种不同的输出情况,图 3-19 所示为 I 和 Q 信道 2-4 电平转换器的真值表和 PAM 电平。因此,C 和 $\overline{C}$ 绝不会有相同的逻辑状态。I 和 Q 信道 2-4 电平转换器的输出尽管极性可能相同,量值却不会相同。I 和 Q 信道 2-4 电平转换器的输出是一个 $M = 4$ 的脉冲幅度调制信号。

I	C	输出
0	0	-0.541V
0	1	-1.307V
1	0	+0.541V
1	1	+1.307V

a) I 信道真值表

Q	$\overline{C}$	输出
0	1	-1.307V
0	0	-0.541V
1	1	+1.307V
1	0	+0.541V

b) Q 信道真值表

c) PAM 电平
+1.307V
+0.541V
0V
-0.541V
-1.307V

图 3-19 I 和 Q 信道 2-4 电平转换器的真值表和 PAM 电平

例 3-1 一个三比特输入 Q = 0,I = 0,C = 0(000),求图 3-18 所示 8PSK 调制器的输出相位。

解:I 信道 2-4 电平转换器的输入为 I = 0,C = 0,由图 3-19 可知输出为 -0.541V,Q 信道 2-4 电平转换器的输入为 Q = 0,$\overline{C}$ = 1,由图 4-25 可知输出为 -1.307V。这样,I 信道调制

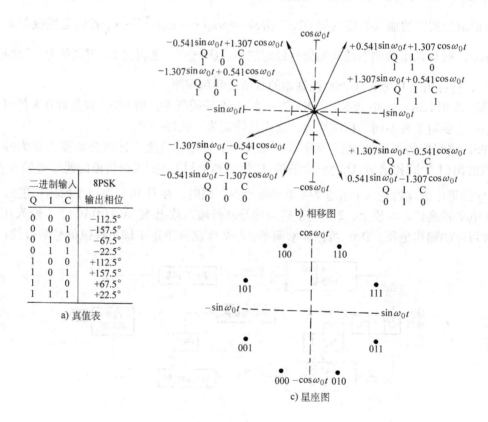

二进制输入			8PSK
Q	I	C	输出相位
0	0	0	-112.5°
0	0	1	-157.5°
0	1	0	-67.5°
0	1	1	-22.5°
1	0	0	+112.5°
1	0	1	+157.5°
1	1	0	+67.5°
1	1	1	+22.5°

a) 真值表

b) 相移图

c) 星座图

图 3-20 8PSK 调制器的真值表、相移图和星座图

器的两个输入为 -0.541V 和 $\sin\omega_0 t$，输出为 $I = -0.541 \cdot \sin\omega_0 t$；Q 信道调制器的两个输入为 -1.307V 和 $\cos\omega_0 t$，输出为 $Q = -1.307 \cdot \cos\omega_0 t$。I 和 Q 信道乘法调制器的输出在线性相加器中结合，产生一个已调输出为

$$-0.541\sin\omega_0 t - 1.307\cos\omega_0 t = 1.41\sin(\omega_0 t - 112.5°)$$

其余三个比特码（001、010、011、100、101、110 和 111），过程同上，结果如图 3-20 所示。从图 3-20 可以看出，任何相邻移相器角度差均为 45°，是 QPSK 的一半，因此，一个 8PSK 信号可以在传输过程中承受 $\pm22.5°$ 的移相。而且每个移相器具有相同的量值，3bit 真实信息只包含在信号的相位中。图 3-21 所示为一个 8PSK 调制器输出信号相位与时间的关系。

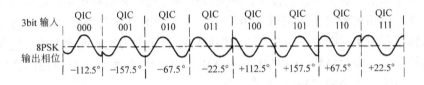

图 3-21　8PSK 调制器输出信号相位与时间的关系

图 3-22 所示为一个 8PSK 解调器框图。信号分离器将 8PSK 信号直接送入 I、Q 信道检测器和载波恢复器。载波恢复器将原参考振荡信号再生，输入 8PSK 信号在 I 信道检测器中和恢复的载波混合，在 Q 信道检测器中则与正交载波混合。相乘检测器的输出是送入 4-2 电平模-数转换器（ADC）的 4 电平 PAM 信号。从 I 信道 4-2 电平转换器输出的是 I 和 C 比特，从 Q 信道 4-2 电平转换器输出的是 Q 和 $\overline{C}$ 比特。并-串逻辑电路将 I/C 和 Q/$\overline{C}$ 比特组转变为 I、Q、C 串行输出数据。

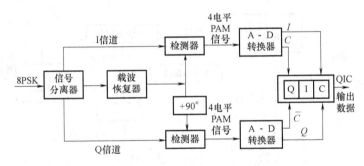

图 3-22　8PSK 解调器框图

3.1.2　现代数字调制技术

在现代通信中，随着大容量和远距离数字通信技术的发展，出现了一些新的问题，主要是信道的带宽限制和非线性对传输信号的影响。在这种情况下，传统的数字调制方式已不能满足应用的需求，需要采用新的数字调制方式以减小信道对所传输信号的影响，以便在有限的带宽资源条件下获得更高的传输速率。这些技术的研究，主要是围绕充分节省频谱和高效率的利用频带展开的。多进制调制是提高频谱利用率的有效方法，恒包络技术能适应信道的非线性，并且保持较小的频谱占用率。从传统数字调制技术扩展的技术有正交幅度调制（QAM）、最小移频键控（MSK）、高斯最小移频键控（GMSK）、正交频分复用调制（OFDM）

等。下面主要对常见的几种调制方式进行分析。

1. 正交振幅调制

正交振幅调制（Quadrature Amplitude Modulation，QAM）用在数字通信中常称为正交幅度键控调制。QAM 是一种数字信息包含在传送载波的振幅和相位中的数字调制方式。它是目前大、中容量数字微波通信中研究发展的一种先进的数字调制技术。

在多相移相键控的讨论中已指出：从正交展开的角度看，二相移相键控和四相移相键控是移相键控的两个特例，它们完全等效于二电平移幅键控和二电平正交幅度键控。由于正交幅度键控与二相移相键控相似，有同样的抗干扰性，但频率利用率却提高了一倍。如果在正交幅度键控的基础上再加上多进制技术，则可以达到更高的频谱利用率。虽然这样会降低系统的抗干扰性，但相比较之下，频谱利用率为主要矛盾时，宁肯花费一定的信号功率为代价，以换取频谱利用率的提高。因此，正交幅度键控得到大力地研究和发展。近年来，各种正交幅度键控技术，如 8QAM、16QAM、64QAM、256QAM 纷纷提出并应用到实际通信系统中。下面以 8QAM 为例说明 QAM 的基本原理。

8QAM 是一种 $M = 8$ 的 M 进制编码技术，8QAM 调制器的输出信号不是恒定幅度的信号。图 3-23 是一个 8QAM 调制器的框图。图中，8QAM 输入数据被分为三个一组：I、Q 和 C，每个信道输入比特率为输入数据速率的 1/3。I 和 Q 信道决定了 2-4 电平转换器输出的 PAM 信号的极性，C 信道决定信号量值。由于 C 信道未反向地输入 I 和 Q 的 2-4 电平转换器，所以 I 和 QPAM 信号的量值总是相等的。它们的极性决定于 I 和 Q 信道的逻辑条件。表 3-1 表示了 I 和 Q 信道 2-4 电平转换器的真值表，两信道真值表是相同的。在 8QAM 中，I 和 Q 信道的比特率是输入二进制速率的 1/3，即 8QAM 所需最小带宽为 $f_b/3$。

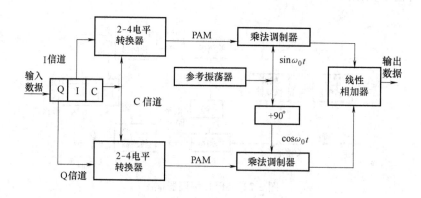

图 3-23　8QAM 调制器框图

表 3-1　I 和 Q 信道 2-4 电平转换器真值表

I/Q	C	输出/V	I/Q	C	输出/V
0	0	-0.541V	1	0	+0.541
0	1	-1.307	1	1	+1.307

　　例 3-2　对于一个 3bit 输入 Q = 0，I = 0，C = 0(000)，求图 3-23 所示 8QAM 调制器输出幅度和相位。

　　解：I 信道 2-4 电平转换器输入为 I = 0 和 C = 0，由表 3-1 可知，输出为 -0.541V。Q 信

道 2-4 电平转换器输入为 Q=0 和 C=0，由表 3-1 可知，输出为-0.541V。

这样，I 信道乘法调制器的两个输入为-0.541V 和 $\sin\omega_0 t$，输出为 I=-0.541$\sin\omega_0 t$。Q 信道乘法调制器的两个输入为-0.541V 和 $\cos\omega_0 t$，输出为 Q=-0.541$\cos\omega_0 t$。

I 和 Q 信道乘法调制器的输出在线性加法器中合并，产生了一个已调制的输出：
$$-0.541\sin\omega_0 t - 0.541\cos\omega_0 t = 0.765\sin(\omega_0 t - 135°)$$

其余 3bit 码（001、010、011、100、101、110 和 111），步骤相同，结果如图 3-24 所示。

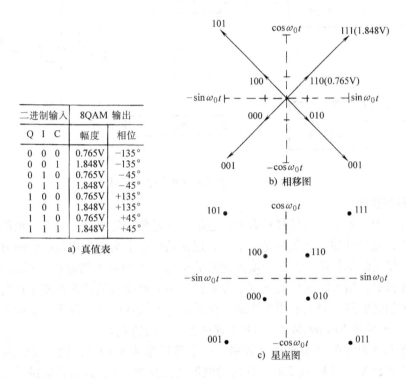

二进制输入			8QAM 输出	
Q	I	C	幅度	相位
0	0	0	0.765V	-135°
0	0	1	1.848V	-135°
0	1	0	0.765V	-45°
0	1	1	1.848V	-45°
1	0	0	0.765V	+135°
1	0	1	1.848V	+135°
1	1	0	0.765V	+45°
1	1	1	1.848V	+45°

a) 真值表

b) 相移图

c) 星座图

图 3-24　8QAM 调制器的真值表、相移图和星座图

一个 8QAM 解调器与 8PSK 解调器几乎完全相同。不同之处为检测器的输出 PAM 电平和模-数转换器输出的二进制信号。由于 8QAM 有两种可能的传输幅度，从 I 信道模-数转换器输出的二进制信号是 I 和 C 信道，从 Q 信道模-数转换器输出的二进制信号为 Q 和 C 信道。图 3-25 为 8QAM 信号相位和幅度与时间的关系。

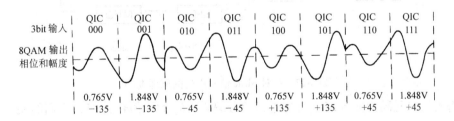

图 3-25　8QAM 信号相位和幅度与时间的关系

QAM 调制可分为正交调幅法和四相叠加法，它的解调必须是正交相干解调。上面介绍的方法，即为正交调幅法，其基本原理框图如图 3-26 所示。同相与正交两路的 l 位二进制码经电平转换器转换成 m 电平($m = 2^l$)的基带信号 $x(t)$、$y(t)$，分别对同相载波与正交载波进行线性调制(即相乘运算)，最后相加即得 m-QAM 信号。

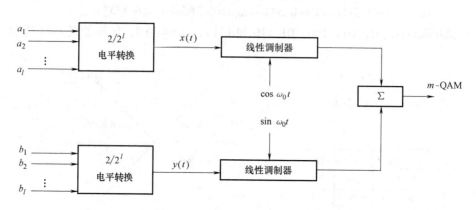

图 3-26　正交调幅法的基本原理框图

2. 最小移频键控

在有些应用中，要求发射信号具有恒定包络，并避免相位突变。以上讨论的正交幅度键控信号，其码元交替处的载波相位是突变的，这在功率谱上会产生很强的旁瓣分量。这种信号经过一个频带受限的信道，会由于滤波旁瓣分量而产生包络上的起伏，再加上 QAM 信号本身就不是等幅的，信道的线性要求就十分苛刻。为了解决对信道线性要求过高的问题，希望能找到一种包络恒定、频谱利用率较高、抗干扰能力较强的调制技术，下面介绍的最小移频键控(Minimum Shift Keying, MSK)具有上述所有要求的特点。

（1）最小移频键控的基本原理及调制　一个移频指数 $h = 0.5$、相位连续的二元移频键控称为最小移频键控。当 $h = 0.5$ 时，这时的波形相关系数为 0，这是移频键控为保证良好误码性能所容许的最小调制指数。同时它也满足在码元交替点相位连续的条件。

图 3-27 所示为一种 MSK 信号产生的原理框图。图 3-28 给出了其各点的波形。

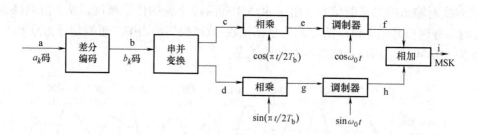

图 3-27　一种 MSK 信号产生的原理框图

设输入的二元码为 $a_k = \pm 1$，首先进行差分编码，b_k 的取值也为 ± 1，它们的关系式为

$$b_k = a_k \oplus b_{k-1} \tag{3-3}$$

当 $a_k = +1$ 时，b_k 与 b_{k-1} 反号；当 $a_k = -1$，b_k 与 b_{k-1} 同号。差分编码后进行串并变换，得两路并行的双极性不归零码，相互之间错开一个 T_b。如图 3-28 中的 $b_I(t)$ 与 $b_Q(t)$，符号

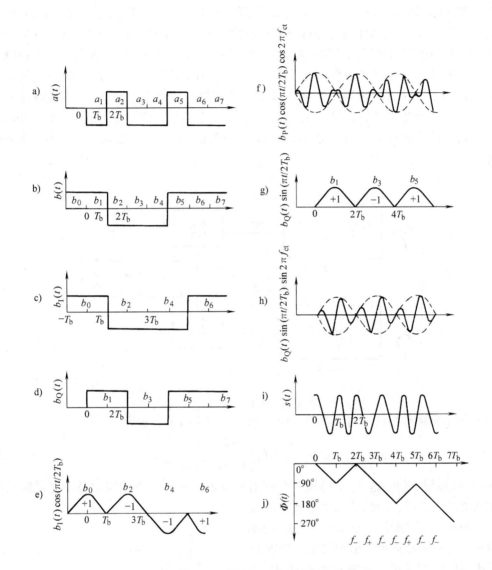

图 3-28　图 3-27 中各点波形

宽度为 $2T_b$。两路信号分别与 $\cos(\pi t/2T_b)$、$\sin(\pi t/2T_b)$ 相乘后，再送到互为正交的相乘调制器。$\cos(\pi t/2T_b)$、$\sin(\pi t/2T_b)$ 的周期是 $4T_b$，在一个符号宽度 $2T_b$ 内只有半个周期的正弦波。调制器的输出送到相加器后即得到所需的 MSK 信号，可以看出 MSK 信号有以下特性：

1）根据图 3-28i 所示 MSK 信号 $s(t)$ 波形，可以看出包络是恒定的。

2）在一个比特宽 T_b 内，若 $a(t)=+1$，则频率为 $f_0+1/4T_b$；若 $a(t)=-1$，则频率为 $f_0-1/4T_b$。这样实现了移频键控，频率差为 $1/2T_b$，移频指数为 0.5。

3）从图 3-28j 相位变化 $\Phi(t)$ 曲线，可见相位变化是连续的。

4）相对于载波相位来说，额外相位按 $a(t)\pi t/(2T_b)$ 变化，在一个比特宽度 T_b 内，载波相位按 $a(t)$ 取 +1 或 -1 而随时间线性地增加或减少，共变化 $-\pi/2$ 或 $+\pi/2$。

（2）最小移频键控信号的解调　MSK 信号的相干解调电路的原理图如图 3-29 所示。它是与图 3-27 用正交调制法产生 MSK 信号的原理图相对应的。它是积分清洗相关检测系统。图中的 $x(t)$ 和 $y(t)$ 以及抽样始终都可以从接收信号 $f_m(t)$（MSK 信号）中恢复。由于 $h = 0.5$ 的连续相位移频键控信号经二倍频电路（平方器）后，调制指数 $h = 0.5 \times 2 = 1$。这个调制指数 $h = 1$ 的连续相位频移键控（CPFSK）信号的功率谱中存在着离散分量，即二倍传号频率 $2f_m$ 和二倍空号频率 $2f_s$。因此，可以用锁相环或带通滤波器分别把 $2f_m$ 和 $2f_s$ 频率提取出来。此 $2f_m$ 和 $2f_s$ 信号分别除以 2 后，得 $f_1(t)$ 和 $f_2(t)$，这两个频率的信号分别进行相加、相减，就可以得出相干载波 $x(t)$ 和 $y(t)$。将 $f_1(t)$ 和 $f_2(t)$ 相乘后，再经低通滤波器，就可得所需的定时时钟。

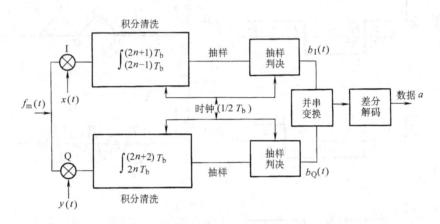

图 3-29　MSK 信号的相干解调电路的原理图

（3）最小移频键控信号的功率谱　MSK 信号的功率谱可表示为

$$P_{\text{MSK}}(f) = \frac{16}{\pi^2} P_0 T_b \left[\frac{\cos 2\pi(f - f_0) T_b}{1 - 16(f - f_0)^2 T_b^2} \right]^2 \tag{3-4}$$

式（3-4）适用于信码是 0、1 等概率且前后独立的情况，也就是同相与正交通路的数码是互相独立的，这样，两路的功率谱按功率相加。图 3-30 示出了 MSK 与 QPSK 信号的功率谱，横坐标是归一化频率。由图可见，MSK 信号的功率谱随频率的增高而减小得比 QPSK 信号快，同时，MSK 信号的第一个旁瓣较 QPSK 信号的宽，其零点是在 $0.75/T_b$ 处，而 QPSK 信号是在 $0.5/T_b$ 处，功率谱旁瓣的下降趋势则 MSK 比 QPSK 信号更为迅速，这说明 MSK 信号的功率主要在主瓣之内，因此 MSK 信号比较适合在窄带信道中传输。

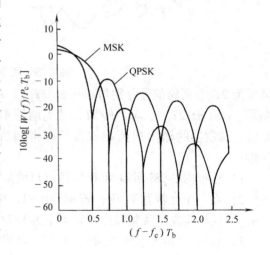

图 3-30　MSK 与 QPSK 信号的功率谱

3. 高斯最小移频键控

前面已提到 MSK 调制是 $h = 0.5$ 的二元数字频率调制，它具有恒定包络、相对窄的带宽、相位变化连续等很好的特性。但在数字移动通信中采用高速传输速率时，要求有更紧凑的功率谱才能满足邻道带外辐射功率低于 $-80 \sim -60\text{dB}$

的指标。为此要寻求进一步压缩带宽的方法。

方法之一是采用一个前置滤波器，使输出功率谱紧凑，要达到此目的对前置滤波器有以下要求：

1）带宽窄并且是锐利截止的。

2）有较低的过冲脉冲响应。

3）保持输出脉冲的面积不变。

这几个条件分别是为了抑制高频成分、防止过量的频偏和进行相干检测所需的。

高斯低通滤波器的特性（幅度响应为高斯函数）能满足上述的要求，因此用高斯低通滤波器作为 MSK 调制的前置滤波器的调制方法称为高斯最小移频键控（GMSK）。图 3-31 所示为产生 GMSK 信号的原理框图。输入的不归零码经过高斯低通滤波器再送至调制压控振荡器进行频率键控，输出即为 GMSK 信号。

图 3-31　产生 GMSK 信号的原理框图

图 3-32 所示是 GMSK 的功率谱，其中横坐标为归一化频率$(f-f_a)T_b$，纵坐标为频谱密度。参变量 B_bT_b 为高斯低通滤波器的归一化 3dB 带宽 B_b 与码元长度 T_b 的乘积。$B_bT_b = \infty$ 的曲线是 MSK 调制的功率谱。可以看出 GMSK 的频谱随着 B_bT_b 值的减小变得紧凑起来。但是 GMSK 频谱特性改善是以误码率（BER）性能的下降为代价的。

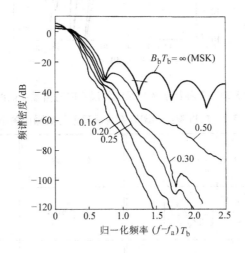

图 3-32　GMSK 的功率谱

3.1.3　数字调制系统的性能比较

1. 二进制数字调制系统的性能比较

上一节中，已经分别研究了二进制数字系统的几种主要的性能，例如，系统的频带宽度、调制与解调方法以及误码率等，以下将对这几方面涉及的性能参数作一简要的比较。

（1）频带宽度 当码元宽度为 T_s 时，2ASK 系统和 2PSK 系统的频带宽度近似为 $2/T_s$，2FSK 系统的带宽近似为

$$|f_2 - f_1| + \frac{2}{T_s} \geq \frac{2}{T_s}$$

因此，从频带宽度或频带利用率上看，2FSK 系统最不可取。

（2）误码率 数字通信系统的信道噪声最终将影响系统总的误码率。对于不同方式的数字调制和不同的使用者来说，考虑问题的着重点是不完全相同的。因此，很难规定绝对标准，由于误码率与归一化信噪比的关系是反映数字通信系统的一个重要的性能指标，所以应重点分析误码率和归一化信噪比的关系。表 3-2 列出了二进制数字调制系统的误码率和信噪比的关系。表中 P_e 为误码率；E_s 为每个信号码元的能量；N_0 为噪声谱密度；E_s/N_0 称为归一化码元信噪比。按表中所列关系画出的三种数字调制系统的误码率与信噪比的关系曲线如图 3-33 所示。

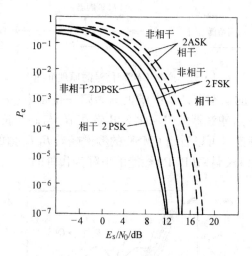

图 3-33 三种数字调制系统的误码率与信噪比曲线

表 3-2 二进制数字调制系统误码率与信噪比关系

名　称	P_e 与 $\frac{E_s}{N_0}$ 关系	名　称	P_e 与 $\frac{E_s}{N_0}$ 关系
相干 2ASK	$P_e = \frac{1}{2}\mathrm{erfc}\left[\frac{1}{2}\sqrt{\frac{E_s}{N_0}}\right]$	非相干 2FSK	$P_e = \frac{1}{2}e^{-\frac{1}{2}\cdot\frac{E_s}{N_0}}$
非相干 2ASK	$P_e = \frac{1}{2}e^{-\frac{1}{4}\cdot\frac{E_s}{N_0}}$	相干 2PSK	$P_e = \frac{1}{2}\mathrm{erfc}\left[\frac{1}{2}\sqrt{\frac{E_s}{N_0}}\right]$
相干 2FSK	$P_e = \frac{1}{2}\mathrm{erfc}\left[\sqrt{\frac{1}{2}\cdot\frac{E_s}{N_0}}\right]$	非相干 2DPSK	$P_e = \frac{1}{2}e^{-\frac{E_s}{N_0}}$

从表 3-2 中可以清楚看出，在每一对相干和非相干的键控系统中，相干方式略优于非相

干方式。它们基本上是 $\mathrm{erfc}(E_s/N_0)$ 和 $\exp(-E_s/N_0)$ 之间的关系，而且随着 $E_s/N_0 \to \infty$，它们将趋于同一极限值。此外，三种相干(或非相干)方式之间，在相同误码率条件和信噪比要求上，2PSK 比 2FSK 小 3dB，2FSK 比 2ASK 小 3dB。由此看来，在抗加性高斯白噪声方面，相干 2PSK 性能最好，2FSK 次之，2ASK 最差。由此可见，在相同信噪比下，相干 2PSK 将有最低误码率。

(3) 对信号特性变化的敏感性 在选择数字调制方式时，还应该考虑它的最佳判决门限对信道特性的变化是否敏感。在 2FSK 系统中，不需要人为地设置判决门限，它是通过直接比较两路解调输出的大小作出判决的。在 2PSK 系统中，判决器的最佳判决门限为 0，与接收机输入信号的幅度无关。因此，它不随信道特性的变化而变化。这时，接收机容易保持在最佳判决门限状态。对于 2ASK 系统，判决器的最佳判决门限为 $A/2$(当 $p(1)=p(0)$ 时)，它与接收机输入信号的幅度有关。当信道特性发生变化时，接收机输入信号的幅度 A 将随之发生变化；相应地，判决器的最佳门限也将随之变化。这时，接收机不容易保持在最佳判决门限状态，从而导致误码率增大。因此，就对信道特性的敏感性而言，2ASK 的性能最差。

当信道存在严重的衰落时，通常采用非相干接收，因为这时在接收端不容易得到相干解调所需的相干载波。当发射机有严格的功率限制时，可考虑采用相干接收。因为在给定的码元传输速率及误码率的条件下，相干接收所要求的信噪比较非相干接收要小。

(4) 设备的复杂度 对于 2ASK、2FSK、2PSK 这三种方式来说，发送端设备的复杂程度相差不多，而接收端的复杂程度则与所选用的调制和解调方式有关。对于同一种调制方式，相干解调的设备要比非相干解调的设备复杂；而同为非相干解调，2DPSK 的设备最复杂，2FSK 次之，2ASK 最简单。当然，设备越复杂，其价格越贵。

上面从几个方面对各种二进制数字调制系统进行了比较。可以看出，在选择调制和解调方式时，要考虑的因素是比较多的。通常，只有对系统的要求作全面的考虑，并且抓住其中最主要的要求，才能作出比较恰当的选择。如果抗噪声性能是主要的，则应该考虑相干 2PSK 和 2DPSK，而 2ASK 最不可取。如果带宽是主要要求，则应考虑相干 2PSK、2DPSK 及 2ASK，而非相干 2PSK 是最不可取的。如果考虑设备的复杂性是一个主要问题，则非相干方式比相干方式更为适宜。目前，应用最多的数字调制方式是相干 2DPSK 和非相干 2FSK。相干 2DPSK 主要用于高速数据传输，而非相干 2FSK 则应用于中速和低速数据传输中，特别是在衰落信道中传输数据信号时，2FSK 有着广泛的应用。

2. 多进制数字调制系统的性能比较

多进制数字调制系统主要比较各种系统的误码率和归一化信噪比的关系。

图 3-34 示出了 $L=2$、4、8 和 16 时多进制振幅调制系统误码率 P_e 与归一化信噪比的关系曲线。由曲线看出，为了得到相同的误码率 P_e，有效的信噪比大致需要用因数 $3/(L^2-1)$ 加以修正。例如，四进制系统比二进制系统需要增加约 5 倍的功率。

图 3-35 示出了 $M=2$、32 和 1024 相干检测和非相干检测时多进制数字频率调制系统的误码率和归一化信噪比的关系，图中虚线表示相干检测，实线表示非相干检测，由图可以看出，无论是哪种检测其误码率 P_e 与信噪比 E_b/N_0 及进制数 M 有关，而且在一定的 M 下，E_b/N_0 越大，则 P_e 越小；在一定 E_b/N_0 下，M 越大，则 P_e 越大。此外，相干检测性能与

非相干检测性能之间的差距将随 M 的增大而减小。

在多进制数字调制中，例如，M 相调制，图 3-36 示出了相干移相时的误码率，可以看出，对于 M 相方式，当 E_b/N_0 足够大时，误码率 P_e 可以近似为 $P_e = e^{-r\sin^2(\pi/M)}$。

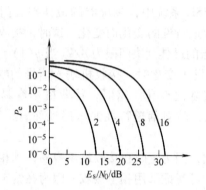

图 3-34　多进制振幅调制
系统的性能曲线

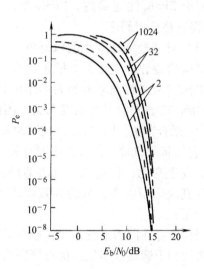

图 3-35　多进制数字频率调制
系统的性能曲线

图 3-37 示出了几种正交幅度键控的 P_e 与 E_b/N_0 的关系，可以看出，4QAM 等效于 QPSK，16QAM 优于 16PSK，64QAM 优于 64PSK。因此，在频谱利用率要求较高的场合，常采用 QAM。

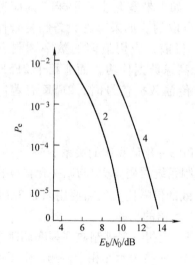

图 3-36　相干移相时的误码率

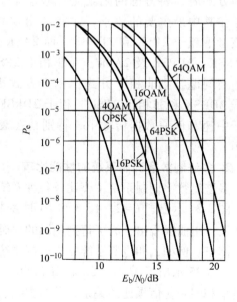

图 3-37　几种正交幅度键控的 P_e 与 E_b/N_0 的关系

随着数字通信的发展，数字微波通信系统也得到了迅速的发展，其数字调制大量采用8PSK 和 16QAM，经过改进和研究又采用了 64QAM，进一步还采用了 256QAM。

3.1.4　调制解调器

随着计算机与数据终端设备的普及，对数据通信的要求与日俱增，应用更加广泛。电话通信网是遍及全世界的最大通信网络。因为目前的电话通信网大部分为模拟话路信道，主要用于传输模拟语音，数字信号不能直接进入这样的信道，所以必须通过一个中间设备"MODEM"来实现数字信号到模拟信号和模拟信号到数字信号的相互转换。MODEM 称为调制解调器。

1. MODEM 的功能

MODEM 的工作环境如图 3-38 所示。在两个远距离的计算机之间传递数据，双方必须通过串口利用 RS232 电缆各接一个外置式 MODEM，或在计算机扩展槽内各接一个内插式 MODEM。发送端的 MODEM 从发送数据终端接收数据，经过调制，将数字信号转换成适合于在电话信道中传输的模拟信号，然后通过模拟电话网发往接收端的 MODEM，再进行解调，将模拟信号还原为数字信号送给接收端的计算机，从而利用模拟电话网实现计算机之间的数据通信。

图 3-38　MODEM 的工作环境

通信发送端 MODEM 完成的功能可以归纳为以下 5 点：

1）接收计算机送来的控制命令和数据。

2）将数字信号调制成适合于在电话信道中传输的模拟信号。

3）完成和通信对方的协商功能。

4）把模拟信号送到电话线上。

5）保护电路，主要是避免电压过高等问题的出现。

通信接收端的 MODEM 完成如下功能：

1）接收从电话线来的模拟音频信号。

2）将接收到的模拟信号解调还原为原始的数字信号。

3）把解调复原出的数字信号送给计算机。

4）保护电路。

MODEM 并不改变数据的内容，它只是改变数据的表示形式以便于传输。MODEM 是为了在模拟信道上传输数字信号而出现的，它也必将随着以全数字化为目标的 ISDN 的实现而消亡。

2. MODEM 的分类

（1）按功能分类

1）单一 MODEM。只能完成一般意义上的调制解调功能，传送速率为 9600bit/s、14400bit/s、28800bit/s、56000bit/s。

2）二合一 Fax/MODEM。除了具有单一 MODEM 的功能外，还有传真机的大部分功能。传送速率为 2400bit/s、4800bit/s、7200bit/s、9600bit/s。

3）三合一 Voice/Fax/MODEM。除了具有 Fax/MODEM 的功能外，增加了语言功能，可以收发语音邮件。

（2）按外形分类

1）外接式。外接式 MODEM 通过 RS232 接口连接到计算机的串行口上，安装方便，还配有工作状态指示灯，如图3-39所示。

2）内插式。内插式 MODEM 是计算机的一块扩充卡，它没有外壳，要插到计算机的一个扩展槽内，它的价格便

图 3-39 外接式调制解调器

宜、灵活性好，可设置为 COM3 口或 COM4 口，但卡随机型的总线结构不同而要求不一样，如图 3-40 所示。

图 3-40 内插式调制解调器

3）袖珍式。袖珍式 MODEM 用于笔记本型计算机，外形小，携带方便。

4）机架式。机架式 MODEM 主要为大型信息中心设计的，一般将 12 台 MODEM 集中在一起，装在一个机架上以便于操作。

5）无线式。无线式 MODEM 采用 RS323C 接口与计算机连接，可用于点对点的计算机无线数据传输、组建计算机无线网、建立控制系统采集无线数据。

（3）按传输速率分类

1）300bit/s、1200bit/s。MODEM 的传输速率以 bit/s 为计算单位，表示每秒多少位。300bit/s、1200bit/s 主要用于老式 MODEM。

2）2400bit/s、9600bit/s。它们为现在使用最多的 MODEM 传输速率。

3）33600bit/s、56000bit/s。它们是高速 MODEM，上网应该选择这种 MODEM。

（4）按工作方式分类

1）异步方式。MODEM 一般使用异步方式，此时通信双方一般是微机，以平等的地位交换数据。

2）同步方式。同步 MODEM 用于一端是大型机而另一端是微机的场合，这时微机被用作大型机的终端机。

3. MODEM 的性能指标

（1）传输速率　调制解调器的传输速率以 bit/s 为单位，比较典型的传输速率有 1200bit/s、2400bit/s、9600bit/s、14.4kbit/s、28.8kbit/s、33.6kbit/s、56.6kbit/s 等。其传输速率越高，通信时占用电话线路的时间越短。传输速率为 56.6kbit/s 的调制解调器与 28.8kbit/s 或 33.6kbit/s 的调制解调器通信，必须把传输速率调低到 28.8kbit/s 或 33.6kbit/s。

（2）差错控制标准　由于调制解调器通过电话线路以 9600bit/s 或更高的传输速率传输数据时，有可能丢失数据。因此，它采用特殊的差错控制方法防止数据丢失，比较常见的是采用以下几种关于差错控制标准的协议：①MNP4 协议；②V.32 协议；③V.32bis 协议；④V.42 协议。

MNP4 协议是第一代差错控制标准协议，V.32bis 协议和 V.42 协议是常用的协议。为了进行差错控制，两台调制解调器之间必须使用同一种协议，否则将无法进行差错控制。V.32bis 针对的是模拟线路上传输速率为 9.6kbit/s 的调制解调器。V.42 是针对模拟线路中的传输速率为 28.8kbit/s 的调制解调器所制定的。为了保证很好的兼容性，市场上大多数调制解调器同时提供多个差错控制标准，使用户能够与多台不同的调制解调器通信。

（3）数据压缩标准　大多数高速调制解调器都有数据压缩功能，可以对要传输的文件进行压缩，减少它们所占用的存储空间，从而缩短传输时间。在进行压缩时，需要有关数据压缩标准。数据压缩标准的协议包括以下几种：①MNP5 协议；②V.42 协议；③V.FC 协议；④V.32 协议。

大多数调制解调器都遵守 MNP5 协议和 V.42 协议，而高速的调制解调器遵守 V.FC 协议和 V.32 协议。

（4）功能　一般调制解调器都集成了传真功能，配上传真软件即可作为传真机使用，不同的是它把传输的文件转换成磁盘文件。有些 MODEM 还具备语音功能，通过使用语音软件，可使计算机对打进的电话进行应答，记录电话信息等。有些 MODEM 具有传真交换机功能，这种 MODEM 可以自动检测对方的呼叫是一个语音电话还是一个数据传真，如果检测到数据或传真，就会关闭振铃，接收数据或传真。

（5）兼容性　尽管美国 Hayes 集团已经倒闭，但是它生产的调制解调器曾作为世界标准的历史不会消失，如同 IBM 的个人计算机是微机的标准。调制解调器都把与 Hayes 兼容作为一个重要性能指标。软件就像操作系统对于电脑一样，应用软件也是调制解调器的灵魂。如通信功能需要在通信软件控制下工作，传真功能需要有传真软件才能收发传真。有些调制解调器会带有这类软件，同时用户也可使用其他软件来工作。

4. MODEM 的应用

MODEM 作为一种数据通信的中间设备，能实现数字信号到模拟信号和模拟信号到数字信号的互相转换，只要有电话线，就能通过 MODEM 将远距离的计算机或其他数据终端相互连接起来，在利用现有模拟电话网进行的各种数据通信业务中获得了广泛的应用。

（1）接入 INTERNET 网 只要有微机和直接电话，在微机上加装一个 MODEM，并安装相应的通信软件，就可以申请加入 INTERNET 网，在网上查询、浏览、发布信息，收发电子邮件，这是 MODEM 最为重要的应用之一。

（2）连接两台微机 只要在通话的地方，不管相距多远，两台个人计算机经过 MODEM 都可以连接起来，再加上相应的通信软件，就可以实现信息交换。

（3）连接远程终端 通过 MODEM 把远程终端连接到主机上。

（4）局域网（LAN）连接远程工作站 用 MODEM 将远程工作站连入 LAN，则远程工作站便可以如同本地工作站一样访问 LAN，并存取 LAN 上的资源。

（5）多个远程工作站连入 LAN 如果有多个远程工作站要求访问 LAN，一种有效的方法是用一台高性能的工作站来服务多个远程工作站，使这些远程工作站通过 MODEM 和电话网可以与它同时相连。

此外，MODEM 还能代替传真机的大部分功能，并在金融、证券业、报警系统、连锁店系统等都有应用。

3.2 差错控制编码

为了降低传输过程中的干扰对数字信号的影响，以提高数字通信系统信号传输的可靠性，需要采用差错控制编码技术。本章简要介绍了差错控制编码的相关概念和原理；重点讲解了几种常用的检错码，如奇偶校验码、行列监督码、恒比码和正反码，以及汉明码和循环码等纠错码的检纠错原理；最后通过一个简单卷积码的生成过程，简要介绍了卷积码的相关知识。

3.2.1 概述

1. 差错控制编码的基本概念

（1）差错控制编码的原理 由于实际信道存在噪声和干扰，使发送的码字与信道传输后所接收的码字之间存在差异，这种差异称为差错。为了降低差错，提高系统传输可靠性，需要对信号进行信道编码，也称为差错控制编码。因而差错控制编码实际是一种信号处理技术，其基本思路是根据一定的规律在待发送的信息码中加入一些多余的码元，以保证传输过程的可靠性。其主要任务就是构造出以最小多余度为代价换取最大抗干扰性能的码。

（2）信道类型 一般情况下，信道噪声、干扰越大，码字产生差错的概率也就越大。在无记忆信道中，噪声独立随机地影响着每个传输码元，因此，接收的码元序列中的错误是独立随机出现的。以高斯白噪声为主体的信道属于这类信道，太空信道、卫星信道、同轴电缆信道、光缆信道以及大多数视距微波接力信道，也均属于这一类型信道。在有记忆信道中，噪声、干扰的影响往往是前后相关的，错误是成串出现的，通常称这类信道为突发差错信道，实际的衰落信道、码间干扰信道均属于这类信道，典型的有短波信道、移动通信信道、散射信道、受大的脉冲干扰和串话影响的明线和电缆信道，以及磁盘中的划痕、涂层缺损所造成的成串的差错。另外，有些实际信道既有独立随机差错，也有突发性成串差错，称为混合信道。

（3）错误图样　设发送的是 n 个码元长的序列 S，通过信道传输到达接收端的序列为 R。由于信道中存在干扰，R 序列中的某些码元可能与序列 S 中对应位的码元不相等，也就是产生了错误。对于二进制序列，错误只能是 0 变成 1 或 1 变成 0，因此，用二进制序列 E 表示信道中的干扰，E 中的每一位表示在传输过程中该位对应的 S 序列中的码元是否发生错误，如果发生错误则该位为 1，如果没有发生错误则该位为 0，称 E 为信号的错误图样，即接收序列 R 为发送序列 S 和错误图样 E 的模 2 和。例如，发送序列 $S(11110010)$，接收到的序列 $R(10011010)$，第 3、5、6 位发生了错误，因此信道的错误图样 E 的第 3、5、6 位取值为 1，其他各位取值为 0，即 E 为 01101000。

$$发送序列\ S：11110010$$
$$\oplus\quad 错误图样\ E：01101000$$
$$\overline{\hphantom{\oplus\quad 错误图样\ E：01101000}}$$
$$接收序列\ R：10011010$$

如果为突发信道，则错误图样中的第一个 1 与最后一个 1 之间的长度称为突发长度，图样称为突发图样。该例中突发图样为 1101，突发长度为 4。

（4）信息码元与监督码元　信息码元又称为信息位，是在发送端由信源编码后得到的被传送的信息数据比特，其长度通常以 k 表示。在二元码情况下，每个信息码元的取值只有 0 或 1，故总的信息码组数共有 2^k 个，即不同信息码元取值的组合共有 2^k 组。

监督码元又称监督位或附加数据比特，这是为了检纠错而在信道编码时加入的判断数据位，其长度通常以 r 表示。

k 位信息码元和 r 位监督码元一起构成的码组长度为 $n=k+r$。

（5）许用码组与禁用码组　信道编码后的总码长为 n，总的码组数为 2^n。其中被传送的信息码组有 2^k 个，通常称为许用码组；其余的码组共有 (2^n-2^k) 个，不传送，称为禁用码组。发送端误码控制编码的任务是寻求某种规则从 2^n 个总码组中选出 2^k 个许用码组；而接收端解码的任务则是利用相应的规则来判断及校正收到的码字。通常又把信息码元数 k 与编码后的总码元数目（码组长度）n 之比称为信道编码的编码效率或编码速率，表示为

$$R=\frac{k}{n}=\frac{k}{k+r}$$

编码效率是衡量纠错码性能的一个重要指标，一般情况下，监督位越多（即 r 越大），检纠错能力越强，但相应的编码效率也随之降低了。

（6）码重与码距　码组中 1 码元的数目称为码的重量，简称码重。两个码组对应位置上取值不同的位数，称为这两个码组之间的距离，简称码距，又称汉明距离，通常用 d 表示。例如，000 与 101 两个码组的第一位和第三位不同，即二者之间的码距 $d=2$；000 与 111 之间码距 $d=3$。对于 (n,k) 码的 2^k 个许用码组，各码组之间距离的最小值称为最小码距，通常用 d_0 表示。

最小码距 d_0 的大小与信道编码的检纠错能力密切相关。分组码最小码距与检纠错能力的关系满足如下条件。

1）在一个码组内为了检测 e 个误码，要求最小码距应满足：

$$d_0 \geq e+1$$

2) 在一个码组内为了纠正 t 个误码，要求最小码距应满足：

$$d_0 \geq 2t+1$$

3) 在一个码组内为了纠正 t 个误码，同时能检测 e 个误码（$e>t$），要求最小码距应满足：

$$d_0 \geq e+t+1$$

2. 差错控制方式

差错控制编码必须针对前文所述的几类信道，设计能纠正随机错误或纠正突发错误的码，或者设计既能纠正随机错误，又能纠正突发错误的码，即对不同信道采用不同的差错控制方式。

（1）检错重发方式（ARQ） 应用 ARQ 方式纠错的通信系统如图 3-41 所示。发送端发出能够检测错误的码，接收端收到通过信道传来的码后，在解码器中根据该码的编码规则，判决收到的码序列中有无错误，并通过反馈信道把判决结果用判决信号通知发送端。发送端根据这些判决信号，把接收端认为有错的消息再次传送，直到接收端认为正确接收到消息为止。

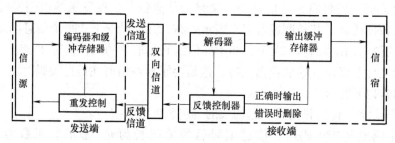

图 3-41 应用 ARQ 方式纠错的通信系统

ARQ 的优点如下：

1) 编解码设备较简单。

2) 整个系统的纠错能力极强，能获得较低的误码率。

3) 由于检错码的检错能力与信道干扰的变化基本无关，因此该系统的适应性很强，尤其适用于短波、有线等干扰情况特别复杂的信道中。

ARQ 的缺点如下：

1) 必须有反馈信道。

2) 一般适用于一个用户对一个用户（点对点）的通信，不适用于同播。

3) 要求信源必须可控，控制电路比较复杂。

4) 传送消息的连贯性和实时性较差，故一般不适用于实时通信（像电话通信）。

（2）前向纠错方式（FEC） 利用前向纠错方式进行差错控制的通信系统如图 3-42 所示。发送端发出能够被纠错的码，接收端收到这些码后，通过纠错解码器不仅能发现错误，还能够纠正错误。对于二进制系统，如果能够确定错码的位置，将该码元取补就能够纠正它，不需要发送端重发了。前向纠错方式的优点是不需要反馈信道，能单向通信，可进行同播，特别适用于移动通信、军用通信，解码实时性好，控制电路比 ARQ 简单；其缺点是解码设备比较复杂。为了获得比较低的误码率，要纠正比较多的错误，往往以最坏的信道条件来设计纠错码，故要求附加的多余度码元比较多，因而传输效率比较低。

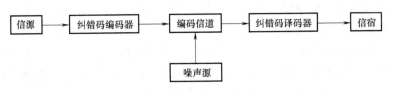

图 3-42 利用 FEC 进行差错控制的通信系统

（3）混合纠错方式（HEC） 混合纠错方式是发送端发送的码不仅能够检测出错误，而且还具有一定的纠错能力。接收端收到码序列之后，首先检验错误情况，如果在纠错码的纠错能力以内，则自动纠正错误。如果错误很多，超过了该码的纠错能力，则接收端通过反馈信道发回重传请求，要求发送端重新传送出现错误的消息。这种方式在一定程度上避免了 FEC 方式需要复杂解码设备和 ARQ 方式信息连贯性差的缺点，在实时性和解码复杂性方面是前向纠错和检错重发方式的折中。它能使整个通信系统的误码率达到很低，近年来在许多实用系统中，特别是卫星通信中得到较广泛的应用。

（4）信息反馈系统（IRQ） 信息反馈系统是接收端把收到的消息原封不动地通过反馈信道送回发送端，发送端比较发送的消息与反馈回来的消息，从而发现错误，并且把传错的消息再次传送，直到最后使得接收端收到正确的消息为止。

图 3-43 所示为上述差错控制基本方式的简单表示，图中标斜线的方框表示在该端检出错误。在实际系统设计中，如何根据实际情况选择相应的差错控制方式是比较复杂的问题。

3. 差错控制编码的分类

按不同的分类依据，差错控制编码有不同的分类方法。

1）按照信道编码的不同功能，可以将它分为检错码和纠错码。检错码仅具备识别错码功能而无纠正错码功能；纠错码不仅具备识别错码功能，同时具备纠正错码功能。

2）按照信息码元和监督码元之间的检验关系，可以将它分为线性码和非线性码。如果两者呈线性关系，即满足一组线性方程式，则为线性码；否则，两者关系不能用线性方程式来描述，则为非线性码。

3）按照信息码元和监督码元之间的约束方式不同，可以将它分为分组码和卷积码。在分组码中，编码后的码元序列每 n 位分为一组，其中包括 k 位信息码元和 r 位附加监督码元，即 $n = k + r$，每组的监督码元仅与本组的信息码元有关，而与其他组的信息码元无关。卷积码则不同，虽然编码后码元序列也划分为码组，但每组的监督码元不但与本组的信息码元有关，而且与前面码组的信息码元也有约束关系。

4）按照信息码元在编码后是否保持原

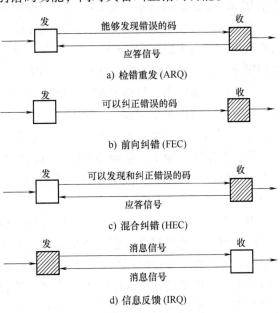

图 3-43 差错控制基本方式的简单表示

来的形式，可以将它分为系统码和非系统码。在系统码中，编码后的信息码元序列保持原样不变；而在非系统码中，信息码元会改变其原有的信号序列。非系统码中原有码位发生了变化，使解码电路更为复杂，故较少选用。

5）按照纠正错误的类型不同，可以将它分为纠正随机错误码和纠正突发错误码。前者主要用于产生独立的局部误码的信道；而后者主要用于产生大面积的连续误码的情况，例如，磁带记录中磁粉脱落或光盘盘面划损而发生的信息丢失。

6）按照信道编码所采用的数学方法不同，可以将它分为代数码、几何码和算术码。

对于具体的数字设备，为了提高检错、纠错能力，通常同时选用几种差错控制编码。

4. 检错和纠错的基本原理

香农的信道编码定理指出：对于一个给定的有干扰信道，如信道容量为 C，只要发送端以低于 C 的速率 R 发送信息（R 为编码器输入的二元码元速率），则一定存在一种编码方法，使编码错误概率 p 能够随着码长 n 的增加按指数形式下降到任意小的值。即可以通过编码使通信过程实际上不发生错误，或者使错误控制在允许的数值之下。香农这一理论为通信差错控制奠定了理论基础。

具体来说，码的检错和纠错能力是用信息量的冗余度来换取的。对于数字系统而言，一般信源发出的任何消息都可以用二元信号 0 和 1 来表示。例如，要传送 A 和 B 两个消息，可以用 0 码表示 A，用 1 码表示 B。这种情况下，若传输中产生错误，即 0 错成 1，或 1 错成 0，接收端都无从发现，因此，这种编码没有检错和纠错能力。

如果分别在 0 和 1 后面附加一个 0 和 1，变为 00 和 11，分别表示消息 A 和 B。这时，在传输 00 和 11 时，如果一位发生错误，则变成 01 或 10，解码器将可以发现错误，因为规定中没有使用 01 或 10 码字。这表明附加一位码（称为监督码）以后，码字具有了检出一位错码的能力。但解码器不能判决哪位发生错误，所以不能予以纠正，表明没有纠错能力。本例中 01 和 10 为禁用码字，而 00 和 11 为许用码字。

进一步，若在信息码之后附加两位监督码，即用 000 代表消息 A，111 表示 B，这时，码组成为长度为 3 的二元编码，而 3 位的二元码有 $2^3 = 8$ 种组合，本例中选择 000 和 111 为许用码字，余下的 6 组 001、010、100、011、101、110 均为禁用码字。此时，如果传输中产生一位以上的错误，接收端将收到禁用码字，因此接收端可以判定传输过程中出错。同时，接收端还可以根据大数法则来纠正一个错误，即 3 位码字中如有 2 个或 3 个 0，判其为 000 码字（消息 A）；如有 2 个或 3 个 1，判其为 111 码（消息 B）。所以，此时还可以纠正一位错码。如果在传输中产生两位错码，也将变为上述的禁用码字，解码器仍可判定传输过程中出错，但没办法纠正。本例中的码可以检出两位和两位以下的错码以及纠正一位错码的能力。

由此可见，纠错编码之所以具有检错和纠错能力，是因为在信息码元之外附加了监督码元。监督码元不荷载信息，它的作用是用来监督信息码元在传输中有无差错，对用户来说是多余的，最终也不传送给用户，但它提高了传输的可靠性。监督码元的引入，降低了信道的传输效率。一般来说，引入监督码元越多，码的检错、纠错能力越强，但信道的传输效率下降也越多。人们研究的目标是寻找一种编码方法使所加的监督码元最少，而检错、纠错能力又高，且便于实现。

3.2.2　几种常用的检错码

1. 奇偶校验码

奇偶校验码是一种检错码。其编码方法是首先将要传送的信息码分组，然后在每个信息码组后附加一位监督码(取 0 或 1)。对于奇校验，是在加入监督码后使每组代码中 1 的个数为奇数个；而对于偶校验，是在加入监督码后使每组代码中 1 的个数为偶数个。接收端解码时，按同样的规律检查，如发现码组中 1 的个数不相符就说明产生了差错，但不能确定差错的具体位置。例如，信源发送码字 01101001，采用奇校验，故在码字后面加监督码 1，变成新的码组 011010011(1 的个数为奇数个)，信宿接收到码组后判断其中 1 的个数是奇数还是偶数，若为偶数，则可以判断该码组传输过程中出错。

设 a_{n-1}、$a_{n-2}\cdots$、a_0 是同一码组内各位数据信息码元，a_0 为监督位，其他位为信息位，则

偶校验时：$a_{n-1}\oplus a_{n-2}\cdots\oplus a_0=0$。

奇校验时：$a_{n-1}\oplus a_{n-2}\cdots\oplus a_0=1$。

奇偶校验码均能检测出奇数个错误，但不能发现偶数个错误，并且只能检错不能纠错。但其编码过程简单，故常常和其他纠错码一起使用。

2. 行列监督码

行列监督码也称二维奇偶监督码，又称方阵码。其编码方法是将要传送的信息码按一定的长度分组，每一码组后面加一位监督码，然后在若干码组结束后加一个监督码组，该码组的长度=信息码组长度+监督位个数。行列监督码如表 3-3 所示，其中每一行为信息码加一位监督码，在 m 行之后有一行为监督码组。如果是奇校验，则每一行末所加的监督码必须使该行内 1 码的个数为奇数，第 $m+1$ 行的监督码组中的每一位要使它所在的列中 1 码的个数也为奇数。在接收端，误码检测器将接收到的码组按表 3-3 方式排列，然后逐行逐列进行校验。

这种码除了可以检测出整个码矩阵中的奇数个错误外，还有可能检测出偶数个错误。因为每行的监督位虽然不能检测出本行中的偶数个误码，但按列的方向有可能由监督码检测出码组中有一行发生了偶数个错误。另外，这种码还具有一定的纠错功能，例如，当发现整个码矩阵中只有第 i 行和第 j 列有错时，则肯定是 a_j^i 误码，只要将其取反即可。

表 3-3　行列监督码

	第 1 位	第 2 位	…	第 n 位	监督码
第 1 组	a_1^1	a_2^1	…	a_n^1	b^1
第 2 组	a_1^2	a_2^2	…	a_1^1	b^2
⋮	⋮	⋮	⋮	⋮	⋮
第 m 组	a_1^m	a_2^m	…	a_n^m	b^m
监督码组	c_1	c_2	…	c_n	c_b

3. 恒比码

恒比码又称为定比码。在恒比码中，每个码组中 1 和 0 都保持固定的比例。接收端只要计算接收到的码组中"1"的数目是否正解就可判断码组是否出错。在我国的电报通信中，

用数字表示汉字字符，其中对 0~9 十个数字采用的"保护电码"就是"3：2"或称"5 中取 3"的恒比码，即每个码组的长度为 5，其中 1 的个数总是 3，而 0 的个数总是 2，如表 3-4 所示。

表 3-4　我国电报通信中采用的 3：2 恒比码

数 字 字 符	恒 比 码	数 字 字 符	恒 比 码
1	01011	6	10101
2	11001	7	11100
3	10110	8	01110
4	11010	9	10011
5	00111	0	01101

每个码组长度为 5，5 个码元组成的码组总共可以有 $2^5 = 32$ 种，该恒比码规定只有含有 3 个 1 和 2 个 0 的那些码组为许用码组，即"5 中取 3"组合数为

$$C_5^3 = \frac{5!}{(5-3)!\,3!} = 10$$

一般情况下，"n 中取 m"（$m<n$）恒比码的许用码组数为

$$C_n^m = \frac{n!}{(n-m)!\,m!}$$

国际上通用的 ARQ 电报通信系统中采用 3 个"1"4 个"0"的恒比码，又称"7 中取 3"码。这种码共有 $C_7^3 = 35$ 个许用码组，分别用来表示 26 个字母及其他符号。

恒比码适用于传输字母和符号，不适用于二进制序列。

4. 正反码

正反码是一种简单的能纠正错误的码。其构成特点是，监督码与信息码的数目相同。其编码规则是：当信息码中 1 的数目为奇数时，监督码是信息码的重复；当信息码中 1 的数目为偶数时，监督码是信息码的反码。

接收端解码方法是：先将接收码组中信息码和监督码按位进行模 2 加，得到一个 k（信息码的长度）位合成码组，然后由该码组中产生一个校验码组。当接收码组中的信息码有奇数个 1 时，合成码组就是校验码组；当接收码组中的信息码有偶数个 1 时，则取合成码组的反码作为校验码组。之后，观察校验码组中 1 的个数，按具体规则进行检纠错。

以表 3-5 中（10,5）正反码（即码长 $n=10$，信息位 $k=5$，监督位 $r=5$）为例，具体说明正反码的编码和检错纠错的方法。

表 3-5　（10,5）正反码的判决及纠正

	校验码组的组成	错 码 情 况
1	全为 0	无错码
2	4 个 1，1 个 0	信息位中有一位错码，其位置对应校验码组中 0 的位置
3	4 个 0，1 个 1	监督位中有一位错码，其位置对应校验码组中 1 的位置
4	其他组成	错码多于 1 个

　　例如，信息码为 11100，因其中 1 的个数为奇数，故监督码与信息码相同。因此，传送的码组为 1110011100。传输过程中如果没有错误，接收端收到该码组后将信息码和监督码模 2 加，即 $11100 \oplus 11100 = 00000$，得到合成码组，又由于信息码中有奇数个 1，所以校验码组即等于合成码组为全 0。

　　如果信息码为 10010，因其中 1 的个数为偶数，此时监督码是信息码的反码。因此，传送的码组为 1001001101。传输过程中如果没有错误，接收端将信息码和监督码模 2 加，即 $10010 \oplus 01101 = 11111$，又由于信息码中有偶数个 1，故合成码组 11111 的反码 00000 为校验码组。

　　如果码组 1110011100 在传输中发生 1 位错码，变成了 1100011100，则接收端 $11000 \oplus 11100 = 00100$，由于此时信息位中 1 的数目为偶数，故合成码组的反码为校验码组，即为 11011，其中有 4 个 1 和 1 个 0，表明信息码中有 1 位错码，其位置就是校验码组中的 0 所对应的那 1 位，即信息码的第 3 位出错。

　　码组 1001001101 在传输中发生 1 位错码，变成了 1001001001，则接收端 $10010 \oplus 01001 = 11011$。由于信息码中 1 的数目为偶数，故合成码组 11011 的反码 00100 为校验码组。其中有 4 个 0 和 1 个 1，表明监督码中有 1 位错码，其位置是校验码组中与 1 对应的那一位，即监督码的第 3 位。

3.2.3　线性分组码

1. 线性分组码的基本概念

　　(1) 线性分组码的构成　线性分组码是分组码中最重要的一类码，其编码方法是：首先，把信息序列按一定长度 k 分成若干信息组，每组由 k 个信息码元组成；然后，编码器按照预定的线性运算规则，把长为 k 的信息组变换成长为 $n(n>k)$ 的码字，其中 $(n-k)$ 个附加码元是由信息码元按某种线性运算规则产生的。这样就构成了线性分组码，用 (n,k) 表示。

　　长度为 n 的分组码，共有 2^n 种可能的组合，即有 2^n 个码字，但只有其中 2^k 个码字用来传送信息，这些码字为许用码字，其他码字为禁用码字。分组码的编码就是制定相应的规则，从 2^n 个码字中选 2^k 个码字，构成 (n,k) 分组码。

　　以 $(7,3)$ 分组码为例说明线性分组码的编码过程。$(7,3)$ 分组码中信息码有 3 位，监督码有 $7-3=4$ 位，整个分组码共有 $2^7 = 128$ 种组合，其中只有 $2^3 = 8$ 个码字为许用码字。设该码的码字为 $(c_6 c_5 c_4 c_3 c_2 c_1 c_0)$，其中 c_6、c_5、c_4 为信息码元；c_3、c_2、c_1、c_0 为监督码元，每个码元取值为 0 或 1。按如下方程组确定附加监督码元

$$c_3 = c_6 \oplus c_4 \qquad\qquad c_1 = c_6 \oplus c_5 \tag{3-5}$$
$$c_2 = c_6 \oplus c_5 \oplus c_4 \qquad\qquad c_0 = c_5 \oplus c_4$$

经移项变换为

$$c_3 \oplus c_6 \oplus c_4 = s_1 = 0 \qquad c_1 \oplus c_6 \oplus c_5 = s_3 = 0 \tag{3-6}$$
$$c_2 \oplus c_6 \oplus c_5 \oplus c_4 = s_2 = 0 \qquad c_0 \oplus c_5 \oplus c_4 = s_4 = 0$$

　　式 (3-5) 确定了由信息码得到监督码的规则，所以称为监督方程或校验方程。每给出一个 3 位的信息组，即可按照该监督方程编出一个码字，如表 3-6 所示。

　　该码的最小码距为 4，故能够纠正 1 个错误，同时能检测出 2 个错误。经式 (3-5) 移项

得到式(3-6)，其中 s_1、s_2、s_3、s_4 称为校验码。接收端收到一个码字之后通过监督方程判断是否出错，并且根据校验码的不同取值能够知道错误的位置从而进行纠正。由式(3-6)可知，当接收到的码字没有错误时，$s_1 = s_2 = s_3 = s_4 = 0$，当接收到的码字有单个错误时，$s_1$、$s_2$、$s_3$、$s_4$ 将有一个或几个不为零，可根据 s_1、s_2、s_3、s_4 的取值确定错误的位置。本例中，根据 s_1、s_2、s_3、s_4 的不同结果判断错误的位置，如表 3-7 所示。

表 3-6 (7,3)分组码编码表

分组码码字		分组码码字	
信 息 码 元	监 督 码 元	信 息 码 元	监 督 码 元
000	0000	100	1110
001	1101	101	0011
010	0111	110	1001
011	1010	111	0100

表 3-7 (7,3)线性分组码的检纠错方法

$s_1 s_2 s_3 s_4$	错 误 位 置	判 断 依 据
0000	无错	
0001	c_0	由 s_1、s_2、s_3 决定 $c_1 \sim c_6$ 正常
0010	c_1	由 s_1、s_2、s_4 决定 c_0、$c_2 \sim c_6$ 正常
0011	有两个错误	
0100	c_2	由 s_1、s_3、s_4 决定 c_0、c_1、$c_3 \sim c_6$ 正常
0101	有两个错误	
0110	有两个错误	
0111	有两个错误	
1000	c_3	由 s_2、s_3、s_4 决定 $c_0 \sim c_2$、$c_4 \sim c_6$ 正常
1001	有两个错误	
1010	有两个错误	
1011	有两个错误	
1100	有两个错误	
1101	c_4	由 s_3 决定 c_1、c_5、c_6 正常，又根据 s_1、s_2、s_4 做出判定
1110	c_6	由 s_4 决定 c_0、c_4、c_5 正常，又根据 s_1、s_2、s_3 做出判定
1111	c_3	s_1、s_2、s_3、s_4 都有错，而 c_4、c_5、c_6 均出现在三个校验码中

如果有一个 r 行的矩阵，每一行中变量的取值都是监督方程中每个码元的系数，则这样的矩阵称为一致监督矩阵 H，对应式(3-6)得到该例的监督矩阵为

$$H = \begin{bmatrix} 1 & 0 & 1 & 1 & 0 & 0 & 0 \\ 1 & 1 & 1 & 0 & 1 & 0 & 0 \\ 1 & 1 & 0 & 0 & 0 & 1 & 0 \\ 0 & 1 & 1 & 0 & 0 & 0 & 1 \end{bmatrix}$$

（2）线性分组码的生成矩阵和一致监督矩阵　在 (n,k) 线性分组码中，设 $M=(m_1,m_2,\cdots,m_k)$ 是输入编码器的信息组，则由编码器输出的码字 C 为

$$C = MG$$

其中，G 为该线性分组码 (n,k) 码的生成矩阵

$$G = \begin{bmatrix} g_{11} & g_{12} & \vdots & g_{1n} \\ g_{21} & g_{22} & \vdots & g_{2n} \\ \cdots & \cdots & & \cdots \\ g_{k1} & g_{k2} & \vdots & g_{kn} \end{bmatrix}$$

G 建立了消息与码字间的一一对应关系，并且生成矩阵 G 不是唯一的。不同形式的生成矩阵仅表示消息与码字之间不同的一一对应关系，所有的码字集合还是一样的。例如，下面的 G_1 和 G_2 都可作为同一个 $(7,3)$ 码的生成矩阵，所对应的码字如表 3-8 所示。

$$G_1 = \begin{bmatrix} 1 & 0 & 1 & 0 & 1 & 1 & 0 \\ 1 & 1 & 0 & 1 & 0 & 1 & 0 \\ 1 & 1 & 1 & 0 & 0 & 0 & 1 \end{bmatrix} \qquad G_2 = \begin{bmatrix} 1 & 0 & 0 & 1 & 1 & 0 & 1 \\ 0 & 1 & 0 & 0 & 1 & 1 & 1 \\ 0 & 0 & 1 & 1 & 0 & 1 & 1 \end{bmatrix}$$

表 3-8　不同生成矩阵得到的分组码

信息码	用 G_1 得到的码字	用 G_2 得到的码字	信息码	用 G_1 得到的码字	用 G_2 得到的码字
000	0000000	0000000	100	1010110	1001101
001	1110001	0011011	101	0100111	1010110
010	1101010	0100111	110	0111100	1101010
011	0011011	0111100	111	1001101	1110001

由表 3-8 可以看出，虽然采用了不同形式的生成矩阵，但得到的码字集合是相同的，两种码的检错和纠错能力是一样的。但是 G_2 生成的码，其前 k 位与消息完全相同，这种码称为系统码。系统码的编码和解码比较简单，而性能与非系统码一样，所以系统码得到了十分广泛的应用。系统码的生成矩阵可用分块矩阵表示为

$$G = [\, Ik\ P\,]$$

式中，Ik 为 $k \times k$ 阶单位方阵；P 为 $k \times (n-k)$ 阶矩阵。

由具有这种结构的生成矩阵生成的码称为系统码，其余的称为非系统码。

在系统码的码组 $C=(c_{n-1},c_{n-2},\cdots,c_0)$ 中，前 k 位 $(c_{n-1},\cdots,c_{n-k})=(m_1,\cdots,m_k)$ 是信息位，后 $n-k$ 位 $(c_{n-k-1},\cdots,c_0)$ 是监督位。

线性码的监督矩阵 H 和生成矩阵 G 的行向量彼此正交。故可通过线性系统码的监督矩阵直接变换得到生成矩阵 G。例如，已知 $(7,3)$ 线性系统码的监督矩阵为

$$H = \begin{bmatrix} 1 & 0 & 1 & 1 & 0 & 0 & 0 \\ 1 & 1 & 1 & 0 & 1 & 0 & 0 \\ 1 & 1 & 0 & 0 & 0 & 1 & 0 \\ 0 & 1 & 1 & 0 & 0 & 0 & 1 \end{bmatrix}$$

则生成矩阵 G 为

$$G = \begin{bmatrix} 1 & 0 & 0 & 1 & 1 & 1 & 0 \\ 0 & 1 & 0 & 0 & 1 & 1 & 1 \\ 0 & 0 & 1 & 1 & 1 & 0 & 1 \end{bmatrix}$$

（3）线性分组码的特点　线性分组码具有如下特点：

1）封闭性。线性分组码的任意两个许用码字的对应位进行模2加，其结果仍是许用码字中的一个。

2）循环性。线性分组码中任意一个码字的每一次循环移位，得到的都是许用码字中的一个。

2. 汉明码

汉明码是1950年由汉明提出的一种能纠正单个错误的线性分组码。它不仅性能好，而且编解码电路非常简单，易于工程实现，因此，汉明码是工程中常用的一种纠错码。

汉明码是一种特殊的 (n, k, d) 线性分组码，二进制汉明码的参数分别如下：

码字长度 n：　　　　　　　　$n = 2^{n-k} - 1$

信息元长度 k：　　　　　　　$k = 2^{n-k} - (n-k) - 1$

监督位长度 r：　　　　　　　$r = n - k$

最小码距 $d_{\min}$：　　　　　　$d_{\min} = 3$

汉明码的最小码距为3，能够纠正一位错误。如果要提高汉明码的纠错能力，可再加上一位监督位，则监督码元数变为 $r+1$，信息位长度不变，码长变为 2^r，通常把这种码称为扩展汉明码。它的最小码距增加为4，能纠正一位错误，同时检测两位错误。

在某种情况下，需要采用长度小于 $2^r - 1$ 的汉明码，称为缩短汉明码，只需将原汉明码的码长及信息位长度同时缩短 s，即可得到 $(n-s, k-s)$ 缩短汉明码，这里 s 为小于 k 的任何正整数。

汉明码的监督矩阵 H 由一切 $r(r = n-k)$ 维非零二元向量排列而成，即 H 的列为所有非零的 r 维向量，所以一旦 r 给定，就可构造出具体的 (n, k) 汉明码。

例如，构造一个二元的 $(7, 4, 3)$ 汉明码。这时取 $r = n-k = 3$，$2^3 = 8$ 个元素中除全0以外的其余7个元素，均可作为矩阵 H 的列，所以该码的监督矩阵为

$$H = \begin{bmatrix} 0 & 0 & 0 & 1 & 1 & 1 & 1 \\ 0 & 1 & 1 & 0 & 0 & 1 & 1 \\ 1 & 0 & 1 & 0 & 1 & 0 & 1 \end{bmatrix}$$

对该监督矩阵进行列交换得到一致监督矩阵

$$H = \begin{bmatrix} 1 & 1 & 0 & 1 & 1 & 0 & 0 \\ 1 & 1 & 1 & 0 & 0 & 1 & 0 \\ 1 & 0 & 1 & 1 & 0 & 0 & 1 \end{bmatrix}$$

根据该一致监督矩阵可得到该码的监督方程

$$c_2 = c_6 \oplus c_5 \oplus c_3$$
$$c_1 = c_6 \oplus c_5 \oplus c_4$$
$$c_0 = c_6 \oplus c_4 \oplus c_3$$

即可按照该校验方程得到 $(7, 4, 3)$ 汉明码。

或者可由一致监督矩阵 H 直接变换得到码的生成矩阵 G，再根据 $C = MG$ 得到相应的码字。

在突发信道中传输，由于错码是成串集中出现的，所以上述只能纠正码字中一个错码或检测两个错码的汉明码，其效用就不像在随机信道中那样明显了，需要采用更为有效的纠错编码。

3. 2. 4　循环码

1. 循环码概述

（1）循环码的基本概念　循环码（CRC）是一类重要的线性码，它是将要发送的信息数据与一个通信双方共同约定的数据进行除法运算，并由余数得出一个校验码序列，也称为冗余码，然后将这个校验码序列附加在信息数据之后发送出去。接收端接收数据之后，将包括校验码序列在内的数据帧与约定的数据进行除法运算，若余数为"0"，则表示接收的数据正确；若余数不为"0"，则表明数据在传输的过程中出错。

由于循环码的编码和解码设备都不复杂，且检纠错能力强，所以目前这种码在实际中得到了广泛的应用。

顾名思义，循环码具有循环性，即循环码中任一码字循环一位（将右端的码元移至左端或将左端的码元移至右端）所得到的新的码字仍为该码中的一个码字。表 3-9 给出了一种（7，3）循环码的全部码组。由该表可以直观地看出这种码的循环性。例如，第 2 码字向右循环移一位即为第 5 码字；第 5 码字向左循环移一位即为第 2 码字。

表 3-9　（7，3）循环码

码字编号	信 息 码 元			监 督 码 元				码字编号	信 息 码 元			监 督 码 元			
	a_6	a_5	a_4	a_3	a_2	a_1	a_0		a_6	a_5	a_4	a_3	a_2	a_1	a_0
1	0	0	0	0	0	0	0	5	1	0	0	1	0	1	1
2	0	0	1	0	1	1	1	6	1	0	1	1	1	0	1
3	0	1	0	1	1	1	0	7	1	1	0	0	1	0	1
4	0	1	1	1	0	0	1	8	1	1	1	0	0	1	0

一般对于循环码，若 $(c_{n-1}c_{n-2}\cdots c_0)$ 是一个循环码字，则 $(c_{n-2}c_{n-3}\cdots c_0c_{n-1})$，$(c_{n-3}c_{n-4}\cdots c_{n-1}c_{n-2})$，$(c_0c_{n-1}\cdots c_2c_1)$ 也是该编码中的码字。即若将码字 C 循环右移 i 位得到一个 n 维矢量：

$$RC(i) = (c_{i-1}c_{i-2}\cdots c_1c_0c_{n-1}\cdots c_{i+1}c_i)$$

式中，$RC(i)$ 表示将 C 循环右移 i 位。

如果将矢量 C 循环左移 i 位后得到：

$$SC(i) = (c_{n-i-1}c_{n-i-2}\cdots c_0c_{n-1}\cdots c_{n-i+1}c_{n-i})$$

式中，$SC(i)$ 表示将 C 的分量循环左移 i 位。

循环码循环左移或右移之后得到的码字都是原来码字集合中的一个。

（2）循环码的码多项式　循环码可用多种方式进行描述，在不同情况下使用不同的描述方式将会有助于问题的研究，这里主要介绍循环码的码多项式。

在代数编码理论中,为了便于计算,把码字中的各码元当作是一个多项式的系数,即把一个长度为 n 的码字表示为

$$C(x) = c_{n-1}x^{n-1} + c_{n-2}x^{n-2} + \cdots + c_1 x + c_0$$

表 3-10 中的任一码字,可以表示为

$$C(x) = c_6 x^6 + c_5 x^5 + c_4 x^4 + c_3 x^3 + c_2 x^2 + c_1 x + c_0$$

系数 c_i 取值为 0 或 1。对于 $c_i = 0$ 的项一般略去不写,对于 $c_i = 1$ 的项只写相应的 x 乘幂项而略去系数 1。例如表 5-8 中的第 7 码字可以表示为

$$C_7(x) = 1 \cdot x^6 + 1 \cdot x^5 + 0 \cdot x^4 + 0 \cdot x^3 + 1 \cdot x^2 + 0 \cdot x + 1 = x^6 + x^5 + x^2 + 1$$

这种多项式中的 x 仅是码元位置的标记,例如上式表示第 7 码字中 c_6、c_5、c_2 和 c_0 为 1,其他码元均为 0。因此并不需要关心 x 的取值,这种多项式称为码多项式。一个码多项式对应循环码中的一个码字。码字 C 循环 i 次所得码字的码多项式为

$$C^{(i)}(x) = c_{n-1-i}x^{n-1} + c_{n-2-i}x^{n-2} + \cdots + c_0 x^i + c_{n-1}x^{i-1} + \cdots + c_{n-i}$$

经推导可知,$C(x)$ 的 i 次循环移位 $C^{(i)}(x)$ 是 $C(x)$ 乘 x^i 再除以 $x^n + 1$ 所得的余式。即

$$C^{(i)}(x) = x^i C(x) \bmod (x^n + 1)$$

循环码的码字的 i 次循环移位等效于将码多项式乘 x^i 后再模 $x^n + 1$。

例如,上例中的 $(7,3)$ 循环码可由任一个码字循环而得,如 0101110 经过循环移位,可得到其他 6 个非 0 码字;也可由相应的码多项式 $x^5 + x^3 + x^2 + x^1$,乘以 $x^i(i = 1, 2, \cdots, 6)$,再模 $x^7 + 1$,得到其他 6 个非 0 码多项式。这个移位过程和相应的多项式运算如表 3-10 所示。

表 3-10 $(7,3)$ 循环码的循环左移移位表

循 环 次 数	码 字	码 多 项 式
0	0101110	$x^5 + x^3 + x^2 + x^1$
1	1011100	$x(x^5 + x^3 + x^2 + x^1) \bmod (x^7 + 1) = x^6 + x^4 + x^3 + x^2$
2	0111001	$x^2(x^5 + x^3 + x^2 + x^1) \bmod (x^7 + 1) = x^5 + x^4 + x^3 + 1$
3	1110010	$x^3(x^5 + x^3 + x^2 + x^1) \bmod (x^7 + 1) = x^6 + x^5 + x^4 + x^1$
4	1100101	$x^4(x^5 + x^3 + x^2 + x^1) \bmod (x^7 + 1) = x^6 + x^5 + x^2 + 1$
5	1001011	$x^5(x^5 + x^3 + x^2 + x^1) \bmod (x^7 + 1) = x^6 + x^3 + x^1 + 1$
6	0010111	$x^6(x^5 + x^3 + x^2 + x^1) \bmod (x^7 + 1) = x^4 + x^2 + x^1 + 1$

(3) 循环码的生成多项式 对于 (n,k) 循环码,取 $x^n + 1$ 的 $n-k$ 次因式作为该码的生成多项式 $g(x)$。设对应信息码的多项式为 $d(x)$,则码多项式 $c(x) = d(x)g(x)$,由码多项式即可得到码字。

例 3-3 求 $(7,4)$ 循环码的生成多项式 $g(x)$,若信息码为 1100,求码多项式和循环码。

解: 由于

$$(x^7 + 1) = (x + 1)(x^3 + x + 1)(x^3 + x^2 + 1)$$

故

$$g_1(x) = x^3 + x + 1$$

$$g_2(x) = x^3 + x^2 + 1$$

已知信息码为 1100,则对应信息码的多项式 $d(x) = x^3 + x^2$,相应的 $(7,4)$ 循环码的码多项式为

$$C_1(x) = d(x)g_1(x) = (x^3 + x^2)(x^3 + x + 1) = x^6 + x^5 + x^4 + x^2$$

$$C_2(x) = d(x)g_2(x) = (x^3+x^2)(x^3+x^2+1) = x^6+x^4+x^3+x^2$$

相应的码字为

$$C_1 = 1110100$$

$$C_2 = 1011100$$

可以看出，这种编码方式得到的循环码不是系统码，要想得到系统码，对于 (n,k) 循环码需按如下方式构成

$$c(x) = x^{n-k}d(x)+r(x)$$

其中，$d(x)$ 为相应于信息码的多项式，$r(x)$ 为 $x^{n-k}d(x)$ 除以 $g(x)$ 得到的余式。

例 3-4 已知 $(7,4)$ 循环码的生成多项式为 $g(x) = x^3+x^2+1$，信息码为 1100，求系统循环码的码字。

解：由于 $n=7$，$k=4$

$$d(x) = x^3+x^2$$

$$R(x) = \frac{x^{7-4}d(x)}{g(x)} = \frac{x^3(x^3+x^2)}{x^3+x^2+1} = x^2+1$$

$$C(x) = x^{n-k}d(x)+R(x) = x^{7-4}(x^3+x^2)+x^2+1 = x^6+x^5+x^2+1$$

所以系统循环码的码字 C 为 1100101。

在解码时，接收端解码的要求有两个：检错和纠错。达到检错目的的解码原理十分简单，由于任一循环码的码多项式 $C(x)$ 都应能被循环码的生成多项式 $g(x)$ 整除，所以在接收端可以将接收码组 $R(x)$ 用原生成多项式 $g(x)$ 去除。当传输中未发生错误时，接收码组与发送码组相同，即 $R(x) = C(x)$，故接收码组 $R(x)$ 必定能被 $g(x)$ 整除。若码组在传输中发生错误，则 $R(x) \neq C(x)$，$R(x)$ 被 $g(x)$ 除时可能除不尽而有余项。此时，以余项是否为零来判别码组中有无错码。若运算结果余项不等于零，则认为 $R(x)$ 中有错，但错在何位不确定。这时，接收端向发送端发出重传指令，要求重传该码组一次。

2. 常用循环码

（1）BCH 码　BCH 码是最重要的一类循环码。它是由 Hocquenghem 在 1959 年和 Bose、Chaudhuri 在 1960 年分别独立提出的。

对于任何正整数 m 和 $t(t<2^m-1)$，存在具有如下参数的二元 BCH 码：

1）码长：$n = 2^m-1$。

2）校验位数目：$n-k \leq mt$。

3）最小距离：$d_{\min} \geq 2t+1$。

BCH 码的生成多项式比较复杂，故不做详细介绍，在此只给出某些简单 BCH 码的参数和生成多项式，这些码可以纠正 t 个错误 $(t>2)$。从表 3-11 可以看出，一个长度为 15，信息位为 5，能纠正 3 个错误的 BCH 码，可以由多项式 2461 得到，2461 的二进制表示为"0010010001100001"，因此该码的生成多项式为

$$g(x) = x^{13}+x^{10}+x^6+x^5+1$$

表 3-11　某些较小 BCH 码的参数和生成多项式

n	k	t	$g(x)$	n	k	t	$g(x)$
15	7	2	721	53	39	4	166623567
15	5	3	2461	53	30	6	157464165547
31	21	2	3551	127	113	2	41567
31	16	3	107657	127	106	3	11554743
31	11	5	5423325	255	239	2	267543
63	51	2	12471	255	231	3	156720665
53	45	3	1701317				

20 世纪 70 年代以来，由于大规模集成数字电路的发展，BCH 码已广泛应用于有线和无线数字通信。

（2）RS 码　RS 码是由 Reed 和 Solomon 于 1960 年构造出来的，它是一种重要的线性分组编码方式，是 BCH 码最重要的一个子类。它对突发错误有较强的纠错能力，在无线通信和磁、光介质存储系统中应用广泛。

二元 RS 码具有如下基本参数：

1）码长：$n = 2^m - 1$。

2）校验位数目：$n - k = 2t$。

3）最小距离：$d_{\min} = 2t + 1$。

IBM3770 磁盘存储系统采用了 256 进制的 RS 码的缩短码，该码的基本参数为码长 $n = 2^8 - 1 = 255$，$t = 1$。同样，在 CD 唱片中，采用了 256 进制的 RS 码，纠错能力 $t = 2$。在宇航通信中，RS 码和卷积码通常一起使用，用于深空通信中的纠错编码。深空信道属于随机差错信道，用卷积码比较合适。但一旦信道噪声超出卷积码的纠错能力，将导致突发错误，这时可采用 RS 码进行纠正。

3.2.5　卷积码

1. 卷积码的基本概念

卷积码同样把 k 个信息位编成 n 位编码，但 k 和 n 通常很小。并且卷积编码后的$(n-k)$个监督位不但与当前码字的 k 个信息位有关，而且与前面 M 段的信息有关。卷积码的纠错能力随着 M 增加而增大，差错率随着 M 的增加而以指数形式下降。由于充分利用了各码字之间的相关性，因此在编码器复杂性相同的情况下，卷积码的性能优于分组码。但是卷积码没有严格的代数结构，目前大都采用计算机来搜索号码。

通常用(n, k, M)表示卷积码，n 为卷积编码器一段时间内输出的码字位数，k 为该码字的信息位数，M 为前 M 段时间，卷积码的约束长度为 $M+1$。

图 3-44 所示为一个卷积编码器，其中，$n = 2$，$k = 1$，$M = 2$，则该码的约束长度为 3。

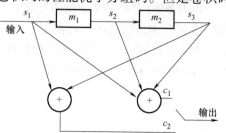

图 3-44　$(2, 1, 2)$卷积编码器

图 3-44 中，m_1 和 m_2 为移位寄存器，它们的起始状态均为零。c_1、c_2 和 s_1、s_2、s_3 的关系如下：

$$c_1 = s_1 + s_2 + s_3$$

$$c_2 = s_1 + s_3$$

假如输入的信息码为 10011，该卷积编码器的编码状态如表 3-12 所示。

表 3-12　$(2,1,2)$ 卷积编码器对 10011 码的卷积编码状态

s_1（即输入信息位）	1	0	0	1	1	0	0	0
$s_2 s_3$	00	10	01	00	10	11	01	00
输出 $c_1 c_2$	11	10	11	11	01	01	11	00

2. 卷积码的图解方法

和分组码一样，卷积码也可用生成矩阵进行描述，但其生成矩阵较复杂。下面只介绍简单描述卷积码的码树图法和状态图法。

（1）码树图法　码树图描述在任何数据序列输入时，码字所有可能的输出。对于图 3-44 所示的编码电路，其码树图如图 3-45 所示。

用寄存器中的内容来表示该时刻编码器的状态，由于本例中总共有两个寄存器，所以可能有 4 个状态，用 a、b、c 和 d 表示 $s_2 s_3$ 的四种状态：$a=(00)$，$b=(10)$，$c=(01)$，$d=(11)$。假设编码器的初始状态为 a，相继输入序列为 $m=(m_0, m_1, m_2, \cdots)$。在某时刻编码器的输出由该时刻编码器状态和输入数据所决定，同时当前时刻的状态和输入也决定了下一时刻的编码器状态。图 3-45 所示为码树图表示的 $(2,1,2)$ 卷积编码器的编码过程。

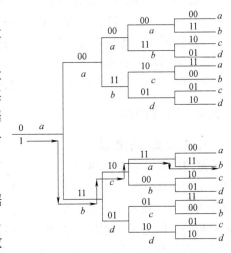

图 3-45　$(2,1,2)$ 码的码树图

码树图上，从根节点 a 状态出发，若第一位数据 $m_0 = 0$，则树向上走一分支；若第一位数据 $m_0 = 1$，则树向下走一个分支。在每条分支上标有的两个数字表示这时编码器输出的两位码字。若 $m_0 = 0$，从起点出发通过上支路到达状态 a，即 $s_2 s_3$ 为 00，输出码字 $c_1 c_2$ 为 00；若 $m_0 = 1$，从起点出发通过下支路到达状态 b，即 $s_2 s_3$ 为 10，输出码字 $c_1 c_2$ 为 11。当第二位数据 m_1 输入时，编码器已处于 a 或 b 状态，若这时编码器处于 a 状态，则由 $m_1 = 0$ 或 1，编码器进入状态 a 或 b，同时输出码字 00 或 11；若 m_1 输入时编码器处于 b 状态，则由 $m_1 = 0$ 或 1，编码器进入 c 或 d 状态同时输出码字 10 或 01。依此类推，随着输入信息码元不断输入到编码器，在码树图上从根节点出发，从一个节点走向下一个节点，演绎出一条路径，在组成路径的各分支上所标记的 2 位输出数据所组成的序列，即编码器输出的码字序列。每一个输入信息序列对应了唯一的一条路径，也对应了唯一的输出码字序列。从图 3-45 中还可以看出，从第三条支路开始，码树呈现出重复性，即表明从第四位数据开始，输出码字与第一位数据已经没有关系，因为前面讲过 $(2,1,2)$ 码的约束长度为 3。当输入数据为 10011 时，在码树图中用带箭

头线标明其轨迹，并得到输出码字为
1110111101011100…。

（2）状态图法 图 3-46 所示为（2,1,2）卷
积编码器的状态图。图中四个状态分别用 a、
b、c、d 表示。输入数据 0 所引起的状态转移
用实线表示，输入数据 1 所引起的状态转移用
虚线表示。状态转移线上所标明的两位数据，
表示状态转移时编码器的输出码字。

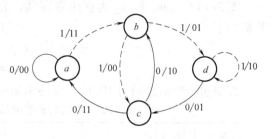

图 3-46 （2,1,2）卷积编码器的状态图

3.3 通信系统的同步

3.3.1 同步的定义和分类

同步是数字通信中必须解决的一种重要的问题。所谓同步，就是要求通信的收发双方在
时间基准上保持一致，包括在开始时间、位边界、重复频率等方面的一致。

通信系统的同步一般有如下几种主要形式：

1）载波同步：通信双方的载波频率相等，并且符合一定的相位关系。

2）位同步：通信双方的位定时脉冲信号频率相等，并且符合一定的相位关系。

3）帧同步：通信双方的帧定时脉冲信号频率相等，并且保持一定的相位关系。

4）网同步：网络中各个节点的时钟信号同步（位同步、帧同步）。

3.3.2 载波同步

1. 载波同步的概念

载波同步又称载波恢复，即在接收设备中产生一个和接收信号的载波同频同相的本地振
荡，供给解调器作相干解调用。当接收信号中包含离散的载频分量时，在接收端需要从信号
中分离出信号载波作为本地相干载波；这样分离出的本地相干载波频率必然与接收信号载波
频率相同，但为了使相位也相同，可能需要对分离出的载波相位作适当的调整。若接收信号
中没有离散载波分量，例如在 2PSK 信号中（1 和 0 以等概率出现时），则接收端需要用较复
杂的方法从信号中提取载波。因此，在这些接收设备中需要有载波同步电路，以提供相干解
调所需的相干载波，相干载波必须与接收信号的载波严格地同频同相。

2. 载波同步的实现方法

实现载波同步的方法有插入导频法和直接法两类：

（1）插入导频法 发送端在发送信息的同时还发送载波或与其有关的导频信号。插入
导频法又有频域插入法和时域插入法。

在抑制载波系统中无法从接收信号中直接提取载波。例如：DSB、VSB、SSB 和 2PSK
本身都不含有载波分量，或即使含有一定的载波分量，也很难从已调信号中分离出来。为了
获取载波同步信息，可以采取插入导频的方法。插入导频法是在发送信号的同时，在适当的
频率位置上，插入一个称为导频的正弦波，在接收端可以利用窄带滤波器较容易地把它提取
出来。经过适当的处理形成接收端的相干载波，用于相干解调。

在 DSB 信号中插入导频时，导频的插入位置应该在信号频谱为零的位置，否则导频与已调信号频谱成分重叠，接收时不易提取。插入的导频并不是加入调制器的载波，而是该载波移相的正交载波。其发送端框图如图 3-47a 所示，接收端的框图如图 3-47b 所示。

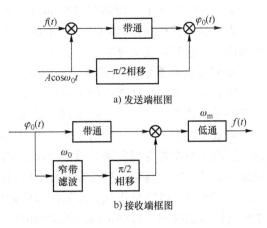

a) 发送端框图

b) 接收端框图

图 3-47 载波同步插入导频法框图

（2）直接法 发送端不专门向接收端传输载波信息，接收端直接从收到的已调信号中提取载波信息。直接提取法适用于抑制载波的双边带调幅系统、残留边带调幅系统和二相/多相调相系统。常用的方法有平方变换法、平方环法和同相正交法。

1）平方变换法。基于平方变换法提取载波的框图如图 3-48 所示。

图 3-48 平方变换法提取载波

2）平方环法。为了改善平方变换的性能，使恢复的相干载波更为纯净，常在非线性处理之后加入锁相环。具体做法是在平方变换法的基础上，把窄带滤波器改为锁相环。平方环法提取载波构成如图 3-49 所示。由于锁相环具有良好的跟踪、窄带滤波和记忆功能，使得平方环法比一般的平方变换法性能更好。因此，平方环法提取载波得到了较广泛的应用。

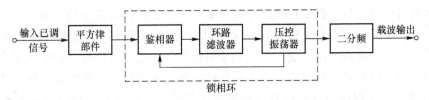

图 3-49 平方环法提取载波

3）同相正交法。利用锁相环提取载波的另一种常用方法是采用同相正交环，也称科斯塔斯环(Costas)，其框图如图 3-50 所示。它包括两个相干解调器，这两个相干解调器的输入信号相同，分别使用两个在相位上正交的本地载波信号，上支路叫作同相支路，下支路叫作

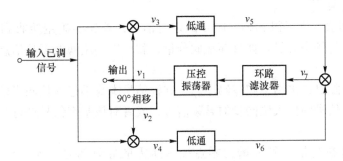

图 3-50 同相正交法提取载波

正交支路。两个相干解调器的输出同时送入乘法器，并通过低通滤波器（LPF）形成闭环系统，去控制压控振荡器（VCO），以实现载波提取。在同步时，同相支路的输出即为所需的解调信号，这时正交支路的输出为0。

3. 载波同步系统的性能指标

载波同步系统的性能指标主要有效率、精度、同步建立时间和同步保持时间。载波同步追求的是高效率、高精度、同步建立时间快、保持时间长。

高效率指为了获得载波信号而尽量少消耗发送功率。在这方面，直接法要优于插入导频法。直接法不需要专门发送导频，因而效率高。而由于插入导频要消耗一部分发送功率，因而效率要低一些。高精度指接收端提取的载波与需要的载波标准比较，应该有尽量小的相位误差。同步建立时间是指从失步到同步所需要的时间。同步保持时间是指同步建立后，系统能维持同步的时间。这些指标与提取的电路、信号及噪声的情况有关。当采用性能优越的锁相环提取载波时这些指标主要取决于锁相环的性能。

3.3.3 位同步

1. 位同步的概念

在数字通信系统中，发送端按照确定的时间顺序，逐个传输数字信号中的每个码元。而在接收端必须有准确的抽样判决时刻才能正确判决所发送的码元，因此，接收端必须提供一个确定抽样判决时刻的定时脉冲序列。这个定时脉冲序列的重复频率必须与发送的数码脉冲序列的码元速率相同，同时在最佳判决时刻（或称为最佳相位时刻）对接收码元进行抽样判决。在接收端产生这样一个定时脉冲序列就是码元同步，或称位同步。

2. 位同步的实现方法

位同步的目的是使每个码元得到最佳的解调和判决，使接收端接收的每一位信息都与发送端保持同步。位同步可以分为插入导频法（外同步法）和直接法（自同步法）两大类，其中插入导频法是发送端发送数据之前先发送同步时钟信号，接收方用这一同步信号来锁定自己的时钟脉冲频率，以此来达到收发双方位同步的目的；而直接法是接收方利用包含有同步信号的特殊编码（如曼彻斯特码）从信号自身提取同步信号来锁定自己的时钟脉冲频率，来达到同步目的。插入导频法需要另外专门传输位同步信息，直接法则是从信号码元中提取其包含的位同步信息，一般而言，直接法应用较多。直接法又可以分为两种，即滤波法（开环同步法）和锁相法（闭环同步法）。滤波法采用对输入码元做某种变换的方法提取位同步信息。锁相法则用比较本地时钟和输入信号的方法，将本地时钟锁定在输入信号上。锁相法更为准确，但是也更为复杂。

（1）插入导频法 为了得到码元同步的定时信号，首先要确定接收到的信息数据流中是否包含有位定时的频率分量。如果存在此分量，就可以利用滤波器从信息数据流中把位定时信号提取出来。

若基带信号为随机二进制不归零码序列，这种信号本身不包含位同步信号，为了获得位同步信号需在基带信号中插入位同步的导频信号，或者对该基带信号进行某种码型变换以得到位同步信息。

插入导频法是在基带信号频谱的零点插入所需的导频信号，插入导频法频谱图如图3-51a所示，若其频谱的第一个零频点在 $1/T_b$ 处，那么使用中心频率为 $1/T_b$ 的窄带滤波器就可以从解调后的基带信号中提取出位同步所需的信号，这时，位同步脉冲的周期与插入导频的周期是一致的。对于图 3-51b 所示的情况，窄带滤波器的中心频率应为 $1/(2T_b)$。

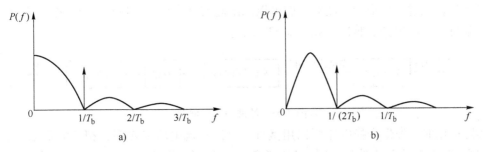

图 3-51 插入导频法频谱图

在图 3-52a 中基带信号经相关编码器处理后，使其信号频谱在 $1/(2T_b)$ 位置处为零，这样就可以在 $1/(2T_b)$ 处插入位定时导频。接收端的结构如图 3-52b 所示，由窄带滤波器取出导频 $f_b/2$，经过移相和倒相后，再经过相加器把基带数字信号中的导频成分抵消。由窄带滤波器取出的导频的另一路经过移相、限幅放大、微分全波整流、整形等电路，产生位定时脉冲，微分全波整流电路起到倍频器的作用，因此虽然导频是 $f_b/2$，但定时脉冲的重复频率变为与码元速率相同的 f_b。

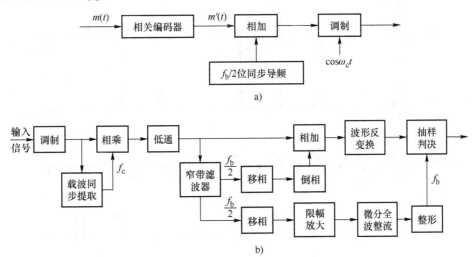

图 3-52 插入导频法框图

对于 PSK 信号和 FSK 信号等包络不变的等幅波，可将位导频信号调制在它们的包络上，而在接收端只要用普通的包络检波器就可以恢复位同步信号。位同步信号也可以在时域内插入，将载波同步信号、位同步信号和数据信号等信息分别安排在不同的时间段内传送，接收端用锁相环路提取出同步信号并保持，这样就可以对接收到的数据信息进行解调。

（2）直接法 当系统的位同步采用直接法时，发送端不专门发送导频信号，而直接从数字信号中提取位同步信号，这种方法在数字通信中经常采用，直接法具体又可分为滤波法和锁相法。

1）滤波法。对于不归零的二进制随机序列，不能直接从其中滤出位同步信号。但是，若对该信号进行某种变换，例如，变成单极性归零脉冲后，则该序列中就有 $f=1/T_b$ 的位同步信号分量，经过一个窄带滤波器，就可以滤出此信号分量，再将它通过一个移相器调整相位后，就可以形成位同步脉冲，如图 3-53 所示。

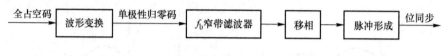

图 3-53 滤波法原理框图

实际应用时，波形变换电路可以用微分、全波整流电路来实现，相关波形如图 3-54 所示。图 3-54a 为输入基带波形，图 3-54b 为微分后波形，图 3-54c 为全波整流后的波形，该波形含有离散频率成分，经窄带滤波可输出频率为 $1/T_b$ 的正弦波形，如图 3-54d 所示，再经过移相电路及脉冲形成电路就可得到有确定起始位置的位定时脉冲，如图 3-54e 所示。

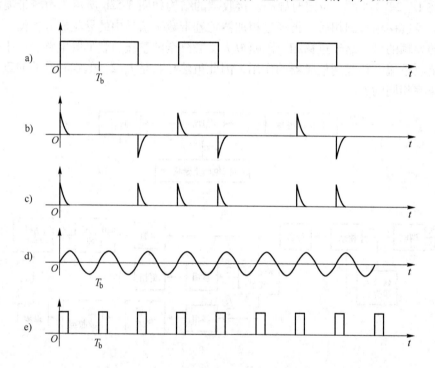

图 3-54 滤波法提取位同步相关波形

2）锁相法。用锁相环路替代一般窄带滤波器以提取位同步信号的方法就是锁相法，在接收端利用鉴相器比较接收码元和本地产生的位同步信号的相位，若两者相位不一致（超前或滞后），鉴相器就产生误差信号去调整位同步信号的相位，直至获得精确的同步为止。在数字通信中，这种锁相电路常采用数字锁相环来实现。

采用锁相法提取位同步信息原理框图如图 3-55 所示，它由晶振、控制电路、分频器和相位比较器等组成。其中，控制电路包括图中的扣除或附加门。输入相位基准是接收码元经过零点检测和单稳电路产生的窄脉冲，这些窄脉冲出现的位置精确地位于接收码元的过零点。没有连 0 或连 1 时，窄脉冲的间隔正好是 T_b，当接收码元中有连码时，窄

脉冲的间隔为 T_b，有时为 T_b 的整数倍。由于窄脉冲的间隔有时为 T_b 的整数倍，因此它不能直接作为位同步信号。输入相位基准与由高稳定度振荡器产生的经过整形和次分频后的相位脉冲进行比较，由两者相位的超前或滞后，确定扣除或附加一个脉冲（在 T_b 时间内），以调整位同步脉冲的相位。

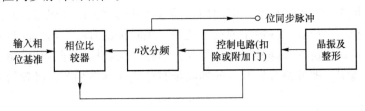

图 3-55　锁相法提取位同步信息原理框图

晶体振荡器产生的振荡信号经过整形后得到的窄脉冲是周期性的，重复频率为 nf_1，但频率和相位不一定正确，需要进行调整，位同步脉冲是由控制电路输出的脉冲经过 n 次分频得到，它的重复频率没有经过调整时是 f_1，经过调整以后为 f_b，但在相位上与输入相位基准有一个很小的误差。

3. 位同步系统的主要性能指标

位同步系统的性能指标除了效率以外，主要有相位误差、同步建立时间、同步保持时间和同步带宽等。

（1）相位误差　位同步信号的平均相位和最佳取样点的相位之间的偏差称为静态相差。静态相差越小，误码率越低。相位误差将造成判决时刻的偏离，如果相位误差过大很容易引起误判。可见，当同步信号的相位误差增大时，必然引起传输系统误码率的增高。因此，利用数字锁相法提取位同步信号时，相位比较器比较出误差以后，立即加以调整，在一个码元周期内（相当于相位内）加一个或扣除一个脉冲。

（2）同步建立时间　同步建立时间为失去同步后重建同步所需的最长时间。最差情况是位同步脉冲与输入信号相位相差 $T_b/2$，同步建立时间最长为 nT_b。

（3）同步保持时间　同步建立后，一旦输入信号中断，或者遇到长连 0 码、长连 1 码时，由于接收的码元没有过零脉冲，锁相系统就因为没有输入相位基准而不能正常工作，另外收、发双方的固有位定时重复频率之间总存在频差，接收端位同步信号的相位就会逐渐发生漂移，时间越长，相位漂移量越大，直至漂移量超过某一准许的最大值，就算失步了，这段时间称为位同步保持时间。

（4）同步带宽　同步带宽是指位同步频率与码元速率之差。如果这个频差超过一定的范围，就无法使接收端位同步脉冲的相位与输入信号的相位同步。因此，要求同步带宽越小越好。

3.3.4　帧同步

1. 帧同步的概念

数字通信中的数据流是由若干码元组成的数字信息群。在通信双方进行数据流传输时，帧同步的任务就是在位同步信息的基础上，识别出数字信息群的起止时刻，并产生与之一致的定时脉冲序列即帧同步信号。

在时分复用传输系统中，同一传输频带内的各路信号在时间上被分开来，利用不同的时隙同步传送各路信号，这就要求收端能准确识别数据流中各路信号的序号，以便正确完成各路信号在收端的分离。此时传送的数据通常是以一定数目的数据比特组成数据帧进行传输，要在收端准确识别数据帧的序号及起止时刻，必须借助于帧同步。所谓帧同步就是在发送端每一个数据帧中预先规定的帧同步码时隙内，插入特殊码型的同步码组，使接收端可以确定一帧数据的起始和结束位置。在数字通信系统中，帧时钟信号频率与位同步时钟信号频率是整数倍关系，很容易由位同步信号经分频得到，但在一帧数据的开头和结尾时刻无法由分频器输出的帧时钟确定，即此刻收发双方的帧同步时钟往往存在相差，必须借助帧同步过程来消除该相差。

2. 帧同步的实现方法

为了解决帧同步中开头和结尾的时刻存在相差问题，即为了确定帧定时脉冲的相位，通常有两类方法：一类是在数字信息流中插入一些特殊码组作为每帧的头、尾标记，接收端根据这些特殊码组的位置就可以实现帧同步；另一类方法不需要外加特殊码组，用类似于载波同步和位同步中的自同步法，利用码组本身之间彼此不同的特性来实现自同步。其中，插入特殊码组实现帧同步的方法有两种：集中插入法和分散插入法，如图3-56所示。

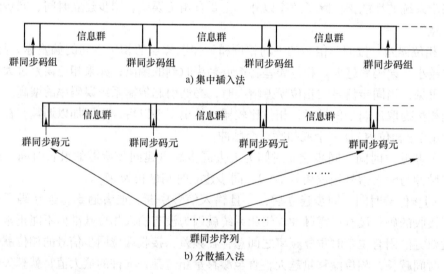

图 3-56 插入特殊码组实现帧同步的方法

（1）集中插入法 集中插入法又称连贯插入法，它是指在每一信息群的开头集中插入作为群同步码组的特殊码组，该码组应在信息码中很少出现，即使偶尔出现，也不可能依照群的规律周期出现。接收端按群的周期连续数次检测该特殊码组，这样便可获得群同步信息。

（2）分散插入法 分散插入法又称为间隔式插入法，它是将群同步码以分散的形式均匀插入信息群中。分散插入的最大特点是同步码不占用信息时隙，每帧的传输效率较高，但是同步捕获时间较长，它较适合于连续发送信号的通信系统。若是断续发送信号，每次捕获同步需要较长的时间，反而降低了效率。

3. 帧同步的实现流程

（1）同步态的捕捉　在集中插入帧同步码组的复用设备中，一旦从输入帧流中检出帧同步码组（比如 1110010），则对接收机定时系统直接设置初始相位。然后再经三次帧校验，如果仍能检出同步码组，就确定已进入同步态；如果不存在帧同步码组，则判断前次检出的是假帧同步信号，予以放弃。再以下一个检出的帧同步码组开始，重新进行捕捉和校验。

（2）同步保持态　当检测电路建立起同步保持态的时候，在三次检测时允许在出现两次失步时（既在出现两个误码时）还认为是同步的状态，即在同步保持状态下就可以降低检测的严格程度。

4. 帧同步系统的主要性能指标

帧同步系统应该有：同步建立时间短，失步再捕快；较强的抗干扰能力，即识别伪失步和避免假同步的能力；同步保持时间长，失步概率小。通常用漏同步概率、假同步概率和同步平均建立时间来衡量帧同步系统的性能。

（1）漏同步概率　由于干扰的影响，接收的同步码组中可能出现一些错误码元，从而使识别器漏识已发出的同步码组，出现这种情况的概率称为漏同步概率。漏同步概率与群同步的插入方式、群同步码的码组长度、系统的误码概率及识别器电路和参数选取等均有关系。

（2）假同步概率　假同步是指信息的码元中出现与同步码组相同的码组，这时信息码会被识别器误认为是同步码，从而出现假同步信号。发生这种情况的概率称为假同步概率。假同步概率是信息码元中能判为同步码组的组合数与所有可能的码组数之比。

（3）同步平均建立时间　对于连贯式插入法，假设漏同步和假同步都不出现，在最不利的情况，实现群同步最多需要一群的时间。

3.3.5　网同步

1. 网同步的概念

在数字通信网中各站点为了进行分路和并路，必须调整各个方向送来的信码的速率和相位，使之步调一致，这种调整过程称为网同步。

数字通信网的发展，实现了数字传输和数字交换的综合。在一个由若干数字传输设备和数字交换设备构成的数字通信网中，网同步技术是必不可少的，它对通信系统的正常运行起决定性作用。任何数字通信系统均应在收发严格同步的状态下工作。对于点对点通信而言，这个问题比较容易解决；但对于点对多点或多点对多点构成的数字通信网，同步问题的解决就比较困难。在数字通信网中，虽然可以对所有的设备规定一个统一的数字速率，但由于时钟的不精确性和不稳定性，实际的数字速率与标称值总会有偏离。由此可见，数字通信网中具有相同标称速率的交换和传输设备之间，必然存在时钟速率差，从而导致滑码，破坏接收系统帧结构的完整性，致使通信中断。因此在数字通信网中，必须采取措施实现网同步。

2. 网同步的实现方法

实现网同步的方法有四种：主从同步法、相互同步法、塞入脉冲法和独立时钟法。

（1）主从同步法　网络内设一主站，备有高稳定的时钟。它产生标准频率，并传递给各从站，使全网都服从此主时钟，达到全网频率一致的目的。主从同步法的优点是从站的设备比较简单，比较经济，性能也较好，在数字通信网中得到广泛的应用。主从同步法的缺点是当主站发生故障时，各从站会失去统一的时间标准而无法工作，以致造成全网通信中断。

（2）相互同步法　网内各站都有自己的时钟，并且互相联接、互相影响，最后都调整到同一网频率上。相互同步法能克服主从同步法对主时钟依赖的缺点，提高通信的可靠性。它的缺点是不容易调整，有时还会引起网络自激。这种方法适用于站点比较集中的网区和正在发展中的数字通信网。

（3）塞入脉冲法　各站均采用高稳定的时钟，它们的频率很接近（不完全相等），每站的时钟频率略大于输入信码的速率，采用塞入脉冲技术即可实现网同步。这种方法已得到应用。

（4）独立时钟法　也称为准同步。每站都有自己的时钟，它们的准确度和稳定度都很高，各站的信码率接近一致，即能实现网同步。这种方法的优点是各站都有独立的时钟，站的增减灵活性很大。缺点是各站都要配置高稳定度的时钟。

3. 网同步系统的主要性能

一般来说，网同步应实现以下性能要求：

1）长期的稳定性。

2）当一部分发生故障时，对其他部分的影响最小。

3）具有较高的同步质量。

4）适应于网络的扩展。

3.4 实训任务　数字频带传输系统的分析与测试

在数字频带传输系统中主要由下列系统模块组成：电话接口模块、语音编解码模块、差错编码与解码模块、调制与解调模块等。

数字频带传输系统电路框图如图3-57所示。

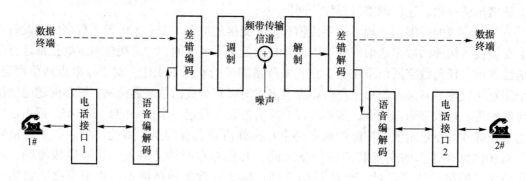

图3-57　数字频带传输系统电路框图

由图3-57可以看出，语音在数字频带传输系统中通信过程如下。

从用户电话1向用户电话2的信号流程为：用户电话接口1→语音编码→差错编码→调制→频带传输信道→解调→差错解码→语音解码→用户电话接口2。

其中，用户电话接口模块、语音编解码模块在第 2 章实训任务中已完成分析与测试，在这里不再作介绍。实训中涉及的测试点、开关、电位器等若在电路图中找不到，参见实验箱。

3.4.1　差错控制编解码电路的分析与测试

1. 实训目的

1）正确搭建差错码编解码系统。

2）测试汉明差错编码的参数。

3）测试汉明差错解码的参数。

4）验证汉明码编码规则，加深对差错编解码理论的理解。

2. 实训设备

1）数字通信实验系统。

2）20MHz 双踪示波器。

3）函数信号发生器。

4）ZH9001 型误码测试仪（或 GZ9001 型）。

5）频谱测量仪。

3. 实训原理

差错控制编码的基本方法是：在发送端被传输的信息序列上附加一些监督码元，这些多余的码元与信息之间以某种确定的规则建立校验关系。接收端按照既定的规则检验信息码元与监督码元之间的关系，一旦传输过程中发生差错，则信息码元与监督码元之间的校验关系将受到破坏，从而可以发现错误，乃至纠正错误。

汉明差错编码模块各测试点定义如下：

TPC01：输入数据。

TPC02：输入时钟。

TPC03：错码指示（无加错时，该点为低电平）。

TPC04：编码模块输出时钟。

TPC05：编码模块输出数据。

汉明码解码模块各测试点定义：

TPW01：输入时钟。

TPW02：输入数据。

TPW03：检测错码指示。

TPW04：输出时钟。

TPW05：CVSD 数据输出。

TPW06：同步数据输出。

TPW07：m 序列输出。

TPW08：异步数据输出。

4. 实训电路图

汉明差错编码电路如图 3-58 所示，汉明差错解码电路如图 3-59 所示。

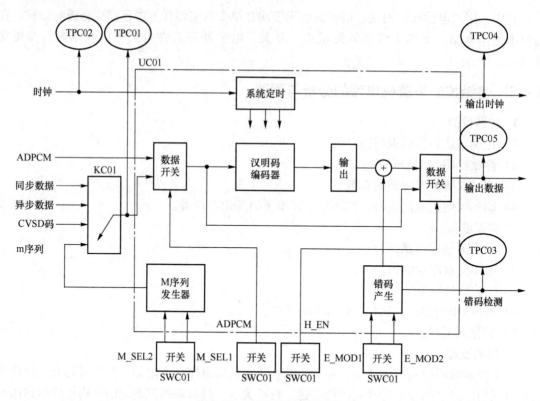

图 3-58 汉明差错编码电路

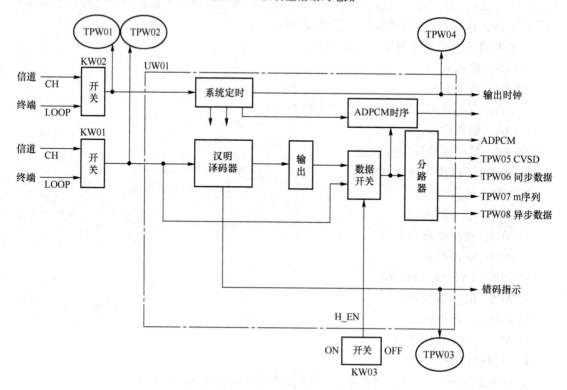

图 3-59 汉明差错解码电路

5. 实训内容

（1）准备工作　首先通过菜单将调制方式设置为 2PSK 或 2DPSK 方式；将汉明码编码模块内工作方式选择开关 SWC01 设置为图 3-60 所示，编码使能开关插入（H_EN），ADPCM 数据断开（ADPCM）；将输入数据选择开关 KC01 设置在 m 序列（DT_M）位置，如图 3-61 所示，设 m 序列方式为 1/0 码。

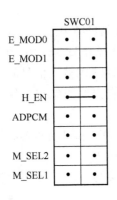

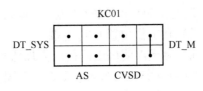

图 3-60　工作方式选择开关　　　图 3-61　输入数据选择开关

将汉明码解码模块内输入信号和时钟选择开关 KW01、KW02 设置在 LOOP 位置（右端），输入信号直接来自汉明编码模块（不通过调制、信道、解调）；将解码器使能开关 KW03 设置在工作位置 ON（左端）。

（2）编码规则验证　用示波器同时观测编码输入信号（TPC01）波形和编码输出信号（TPC05）波形，观测时以 TPC01 同步，观测是否符合汉明码编码规则。注意此时输入、输出数据速率不同，输入数据速率为 32kbit/s，输出数据速率为 56kbit/s。

设置 m 序列输出为 11/00 码。用示波器同时观测编码输入信号（TPC01）波形和编码输出信号（TPC05）波形，观测时以 TPC01 同步，观测是否符合汉明编码规则。

设置其他 m 序列方式，重复上述测量步骤。

注：其他两种 m 序列周期因非 4bit 的倍数，观测时要仔细调整示波器才能观测。

（3）解码数据输出测量　用示波器同时观测汉明码编码输入信号（TPC01）波形和汉明码解码输出 m 序列信号波形（TPW07），观测时以 TPC01 同步。测量解码输出数据与发端信号是否保持一致。

设置不同的 m 序列方式，重复上述实验，验证汉明码编解码的正确性。

问题与思考：（K001 置于左边，K501 置于右边）当 m 序列产生输出 0/1 码或 00/11 码或 7 位 m 序列时（都是短周期数据），观测编解码信号是否一致。然后保持设置不变，将实验箱关机后再开机，有可能发生解码输出与编码数据不一致。如不一致，可将 SWC01 中的 M_ SEL1 和 M_ SEL2 两个开关都插入（输入测试信号为 15 位的长 m 序列），就可正确解码。然后，再拔去 M_ SEL2，改变输入测试信号使其为 7 位短 m 序列，仍能正确解码；或者将 KC01 中的选择开关从 m 序列改到 CVSD 一段时间（加入一段随机码），然后再改回到 m 序列也可正确解码。这是为什么？

（4）解码同步过程观测　将汉明码编码模块工作方式选择开关 SWC01 的编码使能开关插入（H_EN）；ADPCM 数据有效（ADPCM）。将汉明码解码模块的输入信号和时钟选择开关 KW01、KW02 设置在 2_3 位置(右端),输入信号直接来自汉明码编码模块。

用示波器检测汉明码解码模块内错码检测指示输出波形(TPW03)。将汉明码编码模块内工作方式选择开关 SWC01 的编码使能开关断开(H_EN),使汉明码解码模块失步,观测 TPW03 的变化;将编码使能开关插入(H_EN),观测汉明码解码的同步过程,记录测量结果。

将 ADPCM 数据换为 m 序列,重复上述测量步骤,分析测量结果。

(5) 发端加错信号观测　将汉明码编码模块工作方式选择开关 SWC01 的编码使能开关插入(H_EN);ADPCM 数据有效(ADPCM)。将汉明码解码模块内输入信号和时钟选择开关 KW01、KW02 设置在 LOOP 位置(右端),输入信号直接来自汉明码编码模块;将解码器使能开关 KW03 设置在工作位置 ON(左端)。

用示波器同时测量汉明码编码模块内加错指示波形(TPC03)和汉明码解码模块内错码检测指示输出波形(TPW03),观测时以 TPC03 同步。此时无错码。

将汉明码编码模块工作方式选择开关 SWC01 的加错开关接入,产生 1 位错码,定性观测汉明码解码能否检测出错码,记录结果。

将汉明码编码模块工作方式选择开关 SWC01 的加错开关接入,产生 2 位错码,定性观测汉明码解码能否检测出错码,记录结果。

将汉明码编码模块工作方式选择开关 SWC01 的加错开关都插入,产生更多错码,定性观测汉明码解码能否检测出错码和失步,记录结果。

(6) 收端错码检测能力观测和错码纠错性能测量　首先通过菜单将调制方式设置为 2PSK(或 2DPSK)方式;将汉明码编码模块工作方式选择开关 SWC01 的编码使能开关插入(H_EN),ADPCM 数据断开(ADPCM);将输入数据选择开关 KC01 设置在同步数据输入 DT_SYS(最左端)。将汉明码解码模块内输入信号和时钟选择开关 KW01、KW02 设置在 LOOP 位置(右端);将解码器使能开关 KW03 设置在工作位置 ON(左端)。将误码仪 RS422 端口通过转换电缆与实验箱同步模块的 JH02 插座连接(注意插入方向:JH02 插座面对实验箱左下角为 1 脚;插头上有小三角符号为 1 脚。误码仪必须断电后连接)。

加电后将误码仪模式设置为"连续",接口时钟选择设置为"外时钟",接口类型选择"RS422"方式。按"测试"键进入测试,测量误码率。

将汉明码编码模块工作方式选择开关 SWC01 的加错开关 E_MOD0 接入,产生 1 位错码,测量误码率,看汉明码编解码系统能否纠 1 位错码,记录结果。

将汉明码编码模块工作方式选择开关 SWC01 的加错开关 E_MOD1 接入,产生 2 位错码,测量误码率,看汉明码编解码系统能否纠 2 位错码,记录结果。

将汉明码编码模块工作方式选择开关 SWC01 的加错开关 E_MOD0、E_MOD1 都插入,产生更多错码,测量误码率,记录结果。

6. 实训报告

1) 画出输入为 0/1 码、00/11 码和 1110010 m 序列码的汉明码编码输出波形。

2) 分析整理测试数据,分析讨论汉明码编码系统的性能及应用的局限性。

3.4.2 数字调制与解调电路的分析与测试

3.4.2.1 2PSK 电路的分析与测试

1. 实训目的

1）理解 2PSK 调制和解调的基本原理。

2）正确地连接 2PSK 调制解调电路图。

3）观察 2PSK 调制与解调波形。

2. 实训设备

1）ZH7001 通信原理综合实验系统。

2）20MHz 双踪示波器。

3）频谱测量仪。

3. 实训原理

实际通信系统中很多信道都不能直接传送基带信号，必须用基带信号对载波波形的某些参量进行控制，使载波的这些参量随基带信号的变化而变化，以适应信道的传输，这个过程称为调制。

从原理上来说，受调制的载波可以是任意波，只要已调制信号适应于信道传输就可以了。实际上，大多数数字通信系统都选择正弦信号作为载波。这是因为正弦信号形式简单，便于产生和接收。数字调制有调幅、调频、调相三种基本形式。数字调制是用载波信号的某些离散状态来表征所传送的信息，在接收端也只要对载波信号的离散调制参数进行检测。因此，数字调制信号也称键控信号。例如，对载波的振幅、频率及相位进行键控，便可获得三种最基本的方式：振幅键控（ASK）、移频键控（FSK）及移相键控（PSK）调制方式。

理论上二进制移相键控（2PSK）信号波形和幅度是恒定的，而其载波相位随着输入信号 m（1、0 码）而改变，通常这两个相位相差 $180°$。其中

$$\theta_c = \begin{cases} 0° & m=0 \\ 180° & m=1 \end{cases}$$

一个数据码流直接调制后的 2PSK 信号如图 3-62b 所示，图 3-62d 为相应的 DPSK 信号。

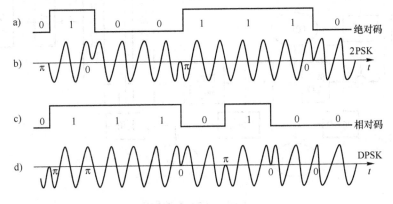

图 3-62 数据码流直接调制后的 2PSK 和 DPSK 信号

为了对接收信号中的数据进行正确的解调，接收机端需要知道载波的相位和频率信息，

同时还要在正确时间点对信号进行判决。这就是常说的载波恢复与位定时恢复。在接收端采用相干解调时，恢复出来的载波与发送载波在频率上是一样的，但相位存在两种关系：0°和180°。如果是0°，则解调出来的数据与发送数据一样，否则，解调出来的数据将与发送数据反相。

4. 实训电路

在通信原理综合实验系统中2PSK的调制与解调框图分别如图3-63和图3-64所示。

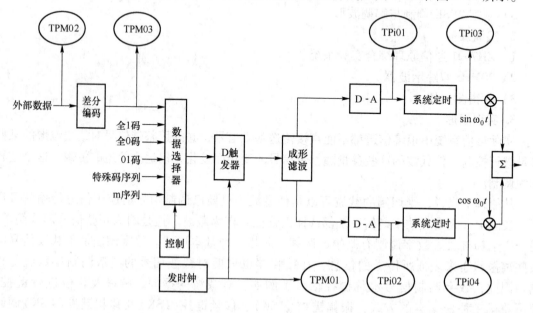

图3-63　2PSK调制框图

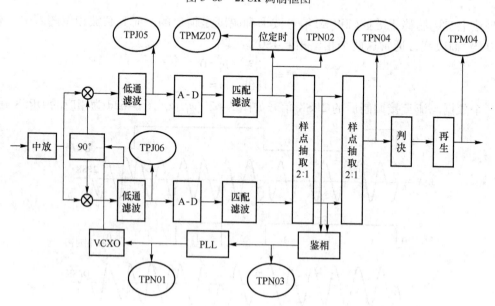

图3-64　2PSK解调框图

在通信原理综合实验系统中，2PSK的调制工作过程如下：输入数据进行奈奎斯特滤波，滤波后的结果分别送入 I、Q 两路支路。因为 I、Q 两路信号一样，所以本振频率是一样的，相位相差 90°，所以经调制合路之后仍为 2PSK 方式。

2PSK 的解调工作过程如下：首先进行 A-D 转化，其采样速率为 4 倍的码元速率，即每个码元采样 4 个样点，然后进行平方根奈奎斯特匹配滤波；将匹配滤波之后的样点进行样点抽取，每两个样点抽取一个采样点，即每个码元采样 2 个点送入后续电路进行处理；根据误差信号对位定时进行调整，TPMZ07 测量点为最终恢复的位定时时钟。再将位定时处理之后的最佳样点送入后续处理（即又进行了 2：1 的样点抽取）；根据最佳样点值进行载波鉴相处理，鉴相输出在测量点 TPN03 可以观察到；鉴相后的结果送 PLL 环路滤波，控制 VCXO，最终使本地载波与输入信号的载波达到同频、同相（也可能存在 180° 相差）；位定时与载波恢复之后，进行判决处理，判决前信号可在测量点观察到。

采用直接数据（非归零码）调制与成形信号调制的信号如图 3-65 所示。

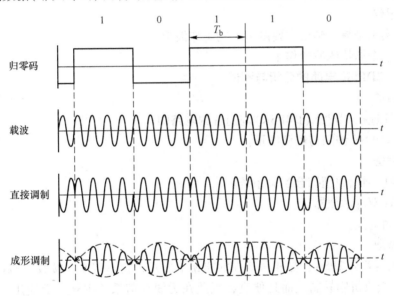

图 3-65　直接数据调制与成形信号调制的波形

5. 实训内容

测试前准备：首先通过菜单将通信原理综合实验系统调制方式设置成 "2PSK 传输系统"；用示波器测量 TPMZ07 测试点的信号，如果有脉冲波形，说明实验系统已正常工作；如果没有脉冲波形，则需按面板上的复位按钮重新对硬件进行初始化。

（1）2PSK 调制信号　2PSK 调制为非恒包络调制，调制载波信号包络具有明显的过零点。通过测量让学生熟悉 2PSK 调制信号的包络特征。

1）选择 0/1 码调制输入数据，观测调制载波输出测试点 TPK03 的信号波形，TPK03 在中频调制信号模块中。调整示波器同步，注意观测调制载波的包络变化与基带信号（TPi03）的相互关系。记录测量波形。

2）用特殊码序列重复上一步实验，并从载波的包络上判断特列码序列。记录测量波形。

3）用 m 序列重复上一步实验，观测载波的包络变化。

（2）2PSK 调制信号频谱测量　测量时，用一条中频电缆将频谱仪连接到调制器的 KO02 端口。调整频谱仪中心频率为 1.024MHz，扫描频率为 10kHz/DIV，分辨率带宽为 1～10kHz 左右，调整频率仪输入信号衰减器和扫描时间至合适位置。

通过菜单选择 m 序列码输入数据，观测 2PSK 信号频谱。测量调制频谱占用带宽、电平等，记录实际测量结果，记录测量波形。

（3）2PSK 解调数据观察　在上述设置跳线开关基础上，用示波器同时观察 DSP+FPGA 模块内接收数据信号（TPM04）和发送数据信号（TPM02），比较两数据信号是否相同一致。测量发送与接收数据信号的传输延时，记录测量结果。

在"外部数据输入"方式下，重复按选择菜单的确认按键，让解调器重新锁定（存在相位模糊度，会使解调数据反向），观测解调器差分解码电路是否正确解码。

将正交调制输入信号中的一路基带调制信号断开（D-A 模块内的跳线器 Ki01 或 Ki02），重复上述测量步骤。观测信号频谱的变化，记录测量结果。

6. 实训报告

1）整理实验结果，画出主要测量点的工作波形。

2）叙述奈奎斯特滤波的作用。

3.4.2.2　2DPSK 电路的分析与测试

1. 实训目的

1）正确地连接 2DPSK（DBPSK）调制解调电路图。

2）观察 2DPSK 调制与解调波形。

2. 实训设备

1）ZH7001 通信原理综合实验系统。

2）20MHz 双踪示波器。

3）频谱测量仪。

3. 实训原理

2DPSK 也叫差分 2PSK，是相移键控的非相干形式，它不需要在接收机端恢复相干参考信号。非相干接收机容易制造而且便宜，因此在无线通信系统中被广泛使用。在 2DPSK 系统中，输入的二进制序列先差分编码，然后再用 2PSK 调制器调制。差分编码后的序列 $\{a_n\}$ 是通过对输入 b_n 与 a_{n-1} 进行模二和运算产生的。如果输入的二进制符号 b_n 为 0，则符号 a_n 与其前一个符号保持不变，而如果 b_n 为 1，则 a_n 与其前一个符号相反。

差分编码原理为

$$a_n = a_{n-1} \oplus b_n$$

其实现框图如图 3-66 所示。

一个典型的差分编码调制过程如图 3-67 所示。

4. 实训电路

在 2DPSK 信号解调过程中，不需要进行载波恢复，但位定时仍是必须的。在通信原理综合实验系统中，2DPSK 的解调框图如图 3-68 所示。

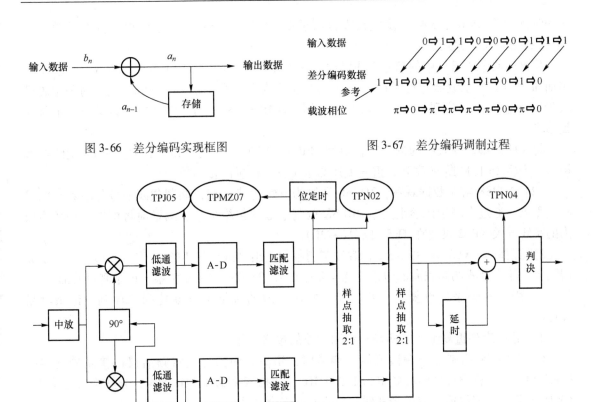

图 3-66 差分编码实现框图   图 3-67 差分编码调制过程

图 3-68 2DPSK 解调框图

在图 3-68 所示解调框图中，首先进行 A-D 变换，其采样速率为 4 倍的码元速率，即每个码元采样 4 个样点。然后进行平方根奈奎斯特匹配滤波，将匹配滤波之后的样点进行样点抽取，每两个样点抽取一个采样点，即每个码元采样两个点并送入后续处理。根据位定时误差信号对位定时进行调整。测量点 TPMZ07 为恢复位定时时钟。将位定时处理之后的最佳样点送入后续处理（即又进行了 2∶1 的样点抽取）。对最佳样值进行差分解调，并进行判决处理，判决前信号可在测量点观察到。

5. 实训内容

测试前准备：首先通过选择菜单将通信原理综合实验系统调制方式设置成"2DPSK 传输系统"；用示波器测量 TPMZ07 测试点的信号，如果有脉冲波形，说明实验系统已正常工作；如果没有脉冲波形，则需按面板上的复位按钮重新对硬件进行初始化。

（1）差分编码观测 通信原理实验箱仅对"外部数据输入"方式输入数据提供差分编码功能。外部数据可以是误码仪或汉明码编码模块产生的 m 序列输出数据。当使用汉明码编码模块产生的 m 序列输出数据时，将汉明码编码模块中的信号工作跳线器开关 SWC01 中的 H_ EN 和 ADPCM 开关去除，将输入信号跳线开关 KC01 设置在 m 序列输出口 DT_ M 上（右端）；将汉明码解码模块中汉明码解码使能开关 KW03 设置在 OFF 状态（右端），输入信号和时钟开关 KW01、KW02 设置在来自信道 CH 位置(左端)。通过菜单选择发送数据为"外部数据输入"方式。

将汉明码编码模块中的信号工作跳线器开关 SWC01 中 M_ SEL1 跳线器插入,产生 7 位周期 m 序列。用示波器同时观察 DSP+FPGA 模块内发送数据信号 TPM02(或汉明码编码模块 TPC05 输出的 m 序列)和差分编码输出数据 TPM03,分析两信号间的编码关系。记录测量结果。

将汉明码编码模块中的信号工作跳线器开关 SWC01 中 M_ SEL1 和 M_ SEL2 跳线器都插入,产生 15 位周期 m 序列,重复上述测量步骤。记录测量结果。

(2)2DPSK 解调数据观察 2DPSK 调制为非恒包络调制,调制载波信号包络具有明显的过零点。通过本测量让学生熟悉 2DPSK 调制信号的包络特征。测量前将模拟锁相环模块内的跳线开关 KP02 设置在 TEST 位置(右端)。

1)选择 0/1 码调制输入数据,观测调制载波输出测试点 TPK03 的信号波形。调整示波器同步,注意观测调制载波的包络变化与基带信号(TPi03)的相互关系。记录测量波形。

2)用特殊码序列重复上一步实验,并从载波的包络上判断特列码序列。记录测量波形。

3)用 m 序列重复上一步实验,观测载波的包络变化。

(3)2DPSK 调制信号频谱测量 测量时,用一条中频电缆将频谱仪连接到调制器的 KO02 端口。调整频谱仪中心频率为 1.024MHz,扫描频率为 10kHz/DIV,分辨率带宽为 1～10kHz,调整频率仪输入信号衰减器和扫描时间至合适位置。

通过菜单选择 m 序列码输入数据,观测 2DPSK 信号频谱。测量调制频谱占用带宽、电平等,记录实际测量结果,记录测量波形。

(4)2DPSK 解调数据观察 将跳线开关 KL01 设置在 2_3 位置,用示波器同时观察 DSP+FPGA 模块内接收数据信号 TPM04 和发送数据信号 TPM02,比较两数据信号是否相同一致。

通过菜单选择发送数据为"特殊码序列"方式,测量发送与接收数据信号的传输延时,记录测量结果。

在"特殊码序列"方式下,重复按选择菜单的确认按键,让解调器重新锁定,然后观测 2DPSK 解调器电路是否正确解码。

6. 实训报告

1)整理实验结果,画出主要测量点的工作波形。

2)比较 2PSK 与 2DPSK 的性能。

3.4.2.3 QPSK 电路的分析与测试

1. 实训目的

1)正确地连接 QPSK 调制解调电路图。

2)观察 QPSK 调制与解调波形。

3)观察 QPSK 系统的性能特点。

2. 实训设备

1)ZH7001 通信原理实验系统。

2）20MHz 示波器。

3. 实训原理

QPSK 是在一个调制符号中传输两个比特，其比 2PSK 的带宽效率高一倍。载波的相位为四个间隔相等 的值 $\frac{1}{4}\pi$、$\frac{3}{4}\pi$、$\frac{5}{4}\pi$、$\frac{7}{4}\pi$，每一个相位值对应于唯一 的一对消息，QPSK 的星座图如图3-69所示。

在等效基带信号中，QPSK 可以表示成 I、Q 两路信 号，其分别为

$$I(t) = \cos(\frac{\pi}{2}i)$$

$$Q(t) = \sin(\frac{\pi}{2}i)$$

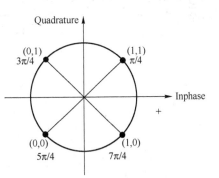

图 3-69　QPSK 的星座图

对 QPSK 信号的调制过程如下：输入比特流 $a(t)$ 分为两路比特流 $I(t)$、$Q(t)$，每路的 比特率为 $R_s = R_b/2$。比特流 $I(t)$ 称为"偶流"，$Q(t)$ 称为"奇流"。两个二进制序列分别用 两个正交的载波进行调制，Q 支路的载波相位较 I 支路的相位滞后 90°。两个已调信号每一 个都可以看作是一个 2PSK 信号（只不过对它们的调制载波存在限制），对它们相加产生一个 QPSK 信号。

与 2PSK 一样，每一支路在进行调制之前一般要进行奈奎斯特成形滤波使 QPSK 信号的 功率谱限制在分配的带宽内。这样可以防止信号能量泄漏到相邻的信道，还能去除在调制过 程中产生的带外杂散信号。同时还必须保证不产生码间串扰。在一般通信系统中，脉冲成形 在基带进行。

4. 实训电路

QPSK 调制框图如图 3-70 所示，QPSK 解调框图如图 3-71 所示。

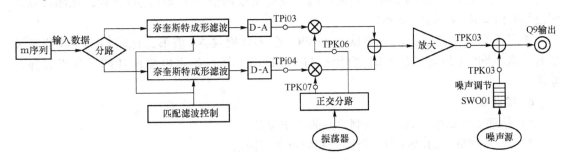

图 3-70　QPSK 调制框图

5. 实训内容

测试前准备：首先通过菜单将通信原理综合实验系统调制方式设置成"QPSK 传输系 统"模式；用示波器测量 TPMZ07 测试点的时钟信号，如果有脉冲波形，说明实验系统已正 常工作；如果没有脉冲波形，则需按面板上的复位按钮重新对硬件进行初始化。

（1）QPSK 调制信号观察　QPSK 调制为非恒包络调制，调制载波信号包络具有明显的 过零点。通过本测量让学生熟悉 QPSK 调制信号的包络特征。

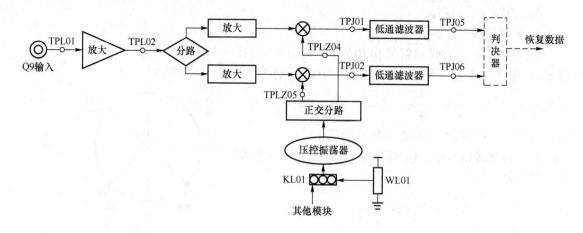

图 3-71　QPSK 解调框图

（2）QPSK 调制信号频谱测量　测量时，用一条中频电缆将频谱仪连接到调制器的 KO02 端口。调整频谱仪中心频率为 1.024MHz，扫描频率为 10kHz/DIV，分辨率带宽为 1~10kHz，调整频率仪输入信号衰减器和扫描时间为合适位置。观测 QPSK 信号频谱，测量调制频谱占用带宽、电平等，记录实际测量结果，记录测量波形。

（3）接收端解调器眼图信号观测　通过调整电位器 WL01 减小收发频差：调整电位器 WL01（改变接收本地载频，即改变收发频差），同时观察发端载波 TPK06 与接收端本地载波 TPLZ04，使两点的波形达到相干。

低通滤波之前 QPSK 解调测量：观察 QPSK 解调基带信号测试点 TPJ01 的波形，观测时仍用时钟 TPMZ07（TPN02）做同步进行观察。

低通滤波之后 QPSK 解调测量：观察 QPSK 解调基带信号经滤波之后在测试点 TPJ05 的波形（在 A-D 模块内），观测时仍用时钟 TPMZ07（TPN02）做同步，比较其两者的对应关系。分析 TPJ01、TPJ05 波形的差异。将接收端与发射端眼图信号 TPi03 进行比较，观测接收眼图信号有何变化（有噪声、频差）。

观测正交 Q 支路眼图信号测试点 TPJ06（在 A-D 模块内）波形，比较与 TPJ05 测试波形有什么不同？（相同还是不同，为什么与 2PSK 不一样？）根据电路原理图，分析解释其原因。

6. 实训报告

1）整理实验结果，画出主要测量点的工作波形。

2）总结 2PSK、2DPSK 和 QPSK 的相同点和不同点。

3.4.3　锁相环同步电路的分析与测试

1. 实训目的

1）熟悉锁相环的基本工作原理。

2）了解数字锁相环的基本概念，熟悉数字锁相环与模拟锁相环的指标与测试方法。

2. 实训设备

1）通信原理综合实验系统。

2）20MHz 双踪示波器。

3）函数信号发生器。

3. 实训原理

在电信网中，同步是一个十分重要的概念。同步的种类很多，有时钟同步、比特同步等等，其最终目的是使本地终端时钟源锁定在另一个参考时钟源上，如果所有的终端均采用这种方式，则所有终端将以统一步调进行工作。

同步的技术基础是锁相，因而锁相技术是通信中最重要的技术之一。锁相环分为模拟锁相环与数字锁相环，本实训将对数字锁相环进行分析与测试。

4. 实训电路

数字锁相环的结构如图 3-72 所示。

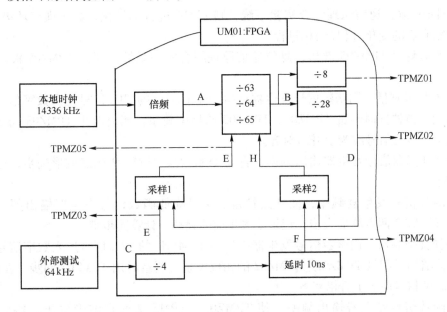

图 3-72　数字锁相环的结构

各测试点定义如下：

1）TPMZ01：本地经数字锁相环之后输出时钟（56kHz）。

2）TPMZ02：本地经数字锁相环之后输出时钟（16kHz）。

3）TPMZ03：外部输入时钟四分频后信号（16kHz）。

4）TPMZ04：外部输入时钟四分频后延时信号（16kHz）。

5）TPMZ05：数字锁相环调整信号。

以上测试点通过 JM05 测试头引出，测量时请在测试引出板上进行。JM05 的排列如图3-73所示。

5. 实训内容

准备工作：将调制方式设在 2PSK 方式，用函数信号发生器产生一个 64kHz 的 TTL 方波信号送入数字信号测试端口 J007（实验箱左端）。

（1）锁定状态测量　用示波器同时测量 TPMZ03、TPMZ02，观测它们的相位关系，测量时用 TPMZ03 同

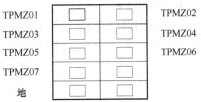

图 3-73　JM05 的排列

步。在理论上，环路锁定时两信号应为上升沿对齐。

（2）数字锁相环的相位抖动特性测量　数字锁相环在锁定时，输出信号存在相位抖动是数字锁相环的固有特征。测量时，以 TPMZ03 为示波器的同步信号，用示波器测量 TPMZ02，仔细调整示波器时基，使示波器刚好容纳 TPMZ02 的一个半周期，观察其上升沿。可以观察到其上升较粗（抖动），其宽度与 TPMZ02 周期的比值的一半即为数字锁相环的时钟抖动。

（3）锁定频率测量和分频比计算　将函数信号发生器设置在记数状态（频率计）。参见数字锁相环的结构如图 3-70 所示，测量各点频率。记录测量结果，计算分频比。

（4）锁定过程观测　用示波器同时观测 TPMZ03、TPMZ02 的相位关系，测量时用 TPMZ03 同步；复位通信原理综合实验系统，则 FPGA 进行初始化，数字锁相环进行重锁。此时，观察它们的变化过程（锁相过程）。

用示波器测量 TPMZ05 波形，复位通信原理综合实验系统，观察 TPMZ05 波形的变化过程。

（5）同步带测量　用函数信号发生器产生一个 64kHz 的 TTL 信号送入数字信号测试端口 J007。用示波器同时测量 TPMZ03、TPMZ02 的相位关系，测量时用 TPMZ03 同步；正常时环路锁定，该两信号应为上升沿对齐。

缓慢增加函数信号发生器输出频率，直至 TPMZ03、TPMZ02 两点波形失步，记录下失步前的频率。

调整函数信号发生器频率，使环路锁定。缓慢降低函数信号发生器输出频率，直至 TPMZ03、TPMZ02 两点波形失步，记录下失步前的频率。计算同步带。

（6）捕捉带测量　用函数信号发生器产生一个 64kHz 的 TTL 信号送入数字信号测试端口。用示波器同时测量 TPMZ03、TPMZ02 的相位关系，测量时用 TPMZ03 同步；在理论上，环路锁定时两信号应为上升沿对齐。

增加函数信号发生器输出频率，使 TPMZ03、TPMZ02 两点波形失步；然后缓慢降低函数信号发生器输出频率，直至 TPMZ03、TPMZ02 两点波形同步。记录下同步时的频率。

降低函数信号发生器输出频率，使 TPMZ03、TPMZ02 两点波形失步；然后缓慢增加函数信号发生器输出频率，直至 TPMZ03、TPMZ02 两点波形同步。记录下同步时的频率。计算捕捉带。

（7）调整信号脉冲观测　用函数信号发生器产生一个 64kHz 的 TTL 信号送入数字数字信号测试端口。用示波器观测数字锁相环调整信号 TPMZ05 处波形。

增加或降低函数信号发生器输出频率，观测 TPMZ05 处波形的变化规律。

6. 实训报告

1）画出数字锁相环的锁定过程。

2）画出各测量点的波形。

本 章 小 结

1. 数字信号通过空间以电磁波为载体传输到对方称为无线传输。把要传送的数字信号称为数字基带信号，携带数字基带信号的电磁波为载波，最简单的载波就是正弦波或余弦波。数字信号的三种基本调制方式：移幅键控（2ASK）、移频键控（2FSK）、移相键控（2PSK）。

2. 通过对各种二进制数字调制系统的比较，可以看出，在恒参信道传输中，如果要求较高的功率利用率，则应该选择相干的 2PSK 和 2DPSK，而 2ASK 最不可取；如果要求较高的频带利用率，则应该选择相干 2PSK 和 2DPSK，而 2FSK 最不可取。若传输信道是随参信道，则 2FSK 具有更好的适应能力。

3. 数字调制的三种基本方式：数字幅度调制、数字频率调制和数字相位调制。这三种数字调制方式是数字调制的基础。然而，这三种数字调制方式都存在某些不足，如频谱利用率低、功率谱衰减慢、带外辐射严重等。为了改善这些不足，陆续提出了一些新的数字调制技术，以适应各种新的通信系统的要求。这些调制技术的研究，主要是围绕着寻找频带利用率高，同时抗干扰能力强的调制方式而展开的。现代数字调制技术有最小移频键控（MSK）、高斯滤波最小移频键控（GMSK）、正交幅度调制（QAM）、正交频分复用调制（OFDM）等。

4. 无论是相干检测还是非相干检测，其误码率 P_e 均与信噪比 E_b/N_0 及进制数 M 有关，而且在一定的 M 下，E_b/N_0 越大，则 P_e 越小；在一定 E_b/N_0 下，M 越大，则 P_e 越大。

5. 差错控制编码即信道编码，其基本思路是根据一定的规律在待发送的信息码中加入一些多余的码元，以保证传输过程的可靠性。其主要任务就是构造出以最小多余度为代价换取最大抗干扰性能的码。

6. 不同信道采用不同的差错控制方式，常用的差错控制方式有检错重发、前向纠错、混合纠错和信息反馈四种类型。对于不同的分类标准，差错控制编码可以分为不同类型的编码。对于检错码本章主要介绍了奇偶校验码、行列监督码、恒比码、正反码；对于纠错码本章主要介绍了线性分组码、循环码和卷积码。

7. 线性分组码是分组码中最重要的一类码，其编码方式是首先把信息序列按一定长度分成若干信息组，每组由 k 个信息码元组成。然后，编码器按照预定的线性运算规则，把长为 k 的信息组变换成长为 $n(n>k)$ 的码字，其中 $(n-k)$ 个附加码元是由信息码元按某种线性运算规则产生的。通常用 $(n-k)$ 表示线性分组码。常用的线性分组码为汉明码。

8. 循环码是一类重要的线性码，它是将要发送的信息数据与一个通信双方共同约定的数据进行除法运算，并由余数得出一个校验码序列，也称为冗余码，然后将这个校验码序列附加在信息数据之后发送出去。常用的循环码有 BCH 码和 RS 码。

9. 卷积码同样把 k 个信息位编成 n 位编码，但 k 和 n 通常很小。并且卷积编码后的 $(n-k)$ 个监督位不但与当前码字的 k 个信息位有关，而且与前面 M 段的信息有关。卷积码的纠错能力随着 M 增加而增大，差错率随着 M 的增加而以指数形式下降。

练习与思考题

3-1 数字基带传输系统和数字频带传输系统的基本结构如何？数字频带传输系统与数字基带传输系统有哪些异同点？

3-2 什么是 2ASK 调制？2ASK 信号调制和解调的工作原理是什么？

3-3 已知某 2ASK 系统的码元传输速率为 1200bit/s，载频为 2400Hz，若发送的数字信息序列为 011011010，试画出 2ASK 信号的波形图。

3-4 什么是 2FSK 调制？2FSK 信号调制和解调的工作原理是什么？

3-5 已知某 2FSK 系统的码元传输速率为 1200bit/s，发"0"时载频为 2400Hz，发"1"时载频为 4800Hz，若发送的数字信息序列为 011011010，试画出 2FSK 信号波形图。

3-6 什么是绝对移相调制？什么是相对移相调制？它们之间有什么不同点？

3-7 PSK 信号、2DPSK 信号的调制和解调工作原理？

3-8 已知数字信息为 1101001，并设码元宽度是载波周期的两倍，试画出绝对码、相对码、2PSK 信号、2DPSK 信号的波形。

3-9 简述振幅键控、移频键控和移相键控三种调制方式各自的主要优点和缺点。

3-10 现代数字调制技术有几种？画图说明它们的产生方法。

3-11 如图 3-14 所示 QPSK 调制器，将+90°移相网络改为-90°，画出新的星座图。

3-12 如图 3-17 所示 QPSK 解调器，将输入信号改为 $\sin\omega_0 t - \cos\omega_0 t$，求 I、Q 比特值。

3-13 如图 3-18 所示 8PSK 调制器，将载频振荡器改为 $\cos\omega_0 t$，画出新的星座图。

3-14 画出输入 1100100010 时，MSK 信号的同相和正交分量波形及 MSK 波形。

3-15 什到是线性分组码？常用的线性分组码有几类？

3-16 分组码 (n,k) 与能检测到的错误数 e 有什么关系？与能纠正的错误数 t 有什么关系

3-17 一个码长为 15 的汉明码，其监督位应为多少位？编码速率为多少？

3-18 已知 $(7,4)$ 分组码的监督方程如下所示

$$a_2 = a_6 \oplus a_5 \oplus a_4$$
$$a_1 = a_6 \oplus a_5 \oplus a_3$$
$$a_0 = a_6 \oplus a_4 \oplus a_3$$

求其监督矩阵和生成矩阵以及全部码字。

3-19 已知 $(7,3)$ 循环码的生成多项式 $g(x) = x^4 + x^2 + x + 1$，若信息分别为 100、001，求其系统码的码字。

3-20 什么是卷积码？$(7,4,6)$ 卷积码的约束长度为多少？

3-21 什么是同步？简述通信系统常用的几种同步形式。

3-22 什么是载波同步？简述载波同步常见的实现方法。

3-23 什么是位同步？简述位同步常见的实现方法。

3-24 什么是帧同步？简述帧同步常见的实现方法。

3-25 什么是网同步？简述网同步常见的实现方法。

第4章

现代数字通信系统

随着数字通信技术的飞速发展，其实际应用也不断地推陈出新，在 PSTN（公共电话网）基础上，衍生出了多个既相互独立、相互竞争，又相互联系、相互补充的现代数字通信系统。本章介绍了数字移动通信系统、数字光纤通信系统、卫星通信系统、数据通信与计算机网络等现代数字通信系统，详细论述了各系统的特点、结构、技术、设备及实际应用。

本章要求掌握的重点内容如下：

1）GSM 数字蜂窝移动通信系统的原理和网络结构。

2）CDMA 通信系统的特点、参数和信道。

3）TD-SCDMA 中的关键技术。

4）数字光纤通信系统中各模块的功能与组成。

5）光纤-同轴电缆混合网的组成和特点。

6）波分复用技术的原理和光器件。

7）卫星通信系统的工作原理、系统组成和多址联接方式。

8）VSAT 卫星通信系统的结构、特点及原理。

9）计算机网络的组成。

10）五种数据传输与交换技术。

11）计算机网络体系结构与主要协议。

4.1 数字移动通信系统

随着社会的进步、经济和科技的发展，特别是计算机、程控交换、数字通信的发展，近些年来，移动通信系统以其显著的特点和优越性能得以迅猛发展，应用在社会的各个方面。无线通信的发展潜力大于有线通信的发展，它不仅能提供普通的电话业务功能，还能提供丰富的其他业务，满足用户的需求。

所谓移动通信是指通信双方或者至少一方是在运动中进行信息交换的，其主要目的是实现在任何时间、任何地点和任何通信对象之间的通信。

从通信网的角度看，移动通信网可以看成是有线通信网的延伸，它由无线和有线两部分组成。无线部分提供用户终端的接入，利用有限的频率资源在空中可靠地传送语音和数据；有线部分完成网络功能，包括交换、用户管理、漫游、鉴权等，构成公众陆地移动通信网。由于移动通信融合了微电子技术、计算机技术、无线通信技术、有线通信技术以及网络技术等有线和无线通信的最新技术成就，因此和卫星通信、光缆通信一起被列为现代通信领域中的三大新兴通信手段。

4.1.1　移动通信的特点

移动通信采用无线方式接入电话通信网，不受空间位置的影响，其信息交流机动、灵活、迅速、可靠，满足了人们随时随地进行通信的要求。移动通信是有线通信的延伸，与有线通信相比具有以下特点：

（1）终端用户的移动性　移动通信的主要特点在于用户的移动性，需要随时知道用户当前位置，以完成呼叫、接续等功能。用户在通话时的移动性还涉及频道的切换问题等。

（2）无线接入方式　移动用户与基站系统之间采用无线接入方式，频率资源的有限性、用户与基站系统之间信号的干扰（频率利用、建筑物的影响、信号的衰减等）、信息（信令、数据、话路等）的安全保护（鉴权、加密）等是移动通信面临的主要问题。另外，无线接入带来的远近效应和多普勒效应也是不可忽视的。

（3）漫游功能　漫游功能包括移动通信网之间的自动漫游，移动通信网与其他网络的互通（公共电话网、综合业务数字网、数据网、专网、现有移动通信网等）和各种业务（电话业务、数据业务、短消息业务、智能业务等）功能等。

（4）对移动设备的技术要求高　移动设备长期处于运动中，尘土、振动、日晒、雨淋等情况时常遇到，这就要求移动设备必须防震、防尘、防潮、抗冲击。为了便于用户使用，还要求移动设备性能稳定可靠、体积小、重量轻、携带方便、耗电少、辐射低、功能多等。

4.1.2　GSM 数字蜂窝移动通信系统

1. GSM 的发展

GSM 数字移动通信系统源于欧洲。1982 年在欧洲邮电行政大会（CEPT）上成立了"移动特别小组"（Group Special Mobile，GSM），开始制定使用于欧洲各国的一种数字移动通信系统的技术规范。1990 年完成了 GSM900 的规范，制定了一套 12 章的规范系列。随着设备的开发和数字蜂窝移动通信网的建立，GSM 逐渐演变为"全球移动通信系统"（Global System for Mobile Communications）的简称。

GSM 提出了以下三项设计原则：

1）语音和信令均采用数字方式传输，将语音信号的传输由 64kbit/s 压缩为 16kbit/s，或更低。

2）不采用现有模拟系统使用的 12~25kHz 标准带宽。

3）采用 TDMA 多址技术。

GSM 用户可以在整个服务区内以及 GSM 系统覆盖的国家实现全自动漫游，GSM 提供的新业务有短信息业务、高速数据通信、传真和电报业务等，同时还考虑了与其他系统（如 IS-DN）的兼容性。

2. GSM 系统的主要特点

与第一代模拟通信系统相比，GSM 系统具有以下特点：

1）频谱效率高。由于采用了高效调制器、信道编码、交织、均衡和语音编码技术，使系统具有高频谱效率。

2）容量大。由于每个信道传输带宽增加，使同频复用模式载干比要求降低至 9dB，故 GSM 系统的同频复用模式可以缩小到 4/12 或 3/9 甚至更小（模拟系统为 7/21）；加上半速率语音编码的引入和自动话务分配，减少了越区切换的次数，使 GSM 系统的容量效率(每兆赫每小区的信道数)比 TACS 系统高 3~5 倍。

3) 语音质量好。鉴于数字传输技术的特点以及 GSM 规范中有关空中接口和语音编码的定义，在门限值以上时，语音质量总是能达到相同的水平而与无线传输质量无关。

4) 开放的接口。GSM 标准所提供的开放性接口，不仅限于空中接口，而且包括网络之间以及网络中各设备实体之间的接口，例如 A 接口和 Abis 接口。

5) 安全性高。通过鉴权、加密和 TMSI 号码的使用，达到安全的目的。鉴权用来验证用户的入网权利。加密用于空中接口，由 SIM 卡和网络 AUC 的密钥决定。TMSI 是一个由业务网络给用户指定的临时识别号，以防止有人跟踪而泄漏其地理位置。

6) 与 ISDN、PSTN 等的互连。GSM 网络与其他网络的互连通常利用现有的接口，如 ISUP 或 TUP 等。

7) 在 SIM 卡基础上实现漫游。漫游是移动通信的重要特征，它标志着用户可以从一个网络自动进入另一个网络。GSM 系统可以提供全球漫游，当然也需要网络运营者之间的某些协议，例如计费。在 GSM 系统中，漫游是在 SIM 卡识别号以及被称为 IMSI 的国际移动用户识别号的基础上实现的。这意味着用户不必带着终端设备而只需带其 SIM 卡进入其他国家即可。终端设备可以租借，即可达到用户号码不变、计费账号不变的目的。

3. GSM 的主要技术参数

(1) 工作频段　我国陆地公用蜂窝数字移动通信网 GSM 通信系统采用 900MHz 频段:

1) 890~915MHz: 移动台发送、基站接收的频段。

2) 935~960MHz: 基站发送、移动台接收的频段。

3) 双工间隔为 45MHz，工作带宽为 25MHz，载频间隔为 200kHz。

随着业务的发展，可以根据需要向下扩展，或向 1.8GHz 频段的 GSM1800 过渡，即 1800MHz 频段:

1) 1710~1785MHz: 移动台发送、基站接收的频段。

2) 1805~1880MHz: 基站发送、移动台接收的频段。

3) 双工间隔为 95MHz，工作带宽为 75MHz，载频间隔为 200kHz。

(2) 频道间隔　相邻两频道间隔为 200kHz。每个频道采用时分多址接入(TDMA)方式，分为 8 个时隙，即 8 个信道(全速率)。每个信道占用带宽 200kHz/8 = 25kHz。

将来 GSM 采用半速率语音编码后，每个频道可容纳 16 个半速率信道。

(3) 传输速率　数据传输速率为 9.6kbit/s，每个时隙传输速率为 22.8kbit/s，信道总速率为 270.833kbit/s，分集接收为 217 跳/s 的跳频。

4. GSM 的多址方案

GSM 通信系统采用多址技术: 频分多址(FDMA)和时分多址(TDMA)结合，再加上跳频技术。

GSM 在无线路径上传输的一个基本概念是: 传输的单位是约一百个调制比特的序列，它称为一个"突发脉冲"。脉冲持续时间有限，在无线频谱中也占一有限部分。它们在时间窗和频率窗内发送，称之为间隙。精确地讲，在系统整个频带内每间隔 200kHz 为每个间隙安排一个中心频率(FDMA 多址方式)，它们每隔 0.577ms(更精确地是 15/26ms)出现一次

（TDMA 多址方式）。对应于相同间隙的时间间隔称为一个时隙，它的持续时间将作为一种时间单位，称为 BP（突发脉冲周期）。

这样一个间隙可以在时间/频率图中用一个长 15/26ms，宽 200kHz 的小矩形表示，如图4-1所示。统一地，将 GSM 中规定的 200kHz 带宽称为一个频隙。

在 GSM 系统中，每个载频被定义为一个 TDMA 帧，相当于 FDMA 系统的一个频道。每帧包括 8 个时隙（TS0~TS7）。每个 TDMA 帧有一个 TDMA 帧号。GSM 系统的帧结构如图 4-2 所示。

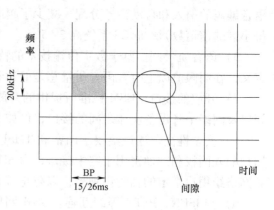

图 4-1　GSM 系统在时域和频域中的间隙

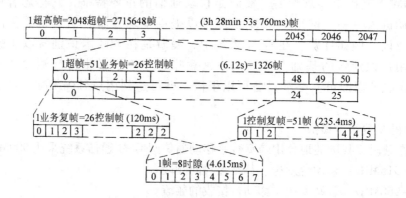

图 4-2　GSM 系统的帧结构

TDMA 帧号是以 3h28min53s760ms（2048×51×26×8BP 或者说 2048×51×26 个 TDMA 帧）为周期循环编号的。每 2048×51×26 个 TDMA 帧为一个超高帧，每一个超高帧又可分为 2048 个超帧，一个超帧是 51×26 个 TDMA 帧的序列（6.12s），每个超帧又是由复帧组成。复帧分为两种类型：

1）26 帧的复帧：它包括 26 个 TDMA 帧（26×8BP），持续时间 120ms。51 个这样的复帧组成一个超帧。这种复帧用于携带 TCH、SACCH 和 FACCH。

2）51 帧的复帧：它包括 51 个 TDMA 帧（51×8BP），持续时间 3060/13ms。26 个这样的复帧组成一个超帧。这种复帧用于携带 BCH 和 CCCH。

5. GSM 的信道

GSM 中的信道分为物理信道和逻辑信道，一个物理信道就为一个时隙（TS），而逻辑信道是根据 BTS 与 MS 之间传递的信息种类的不同而定义的不同逻辑信道，这些逻辑信道映射到物理信道上传送。从 BTS 到 MS 的方向称为下行链路，相反的方向称为上行链路。

逻辑信道又分为两大类，业务信道和控制信道。

（1）业务信道（TCH）　用于传送编码后的语音或客户数据，在上行和下行信道上，以点对点（BTS 对一个 MS）方式传播。

（2）控制信道　用于传送信令或同步数据。根据所需完成的功能，又把控制信道定义成广播、公共及专用三种控制信道，它们还可进行细分。

1）广播信道（BCH）：

① 频率校正信道（FCCH）：携带用于校正 MS 频率的消息，下行信道，以一点对多点（BTS 对多个 MS）方式传播。

② 同步信道（SCH）：携带 MS 的帧同步（TDMA 帧号）和 BTS 的识别码（BSIC）的信息，下行信道，以一点对多点方式传播。

③ 广播控制信道（BCCH）：广播每个 BTS 的通用信息（小区特定信息）。下行信道，以一点对多点方式传播。

2）公共控制信道（CCCH）：

① 寻呼信道（PCH）：用于寻呼（搜索）MS。下行信道，以一点对多点方式传播。

② 随机接入信道（RACH）：MS 通过此信道申请分配一个独立专用控制信道（SDCCH），可作为对寻呼的响应或 MS 主叫/登记时的接入。上行信道，以点对点方式传播。

③ 允许接入信道（AGCH）：用于为 MS 分配一个独立专用控制信道（SDCCH）。下行信道，点对点方式传播。

3）专用控制信道（DCCH）：

① 独立专用控制信道（SDCCH）：用于在分配 TCH 之前呼叫建立过程中传送系统信令。例如登记和鉴权在此信道上进行。上行和下行信道，点对点方式传播。

② 慢速随路控制信道（SACCH）：它与一个 TCH 或一个 SDCCH 相关，是一个传送连续信息的连续数据信道，如传送移动台接收到的关于服务及邻近小区信号强度的测试报告。这对实现移动台参与切换功能是必要的。它还用于 MS 的功率管理和时间调整。上行和下行信道，点对点方式传播。

③ 快速随路控制信道（FACCH）：它与一个 TCH 相关。工作于借用模式，即在语音传输过程中如果突然需要以比 SACCH 所能处理的高得多的速度传送信令信息，则借用 20ms 的语音（数据）来传送，一般在切换时发生。由于语音解码器会重复最后 20ms 的语音，因此，这种中断不被用户察觉。

6. GSM 通信系统的组成

GSM 通信系统的网络结构示意图如图 4-3 所示，主要由移动台（MS）、基站分系统

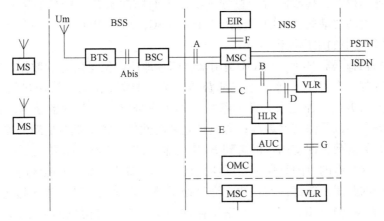

图 4-3　GSM 通信系统的网络结构示意图

(BSS)和交换网络分系统(NSS)三个部分组成，并有接口与公用电话交换网和综合业务数字网相连接。

图4-3中，MS为移动台；BSS为基站分系统；NSS为交换网络分系统；BTS为基站收发台；BSC为基站控制器；MSC为移动交换中心；HLR为归属位置寄存器；VLR为访问位置寄存器；EIR为移动设备标志寄存器；AUC为鉴权中心；OMC为操作维护中心；PSTN为公用电话交换网；ISDN为综合业务数字网。

(1) 移动台(MS)　MS是GSM系统的移动用户设备，它由移动终端和用户识别卡(SIM卡)两部分组成。移动终端就是"机"，它可完成语音编码、信道编码、信息加密、信息的调制和解调、信息发射和接收。SIM卡就是"人"，它类似于现在所用的IC卡，因此也称作智能卡，存有认证客户身份所需的所有信息，并能执行一些与安全保密有关的重要信息，以防止非法客户进入网络。SIM卡还存储与网络和客户有关的管理数据，只有插入SIM卡后，移动终端才能接入网络。

(2) 基站分系统(BSS)　基站分系统负责管理无线资源，实现固定网与移动网之间的通信连接，传送系统信号和用户信息。基站分系统由基站收发台(BTS)和基站控制器(BSC)组成。基站收发台(BTS)的功能是在小区内建立无线覆盖，与区内的移动台进行无线通信。基站控制器(BSC)是基站收发台和移动交换中心之间的连接点，负责对基站收发台进行控制，一个基站控制器通常控制几个基站收发台，其主要功能是进行无线信道管理、实施呼叫、建立和拆除通信链路、越区切换信道、控制功率等。

(3) 交换网络分系统(NSS)　交换网络分系统的功能包含移动用户交换、移动性管理、安全性管理及与固定公用网的连接等，由移动交换中心(MSC)、归属位置寄存器(HLR)、访问位置寄存器(VLR)、鉴权中心(AUC)、移动设备标志寄存器(EIR)和操作维护中心(OMC)等组成。

1) 移动交换中心(MSC)。移动交换中心是蜂窝通信网络的核心，其主要功能是对位于本MSC控制区域内的移动用户进行通信控制和管理。例如，信道的管理和分配；呼叫的处理和控制；越区切换和漫游的控制；用户位置信息的登记与管理；用户号码和移动设备号码的登记和管理；服务类型的控制；对用户实施鉴权；为系统中连接别的MSC及为其他公用通信网络，如公用交换电信网(PSTN)、综合业务数字网(ISDN)和公用数据网(PDN)，提供链路接口，保证用户在转移或漫游的过程中实现无间隙的服务。MSC通常是一个大的程控交换机，在一个大的移动通信网中可包括若干个MSC，每个MSC又与许多基站控制器相连接，为MSC服务区中的用户提供服务。

2) 归属位置寄存器(HLR)。HLR是用来存储本地用户位置信息的数据库。在蜂窝通信网中，通常设置若干个HLR，每个用户都必须在某个HLR(相当于该用户的原籍)中登记。登记的内容分为两类：一种是永久性的参数，如用户号码、移动设备号码、接入的优先等级、预定的业务类型以及保密参数等；另一种是暂时性的、需要随时更新的参数，即用户当前所处位置的有关参数，即使用户漫游到HLR所服务的区域外，HLR也要登记由该区传送来的位置信息。这样做的目的是保证当呼叫任何一个不知处于哪一个地区的移动用户时，均可由该移动用户的归属位置寄存器获知它当时处于哪一个地区，进而建立起通信链路。

3) 访问位置寄存(VLR)。VLR是用于存储来访用户位置信息的数据库。一个VLR通常为一个MSC控制区服务，也可为几个相邻MSC控制区服务。当移动用户漫游到新的MSC

控制区时，它必须向该地区的 VLR 申请登记。VLR 要从该用户的 HLR 查询有关的参数，给该用户分配一个新的漫游号码(MSRN)，并通知其 HLR 修改该用户的位置信息，准备为其他用户呼叫此移动用户时提供路由信息。当移动用户由一个 VLR 服务区移动到另一个 VLR 服务区时，HLR 在修改该用户的位置信息后，还要通知原来的 VLR，删除此移动用户的位置信息。

4) 鉴权中心(AUC)。AUC 也称为认证中心，它的作用是可靠地识别用户的身份，只允许有权用户接入网络并获得服务。

5) 移动设备标志寄存器(EIR)。EIR 是存储移动设备参数的数据库，用于对移动设备的鉴别和监视，并拒绝非移动设备入网。

6) 操作维护中心(OMC)。OMC 的任务是对全网进行监控和操作，例如系统的自检、报警、备用设备的激活、系统的故障诊断与处理、话务量的统计和计费数据的记录与传递，以及各种资料的收集、分析与显示等。

以上概括地介绍了数字蜂窝系统中各个部分的主要功能。在实际的通信网络中，由于网络规模的不同、运营环境的不同和设备生产厂家的不同，以上各个部分可以有不同的配置方法，比如把 MSC 和 VLR 合并在一起，或者把 HLR、EIR 和 AUC 合并在一起。不过，为了使各个厂家所生产的设备可以通用，上述各组成部分的连接都必须严格地符合规定的接口标准。GSM 系统遵循 CCITT 建议的公用陆地移动通信网(PLMN)接口标准。

4.1.3 CDMA 数字蜂窝移动通信系统

1. CDMA 的发展

美国电信工业协会(TIA)在 1993 年公布了 IS-95 等一系列窄带 CDMA 蜂窝通信系统的标准。IS-95 标准(双模式宽带扩频蜂窝系统的移动台-基站兼容标准)规范了公共空中接口(CAI)，它没有完全规定一个系统怎样实现，而只是提出了信令协议和数据结构的特点与限制。不同的制造商可以采用不同的方法和硬件工艺，但是它们产生的波形和数据序列必须符合 IS-95 的规定。

从 1993 年起，许多著名电信公司开始根据标准生产 CDMA 系统的设备。1993 年 4 月，韩国邮电部正式决定采用 CDMA 蜂窝移动通信。我国也从 1994 年开始引进 CDMA 实验网，中国联通公司建成的 CDMA 网一期工程总投资 240 亿人民币，采用 IS-95A 增强型技术标准，网络规模为 1515 万用户，覆盖全国 31 个省市的 330 个本地网。目前已经升级至 CDMA20001X 版本。

2. CDMA 系统的主要特点

CDMA 多址技术的原理是基于扩频技术，即将需传送的具有一定信号带宽的信息数据，用一个带宽远大于信号带宽的高速伪随机码进行调制，使原数据信号的带宽被扩展，再经载波调制并发送出去。接收端使用完全相同的伪随机码，对接收的带宽信号作相关处理，把宽带信号换成原信息数据的窄带信号，即解扩，以实现信息通信。

在这种系统中，信号在发送之前，用特定的地址码进行扩频调制，接收机可以用相关器在多个 CDMA 信号中选出其中采用预定码型的信号，而其他使用不同码型的信号不能被解调。CDMA 系统与第二代的 TDMA 相比，主要有以下优点：

1) 同一频率可在所有小区内重发使用，用户信号的区分靠所用的不同码型。理论上说，其频率再用系数为1，考虑到邻近小区干扰，实际约为0.65。TDMA为1/3，高级移动电话系统（Advanced Mobile Phone System,AMPS,是第一代蜂窝技术）为1/7。

2）抗干扰性强。由于CDMA系统采用扩频技术，信道中的干扰在接收端通过解扩，获得了扩频处理增益G，而接收端输出信干比是输入的G倍。同时，扩频后信号功率谱密度降低了G倍，对其他窄带通信系统的干扰也减小了G倍。由于功率谱密度低，故信号有一定的隐蔽性。

3）抗衰落性能好。由于CDMA系统扩频后的信号是宽带信号，能起到频率分集的作用，比窄带信号具有更强的抗频率选择性衰落的特性。由于扩频信号在设计时往往使不同路径的传播时延超过伪码（PN码）的码片宽度，从而能把传播路径的多径信号区分开来，并且通过路径分集，变害为利，采用RAKE接收机可利用多径信号能量，达到信噪比的改善。

4）具有保密性。由于扩频通信系统采用伪随机码进行扩频调制，这给信号带上了伪装。对方不知道所用的PN码很难解扩，即便知道，也必须非常靠近移动台才能收到信号。在CDMA系统，用户的PN码还通过掩蔽步骤，使其更具保密性。

5）CDMA系统容量大，且具有软容量属性。CDMA系统的容量大约是TDMA的4倍，且系统单载频的容量不像FDMA、TDMA那样是固定的，通过功率控制，可以牺牲语音质量来换取更大的系统容量，也可以通过小区呼吸动态配置系统容量。

6）CDMA系统必须采用功率控制技术。下行链路采用功率控制，使基站按所需的最小功率进行发射，减小对其他小区的同频干扰；上行链路的功率控制保证所有用户到达基站的信号功率相等，避免发生远近效应。

7）具有软切换特性。其他蜂窝通信系统，如在用户过境切换而找不到空闲频道或时隙时，通信必然中断。CDMA系统由于过境切换时，只需改变码型，不用切换频率，故通信不会中断。

8）充分利用语音激活技术。利用人类对话的不连续性采用可变速率的声码器，增大通信容量。

3. CDMA的主要技术参数

（1）频段　正向为869~894MHz（基站发射）；反向为824~849MHz（移动台发射）。

（2）信道数　64（码分信道）/每一载频；每一小区可分为3个扇区，可公用一个载频；每一网络分成9个载频，其中收发各占12.5MHz。

（3）射频带宽　第一频道带宽为2×1.77MHz；其他频道带宽为2×1.23MHz。

（4）调制方式　基站为QPSK（四相相移键控），移动台为OQPSK（正交四相相移键控）。

（5）扩频方式　DS（直接序列扩频）。

（6）语音编码　采用QCELP可变速率编码器。

（7）信道编码

1）卷积编码：下行码率$R=1/2$，约束长度$K=9$；上行码率$R=1/3$，约束长度$K=9$。

2）交织编码：前向链路同步信道交织间距为26.66ms，其他信道的交织间距均为20ms。

（8）导频、同步信道　供移动台作载频和时间同步。

（9）多径利用　采用RAKE接收方式，移动台为3个，基站为4个。

（10）PN扩频码　基站识别码采用周期为$2^{15}-1$的m序列，用户识别码采用周期为$2^{42}-1$的m序列。前向链路采用64个正交沃尔什（Walsh）码作为64个信道的地址码，反向链路则利用 Walsh 码进行 64 进制正交调制后，再用长码进行扩频。

码片速率为 1.2288Mc/s，码片宽度为 0.8138μs。

4. CDMA 的信道

在 CDMA 系统中，各种逻辑信道都是由不同码序列来区分的。而 CDMA 系统在基站至移动台传输方向上，设置了导频信道、同步信道、寻呼信道和正向业务信道；在移动台至基站传输方向上，设置了接入信道和反向业务信道，如图 4-4 所示。CDMA 系统采用码分多址方式，收发使用不同载频(收发频率相差 45MHz)，即通信方式是频分双工。一个载频包含64 个逻辑信道，占用带宽约 1.23MHz。

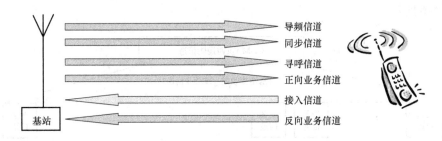

图 4-4 CDMA 系统的信道

（1）正向逻辑信道 正向逻辑信道是指基站至移动台传输方向上的逻辑信道，其结构组成如图 4-5 所示。

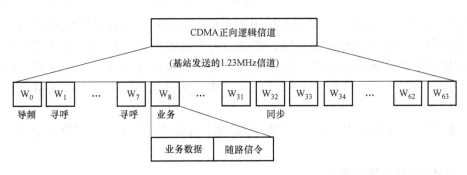

图 4-5 正向逻辑信道的结构组成

正向传输中，采用 64 阶沃尔什函数区分逻辑信道，分别用 W_0、W_1、…、W_{63} 表示。其中，W_0 作为导频信道；W_1 是首选的寻呼信道；$W_2 \sim W_7$ 也是寻呼信道；$W_8 \sim W_{63}$ 为业务信道（其中 W_{32} 为同步信道），共计 56 个。

1）导频信道：用于传送导频信息，由基站连续不断地发送一种直接序列扩频信号，供移动台从中获得信道信息并提取相干载波以进行相干解调。也可对导频信号电平进行检测，以比较相邻基站的信号强度和决定是否要进行越区切换。为了保证各种移动台载波检测和提取的可靠性，导频信道的功率高于业务信道和寻呼信道的平均功率。

2）寻呼信道：供基站在呼叫建立阶段传输控制信息，每个基站有一个或几个(最多 7个)寻呼信道，其上传送移动台用户识别码。移动台在建立同步后，就在首选寻呼信道(或基站指定的寻呼信道上)监听由基站发来的信令，当收到基站分配业务信道的指令后，就转入指配的业务信道进行信息传输，其速率可为 4800bit/s 或 9600bit/s。

3）业务信道：载有编码语音或其他业务数据，还可插入必需的随路信令（必须安排功率控制子信道，传输功率控制指令；通话过程中，发生越区切换时，必须插入过境切换指令等）。通常有56个业务信道，在极端情况下，除去一个导频信道外，其余63个均可用于业务信道。

4）同步信道：用于传输同步信息，在基站覆盖范围内，各移动台可利用这些信息进行同步捕获，同步信道上载有系统时间和基站引导PN序列码的偏置系数，以实现移动台接收解调。其速率固定为1200bit/s。

（2）反向逻辑信道 反向逻辑信道是指移动台至基站传输方向上的逻辑信道，其结构组成如图4-6所示。

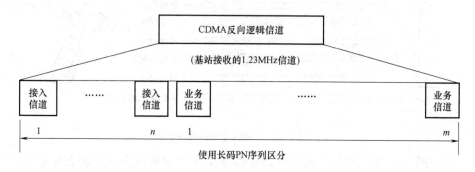

图4-6 反向逻辑信道的结构组成

1）接入信道：与正向传输的寻呼信道相对应，其作用是在移动台没有占用业务信道之前提供由移动台至基站的传输通路，供移动台发起呼叫或对基站的寻呼进行响应，以及向基站发送登记注册的信息等。接入信道使用一种随机接入协议，允许多个用户以竞争方式占用。一般接入信道数可达32个，每个接入信道也采用不同的接入信道长码序列加以区别。

2）业务信道：用不同用户长码序列加以识别，极端情况下业务信道数m很大，最多为64个。

5. CDMA 通信系统的组成

与GSM系统类似，CDMA通信系统也是由交换网络分系统（NSS）、基站分系统（BSS）和移动台（MS）3个部分组成，并提供与公用电话交换网和综合业务数字网相连接的接口。

（1）交换网络分系统（NSS） 交换网络分系统是以移动交换机为中心，包括 MSC、VLR、HLR、AUC、OMC 等设备。

1）MSC 是蜂窝通信网络的核心，其主要功能是对位于本 MSC 控制区域内的移动用户进行通信控制和管理。具体功能与 GSM 的 MSC 相类似，包括：信道的管理和分配；呼叫的处理和控制；越区切换与漫游控制；用户位置信息的登记与管理；用户号码和移动设备号码的登记与管理；服务类型的控制；对用户实施鉴权；为系统连接别的 MSC 和其他通信网络（PSTN、ISDN 等）提供链路接口。

2）VLR 是一个用于存储来访用户位置信息的数据库。一般地，一个 VLR 为一个 MSC 控制区服务。当移动用户漫游到新的 MSC 控制区时，必须向该区的 VLR 登记。VLR 从该用户的 HLR 查询有关参数，并通知其 HLR 修改其位置信息，为其他用户呼叫此用户提供路由信息。

3）HLR 是一种用来存储本地用户位置信息的数据库。每个用户都必须在当地入网时，在相应的 HLR 上进行登记。有两类登记参数：一种是永久性的参数，如用户号码、移动设备号码、接入优先级以及保密参数等；另一种是临时性的、需要随时更新的参数，即用户当前所处位置的有关参数。

4）AUC 的作用是可靠地识别用户身份，只允许有权用户接入网络并获得服务。

5）OMC 的任务是对全网进行监控和操作。如系统的自检、报警与备用设备激活、系统的故障诊断与处理、话务量统计和计费数据的记录与传递以及各种资料的收集、分析等。

（2）基站分系统（BSS）　与 GSM 系统类似，CDMA 的 BSS 包括 BSC 和 BTS。每个基站的有效覆盖范围即为无线小区，即小区。小区分为全向小区（采用全向天线）和扇形小区（采用定向天线），常用的小区分为 3 个扇形小区。

（3）移动台（MS）　由于采用码分多址方式，CDMA 系统的移动台与 GSM 的有较大差异，具体结构框图如图 4-7 所示。

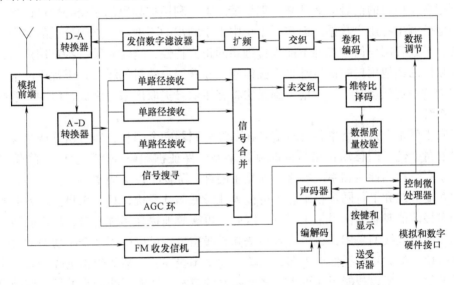

图 4-7　CDMA 系统的移动台结构框图

4.1.4　TD-SCDMA 数字移动通信系统

1. TD-SCDMA 概述

TD-SCDMA 的中文含义为时分同步码分多址接入，属无线通信技术标准。TD-SCDMA 数字移动通信系统标准是由中国提出并被国际电信联盟（ITU）接纳的第三代移动通信标准。TD-SCDMA 集成了频分（FDMA）、时分（TDMA）、码分（CDMA）和空分（SDMA）四种多址接入技术的优势，全面满足 ITU 提出的 IMT-2000 要求，与 WCDMA、CDMA2000 并称为主流的 3G 技术标准。

TD-SCDMA 是我国第一个具有完全自主知识产权的国际通信标准，它的出现在我国通信发展史上具有里程碑式的意义，极大地提高了我国在移动通信领域的技术水平，是整个中国通信业的重大突破。

TD-SCDMA 的关键技术，如时分双工（TDD）、智能天线（SA）、联合检测（JD）、上行同步（ULSC）、动态信道分配（DCA）和接力切换（BHO），可使系统容量、性能有很大提升。此外，TD-SCDMA 固有的特点使其在支持 3G 应用方面也具有独特的优势。

2. TD-SCDMA 的特点

TD-SCDMA 是采用时分双工模式（TDD）的第三代移动通信系统，其主要的技术特点为：

（1）采用智能天线（Smart Antenna）技术　TD-SCDMA 是目前世界上唯一采用智能天线的第三代移动通信系统。在 TD-SCDMA 系统中，由于采用了 TDD 模式，上下行链路采用同一频率，在同一时刻上下行链路的空间物理特性是完全相同的，因此，只要在基站端依据上行数据进行空间参数的估值，再根据这些估值对下行链路的数据进行数字赋形，就可以达到自适应波束赋形的目的，充分发挥智能天线的作用。使用智能天线，手机在整个小区被跟踪，无线信号能量只是指向有移动用户活动的小区区域，减少了小区间干扰，降低了多径干扰，对每一个用户增强了信噪比，优化了链路预算，增加了容量和小区半径。

（2）采用上行同步方式　CDMA 系统中多个用户的信号在时域和频域上是混叠的，接收时需要把各个用户的信号分离开来。理想情况下，利用扩频码的正交特性可以保证解调时能无偏差地解调出各用户数据。而实际系统中由于同步的不准确，空间信道的多径特性等造成的影响，导致各用户信号之间不能维持理想的正交特性，这时对某一特定用户而言，所有工作在同频段的其他用户的信号都是干扰信号，随着用户数目的增多，干扰逐渐增大，系统用户数增加到一定数量时，干扰增大到无法将有用信号提取出来，因此，CDMA 系统是个干扰受限的系统。

上行同步就是上行链路中各终端信号在基站解调器完全同步，通过精确调整移动台发射的时间提前量，使不同移动台信号同时到达基站，保证扩频码间的正交性，降低码道间干扰，提高了联合检测性能和系统容量，简化了硬件，降低了设备成本。

采用智能天线和上行同步技术后，可极大地降低多址干扰，只有来自主瓣方向和较大副瓣方向的多径才能对有用信号带来干扰，因此，可有效地提高系统容量，从而明显提高了频谱利用率。智能天线的采用，也可有效地提高天线质量。可以采用多个小功率的线性功率放大器来代替单一的大功率线性放大器，而单一大功率线性放大器的价格远高于多个小功率线性放大器的价格，所以智能天线可大大降低基站的成本。智能天线带来的另一好处是提高了设备的冗余度。

（3）采用接力切换方式　智能天线的采用可大致定位用户的方位和距离，因此，基站和基站控制器可采用接力切换方式，根据用户的方位、距离信息来判断用户现在是否移动到了应该切换给另一基站的区域，如果进入切换区，便可通过基站控制器通知另一基站做好切换的准备，从而达到接力切换的目的。接力切换可提高切换的成功率。

（4）采用低码片速率　TD-SCDMA 系统仅采用 1.28Mbit/s 的码片速率，只需占用单一的 1.6MHz 频带宽度，就可传送 2Mbit/s 的数据业务，而 3G FDD 的方案，要传送 2Mbit/s 的数据业务，需要 2×5MHz 的带宽，即需两个对称的 5MHz 带宽，分别作为上下行频段，且上下行频段间需要有几十兆赫兹的频率间隔作为保护。在目前频段资源十分紧张的情况下，要找到符合要求的对称频段非常困难，而 TD-SCDMA 系统可以见缝插针，只要有满足一个载波的频段（1.6MHz）就可使用，可以灵活有效地利用现有的频率资源。

（5）联合检测　联合检测（Joint Detection）技术的基本原理是，先将所有信道的信号同时解码，然后从复合信号中减去其他信道的信号来获得每一个信道的信号。联合检测可使小区内干扰最小化，从而避免多接入干扰，相对地扩大检测动态范围。

如果每个时隙只有 1 个用户信号，联合检测是无效的。只有多个用户共享 1 个时隙时，联合检测才能通过多用户干扰(MAI)计算矩阵，去除多用户干扰，增加 CDMA 的负载系数，增加系统容量。通过去除多用户干扰，对多用户信号检测动态范围达 20dB，无需快速功率控制，系统容量可提高到原来的 3 倍左右。

（6）动态信道分配　在 TD-SCDMA 系统中采用了以下 3 种动态信道分配（DCA）方法，减少了小区间干扰，频谱效率得到了优化。

1）频域动态信道分配：每个小区的多个无线信道允许频域信道动态分配，TD-SCDMA 系统采用 1.6MHz 的带宽，同 5MHz 的带宽相比，在同样的频谱范围内可以有 3 倍以上的无线信道。

2）时域动态信道分配：TD-SCDMA 的 7 个业务时隙减少了在一个载频中每个时隙同时激活的用户的数量，每个载频的多个时隙允许动态地将最小干扰的时隙分配给激活的用户。

3）空域动态信道分配：通过使用适应性智能天线，可以基于每一个用户实现方向性解耦。

（7）时分双工的工作模式　TD-SCDMA 是 TDD（时分双工）工作模式，上下行数据的传输通过控制上下行的发送时间来决定，发送时段内不接收，接收时段内不发送，而且可以灵活控制和改变发送和接收的时段长短比例，对于互联网等非对称业务的数据传输，下行传输数据量是远大于上行传输数据量的，这时可控制增加下行的时段时间，缩短上行的时段时间，以达到高效率传送非对称业务的目的。

根据上述特点，TD-SCDMA 系统适合用于大中城市及城乡接合部。在这些地区人口密度高，频率资源紧张，移动速度不高（200km/h 以内），但需要大量小半径、高容量的小区覆盖，同时在这些地区的数据业务，特别是互联网等非对称业务的需求比较大，能充分发挥 TD-SCDMA 的技术优势。

TD-SCDMA 第三代移动通信系统频谱利用率高，仅需单一 1.6MHz 的频带就可提供速率达 2MHz 的 3G 业务需求，而且非常适合非对称业务的传输。在 TD-SCDMA 的终端及基站分系统的设计中，均考虑了 GSM/TD-SCDMA 双频双模的使用。因 TD-SCDMA 同时满足 Iub、A、Gb、lu、lur 多种接口的要求，所以 TD-SCDMA 的基站分系统既可作用于 2G 或 2.5G GSM 基站的扩容，又可作为 3G 网中的基站分系统，能同时兼顾现在的需求和长远未来的发展。

4.2　数字光纤通信系统

4.2.1　光纤通信概述

光纤通信是以光波运载数字信号，以光导纤维为传输媒介的一种通信方式。1996 年，"光通信之父"高锟博士根据介质波导理论提出了光纤通信的概念。光纤通信有如下的显著特点：

1. 线径细，重量轻

由于光纤的直径小，只有 0.1mm 左右，所以制成光缆后与电缆比要细得多，因而重量轻，有利于长途和市话干线布放，而且便于制造多芯光缆。

2. 损耗极低

随着制造工艺的发展，现在制造出的光纤介质纯度很高，因而损耗极低。现已制出的光纤在光波导 1550nm 窗口的损耗低于 0.18dB/km。由于损耗极低，所以传输的距离可以很长，这就大大减少了数字传输系统中中继站的数目，既可降低成本，也可提高通信质量。

3. 传输的频带宽、信息容量大

由于光波频率高，可达 $10^{14} \sim 10^{15}$ Hz 数量级，具有极宽的传输频带，因此用光来携带信号信息量大。现在已经发展到几十千兆比特/秒的光纤通信系统，它可传输几十万路电话和几千路彩色电视节目。

4. 不受电磁干扰、防腐和不会锈蚀

光纤由电绝缘的石英材料制成。石英是非金属，不会受到电磁干扰，也不会发生锈蚀，具有防腐的能力。

5. 不怕高温，防爆、防火性能强

制作光纤的石英玻璃材料，熔点高达 2000℃ 以上，所以不怕高温，有防火的性能。因而可用于矿井下、军火仓库、石油、化工等易燃易爆的环境中。

6. 光纤通信保密性好

由于光纤在传输光信号时，向外泄漏小，不会产生串话等干扰，因而光纤通信保密性好。

7. 节约有色金属，资源丰富，价格便宜

石英玻璃在地球上含量丰富，相对于电缆材料铜和铝而言，提炼成本低、价格便宜。随着光纤制作技术的发展，我国光纤已经可以大规模批量生产，业内有一句笑谈"现在光纤比面条还便宜"，生动地说明了这一点。

由于光纤通信具有一系列的突出优点，随着科学技术的进步，光纤通信技术在近年来的发展速度之快、应用范围之广，出乎人们的预料，它是世界信息革命的一个重要标志，是现代通信技术的重要组成部分。可以说有了光纤通信，就为构筑信息高速公路打下了基础，光纤通信成为通向信息社会的桥梁。

4.2.2　数字光纤通信系统简介

1. 数字光纤通信系统的结构概述

数字光纤通信系统与一般通信系统一样，它由发送设备、传输信道和接收设备三大部分构成。

现在普遍采用的数字光纤通信系统，是采用数字编码信号经强度调制-直接检波的数字通信系统。这里的强度是指光强度，即单位面积上的光功率。强度调制是指利用数字信号直接调制光源的光强度，使之与信号电流成线性变化。直接检波是指直接在光接收机的光频上检测出数字脉冲信号。光纤通信系统组成原理框图如图 4-8 所示。

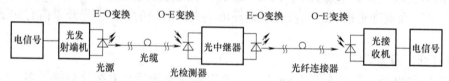

图 4-8　光纤通信系统组成原理框图

在发送设备中，有源器件把数字脉冲电信号转换为光信号（E-O 变换），送到光纤中进行传输。在接收设备中，设有光检测器，将接收到的光信号转换为数字脉冲电信号（O-E 变换）。

在其传输的路途中，距离较远时，采用光中继设备，把受到损耗及色散畸变的光脉冲信号转换为电信号后，经放大整形、定时、再生，还原为规则的数字脉冲电信号，经过再调制光源，变为光脉冲信号送入光纤继续传输，达到延长传输距离的目的。

2. 光纤

光纤就是导光的玻璃纤维的简称，是石英玻璃丝，它的直径只有 0.1mm，粗细如同人的头发丝。在通信中，它和原来传送电话信号的明线、电缆一样用来传输信号，是一种新型的信息传输介质，但它比以上两种方式传送的信息量要高出成千上万倍，可达到上百千兆比特/秒，而且损耗极低。

光纤是利用光的全反射特性来导光的。在物理中学习过，光从一种介质向另一种介质传播，由于它们在不同介质中传输速率不一样，因此，当通过两个不同介质的交界面时就会发生折射。若使光束从光密介质射向光疏介质时，则折射角大于入射角，如图 4-9 中的光线①。如果不断增大入射角可使折射角达到 90°，如图 4-9 中的光线②，这时的入射角 θ_c 称为临界角。如果继续增大 θ_c，则折射角会大于临界角，使光线全部返回光密介质，这种现象称为光的全反射，如图 4-9 中的光线③。

当光束从光密介质射向光疏介质，且入射角大于临界角时，就会产生全反射现象，光纤就是利用这种全反射来传输光信号的。根据这一原理，在制造光纤时，在外面涂上一层包层，包层就是包在纤芯外面的介质材料。因为石英玻璃制造的纤芯折射率较高，而包层的折射率较低，当选择一定角度时，射入光纤芯的光速就会全部返回光纤芯中，实现全反射。

要做成这样的光纤，除了对光纤芯的折射率有要求以外，还要使靠近光纤芯与包层的边沿具有极小的光损耗，使能量都集中在光纤芯中传播。这就对光纤材料提出了很高的要求。由于石英玻璃质地脆、易断裂，为了保护光纤表面，提高抗拉强度，以便于实用，一般都在裸光纤外面进行两次涂覆而构成光纤芯线。光纤的芯线由纤芯、包层、涂覆层、套塑四部分组成，其结构图如图 4-10 所示。

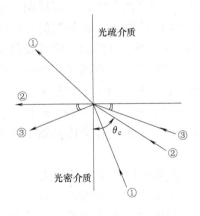

图 4-9　光纤全反射原理示意图

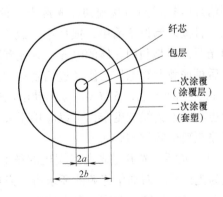

图 4-10　光纤芯线的结构图

根据波导传输波动理论分析，光纤可分为多模光纤和单模光纤。

（1）多模光纤　多模光纤即能传输多个模式的光纤。这种光纤结构简单、易于实现，接头连接要求不高，用起来方便，也较便宜。因而在早期的数字光纤通信系统（PDH系列）中采用，但这种光纤传输带宽窄、损耗大、时延差大，因而已逐步被单模光纤代替。

（2）单模光纤　单模光纤即只能传送单一基模的光纤。这种光纤从时域看不存在时延差，从频域看，传输信号的带宽比多模光纤宽得多，有利于高码率信息长距离传输。单模光纤的纤芯直径一般为 $4\sim10\mu m$，包层即外层直径一般为 $125\mu m$，比多模光纤小得多。

3. 光发射端机

光发射端机的功能是：将电端机输出的各种待传送的电信号转换成适合光纤传输的光信号送入光纤。光发射端机一般由输入接口、线路编码电路、调制电路、光源以及控制电路等部分组成，如图4-11所示。此外，实际应用中常增加一些辅助电路，比如半导体激光器（LD）保护电路、无光告警电路、激光器寿命告警电路等。

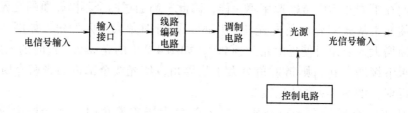

图4-11　光发射端机的组成框图

（1）输入接口　从PCM设备（电端机）送来的电信号是适合PCM传输的码型，为HDB3码或CMI码。信号进入光发射端机后，首先进入输入接口，进行信道编码，变成由"0"和"1"码组成的不归零码（NRZ）。然后在码型变换电路中进行码型变换，变换成适合于光纤传输的mBnB码或插入码，再送入光发送电路，将电信号变换成光信号，送入光纤传输。

（2）线路编码　又称信道编码，其作用是消除或减少数字电信号中的直流和低频分量，以便于在光纤中传输、接收及监测。线路编码分为三类：扰码二进制、字变换码、插入型码。

（3）调制电路　调制电路主要完成电-光变换任务。根据光源与调制信号的关系，可以将光源的调制方式分为直接（或内部）调制方式和间接（或外部）调制方式。直接调制就是将调制信号（电信号）直接施加在光源上，使其输出的光载波信号的强度随调制信号的变化而变化。直接调制设备简单、损耗小、成本低，但存在波长（频率）的抖动。间接调制不直接调制光源，而是利用晶体的电光、磁光和声光特性对LD所发出的光载波进行调制，即光辐射之后再加载调制电压，使经过调制器的光载波得到调制，这种调制方式比较复杂、消光比高（>13）、插损较大（5~6dB）、驱动电压较高、难以与光源集成、偏振敏感、损耗大、而且造价也高，但谱线宽度窄，可以应用于大于等于2.5Gbit/s的高速大容量传输系统之中，而且传输距离也超过300km。

（4）光源　光源是光发射端机的核心，决定着光发射端机的性能，其功能是把电信号转换为光信号。对通信光源的要求有：发射的波长应与光纤低损耗窗口波长一致；单色性要好，即发光谱线宽度要窄；要有较高的调制速率，以满足大容量高速率光纤通信的需要；有较高的调制效率，输出功率要足够大，而且稳定度要高；发射光的角度要小，方向性好；可靠性高，寿命长；体积小，重量轻，便于安装等。根据这些要求，目前普遍采用两种半导体光源，即激光二极管和发光二极管。

（5）控制电路 数字光纤通信系统中的电-光变换，是用数字信号直接控制光源的发光强度来实现的。由于半导体激光器对温度的变化很敏感，为了消除温度变化的影响，必须采用控制电路来稳定光发射端机的输出光功率。目前主要采用的稳定方法有自动温度控制（ATC）和自动功率控制（APC）。

4. 光中继器

目前，实用的数字光纤通信系统都是用 2PCM 信号对光源进行直接强度调制的。光发射端机输出的经过强度调制的光脉冲信号通过光纤传输到接收端。由于受发送光功率、接收机灵敏度、光纤线路损耗、色散等因素的影响及限制，光端机之间的最大传输距离是有限的。

例如，在 1.31μm 工作区，34Mbit/s 光端机的最大传输距离一般为 50～70km，140Mbit/s 光端机的最大传输距离一般为 40～60km。如果要超过这个最大传输距离，通常考虑增加光中继器，以放大和处理经衰减和变形了的光脉冲信号。目前的光中继器常采用光电再生中继器，即光-电-光中继器，这相当于光纤传输的接力站。这样就可以把传输距离大大延长。

传统的光中继器采用的是光-电-光（O-E-O）的模式，光电检测器先将光纤送来的非常微弱的并失真了的光信号转换成电信号，再通过放大、整形、定时，还原成与原来的信号一样的电脉冲信号。然后用这一电脉冲信号驱动激光器发光，又将电信号变换成光信号，向下一段光纤发送出光脉冲信号。通常把有再放大（Re-amplifying）、再整形（Re-shaping）、再定时（Re-timing）这三种功能的中继器称为"3R"中继器。这种方式过程繁琐，很不利于光纤的高速传输。自从掺铒光纤放大器问世以后，光中继实现了全光中继技术目前仍然是通信领域的研究热点。

5. 光接收机

光接收机的功能是把从光纤线路传来的光信号恢复成原来的电信号。光接收机主要由光检测电路、光接收电路和信号再生电路组成，其组成框图如图 4-12 所示。

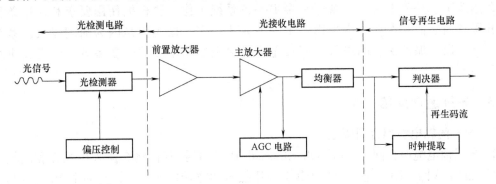

图 4-12 光接收机的组成框图

光检测器是光接收机的核心，能将光纤传来的已调制光信号变为相应的电信号，对光检测器的要求是：光-电转换效率要高，即在一定的接收光功率下，能产生较大的光电流；要有较高的响应速度，即有足够的带宽；灵敏度要高，噪声要低，能接收极微弱的光信号；性能稳定，寿命长，体积小等。目前常用的光检测器有 PIN 光敏二极管和雪崩光敏二极管（APD）。

光接收电路的功能是对光检测器输出的微弱信号进行放大，前置放大器是具有低噪声性能的放大器，主放大器是一个宽带、高增益放大器，信号的放大主要由它完成。另外，虽然光纤信道是恒参信道，但仍可能因为整个系统中的光敏器件的性能变化、控制电路的不稳定性以及器件的更换等各种原因而使光接收电路接收到的光信号电平发生波动，为了保证当入射光功率在一定范围内变化时光接收机正常工作，还设置了自动增益控制电路（AGC）。均衡器的作用是对失真的波形进行补偿，以消除码间串扰，减小误码率。

信号再生电路由判决器和时钟提取电路组成，可以对码元进行取样判决，得到标准的数字信号。与发射机的编码电路相对应，光接收机还要对经光纤传输过来的信号进行相应的解码。

6. 备用系统与辅助设备

为了确保系统的畅通，通常设置备用系统。正常情况下只有主系统工作，一旦主系统出现故障，就可以立即切换到备用系统，这样就可以保障通信的正确无误。辅助设备是对系统的完善，它包括监控管理系统、公务通信系统、自动倒换系统、告警处理系统、电源供给系统等。

监控管理系统可对组成光纤传输系统的各种设备自动进行性能和工作状态的监测，发生故障时会自动告警并予以处理，对保护倒换系统实行自动控制。对于设有多个中继站的长途通信线路及装有通达多方向、多系统的线路维护中心局来说，集中监控是必须采用的维护手段。

公务通信系统为各中继站与终端站之间提供业务联络。

"输入分配"和"输出倒换"组成了自动保护倒换系统。它是为提高线路的可靠性和可利用率而准备的备用系统。主系统出现故障时，会自动切换到备用系统工作。备用的方式是多种多样的，可以是一个主系统配备一个备用系统，也可以是多个主系统共用一个备用系统。是采用一主一备还是多主一备系统工作，要根据使用要求和使用条件而定。我国省内通信和本地网中采用一主一备方式较多，这主要是因为前期建设的系统数较少，又要设置保护系统的缘故。而长途干线中主要采用多主一备系统，以提高机线设备的利用率。

4.2.3　光纤通信网络

1. 光纤-同轴电缆混合网概述

光纤-同轴电缆混合网（Hybrid Fiber Coaxial, HFC）是指其传输介质采用光纤和同轴电缆混合组成的接入网。HFC 是一种基于频分复用技术的宽带接入网络，它的主干网使用光纤，采用频分复用方式传输多种信息，分配网则采用树状拓扑和同轴电缆系统，用于传输和分配用户信息。HFC 是将光纤逐渐推向用户的一种新的经济的演进策略，可实现多媒体通信和交互式视像业务。

HFC 要进行数据传输，关键是通过电缆调制解调器（Cable Modem）实现。Cable Modem

是专门为在 HFC 上开发数据通信业务而设计的用户接入设备，是有线电视网络与用户终端之间的接口设备，其传输速率比电话 Modem 要高 100~1000 倍。Cable Modem 主要由调制解调器、调谐器、加密/解密模块、网桥/路由功能模块、网络接口卡、简单网络管理协议等功能模块组成。其中，简单网络管理协议主要完成参数配置、带宽分配及网络运行维护、诊断、监视、控制等网络管理功能，是目前应用最广泛的标准网管协议之一。从用户终端数字接口送来的数字信号通过 Cable Modem 进行编码、加密、调制后，变成可在同轴电缆中传送的射频信号，进入 HFC 传送，从同轴电缆传来的信号经 Cable Modem 调谐、解调、解密、解码后送入终端。

HFC 传输信号的过程是：由局端出来的视频业务信号和由电信部门中心局出来的电信业务信号在前端混合在一起，调制到各自的传输频带上；通过光纤传输到光纤节点，在光纤节点处经光电转换后，由同轴电缆分配到各个用户的网络接口单元；每个网络接口单元服务于一个用户，网络接口单元可将整个电信号分解为电话数据视像信号后，再送达各个相应的终端设备；用户的上行信号采用多址技术复用到上行信道，由同轴电缆传送到光节点进行电光转换，然后经光纤传至前端。

2. 光纤-同轴电缆混合网的组成

HFC 的工作原理示意图如图 4-13 所示，HFC 网络由下面几个主要部分组成：

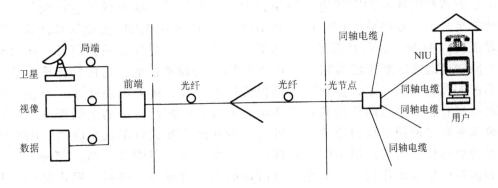

图 4-13　HFC 的工作原理示意图

（1）前端　完成信号收集、交换及信号调制与混合，并将混合信号传输到光纤。目前应用的主要设备有：

1）调制器：将模拟音频及视频信号调制成射频信号。

2）上变频器：完成音频、视频中频信号或数据中频信号至射频信号的转换。

3）数据调制器：完成数据信号的 QPSK 或 QAM 调制，将数据信号转换成数据中频信号。

4）信号混合器：将不同频率的射频信号混合，组成宽带射频信号。

5）激光发射机：将宽带射频信号转换成光信号，并将光信号传输至光纤。

（2）光节点　完成光信号转换成电信号的功能，并将电信号放大传输到同轴电缆网络。

（3）用户终端设备　接收并解调网络传输信号，并显示相应的信息。

3. HFC 系统的频谱安排

HFC 采用副载波频分复用方式，以副载波调制光载波，然后将光载波送入光纤进行传输，HFC 实现双向传输的方式是在其光纤系统中采用空间分割法，分别用两根光纤传送上行和下行信号，而在同轴电缆中采用频率分割法。

图 4-14 是一个 HFC 系统频谱安排的例子，采用了低分割分配方案，将下行和上行的各种业务信息划分到不同的频段，安排 50~750MHz 为下行通道，5~42MHz 为上行通道。其中，50~550MHz 用来传输模拟电视，对于 PAL 制式每个信道的带宽为 8MHz，这个频段能传输约 60 路模拟电视信；550~750MHz 用来传输数字电视，也可以用其中一部分来传输数字电视，另一部分来传输下行电话和数据信号；5~42MHz 上行信道中，5~8MHz 传输状态监视信息，8~12MHz 传输视频点播信令，15~40MHz 用来传输上行电话信号；750~1000MHz 这段频谱用于各种双向通信业务。

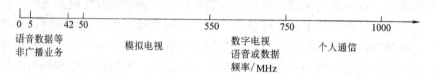

图 4-14　HFC 系统频谱安排

4. HFC 的特点

HFC 能够利用现有的有线电视网络资源，成本较低，线路设备也比较简单，而且其传输带宽大，如果采用 64QAM，按 HFC 可以传输 860MHz 模拟信号计算，其数据传输能力为 4Gbit/s，而且既可以传送数字信号，也可以传送模拟信号，同时有线电视的同轴电缆馈线系统较为完善，有利于 HFC 的设备供电；它比较合理有效地利用了当前的先进成熟技术，融数字与模拟传输为一体，集光电功能于一身，同时提供较高质量和较多频道的传统模拟广播电视节目、较好性价比的电话服务、高速数据传输服务和多种信息增值服务，还可以逐步开展交互式数字视频应用。HFC 的弱点是呈树形结构，当用户增多时，来自用户的噪声作为回传信号的一部分，将在光节点和前端产生会聚作用，一个光节点所辖的用户数越少，则回传噪声越小，但是会增加每个用户所承担的费用，所以一般是一个光节点覆盖 500 个用户；HFC 属于线缆共享网络，存在着安全问题；当用户增多时，单位时间内分配给用户的带宽将变窄，因此更彻底的解决办法，就是将光节点覆盖的用户区缩小，有些地区在双向 HFC 改造时已经预留了缩小用户区的光节点接口，需要时只要增加设备，就可以达到目的，无需再对网络进行改造。

同时 HFC 也存在一些不可避免的问题。虽然主干采用光纤后，减少了许多放大器，但配线网仍有一些，一个放大器故障可能会中断一片，系统可靠性是一个突出问题。网络共享介质存在安全性隐患。在 HFC 中必须给放大器供电，一旦供电故障，可能会造成片区的服务中断。另外，要提供完善的服务、管理和维护，HFC 运营者尚需努力解决操作、管理和维护问题。

4.2.4　波分复用技术

1. 波分复用（WDM）技术概述

波分复用技术在光纤通信出现的伊始就出现了，两波长 WDM（1310nm/1550nm）系统 20

世纪 80 年代就在美国 AT&T 网中使用, 速率为 2×1.7Gbit/s。但是到 20 世纪 90 年代中期, WDM 系统发展速度并不快, 主要原因在于:

1) TDM(时分复用)技术的发展。155Mbit-s—622Mbit/s—2.5Gbit/s 的 TDM 技术相对简单。据统计, 在 2.5Gbit/s 系统以下(含 2.5Gbit/s 系统), 系统每升级一次, 每比特的传输成本下降 30% 左右。正由于此, 在过去的系统升级中, 人们首先想到并采用的是 TDM 技术。

2) 波分复用器件还没有完全成熟。波分复用器/解复用器和光放大器在 20 世纪 90 年代初才开始商用化。

1995 年开始, WDM 技术的发展进入了快车道, 特别是基于掺铒光纤放大器(EDFA)的 1550nm 窗口密集波分复用(DWDM)系统。Lucent 公司率先推出 8×2.5Gbit/s 系统, Ciena 公司推出了 16×2.5Gbit/s 系统, 世界上各大设备生产厂商和运营公司都对这一技术的商用化表现出了极大的兴趣, WDM 系统在全球范围内有了较广泛的应用。发展迅速的主要原因在于:

1) 光电器件的迅速发展, 特别是 EDFA 的成熟和商用化, 使在光放大器(1530 ~ 1565nm)区域采用 WDM 技术成为可能。

2) TDM10Gbit/s 面临着电子元器件的挑战, 利用 TDM 方式已日益接近硅和镓砷技术的极限, TDM 已没有太多的潜力可挖, 并且传输设备的价格也很高。

3) 已敷设的 G.652 光纤 1550nm 窗口的高色散限制了 TDM 10Gbit/s 系统的传输, 光纤色度色散和极化模色散的影响日益加重。人们正越来越多地把兴趣从电复用转移到光复用, 即从光域上用各种复用方式来改进传输效率, 提高复用速率, 而 WDM 技术是目前能够商用化最简单的光复用技术。

2. WDM 的优势

WDM 近些年来得到了广泛的应用, 是因为它有以下优点:

(1) 超大容量传输 WDM 系统的传输容量十分巨大。由于 WDM 系统的复用光通路速率可以为 2.5Gbit/s、10Gbit/s 等, 而复用光通路的数量可以是 4、8、16、32 甚至更多, 因此系统的传输容量可达到 300~400Gbit/s。而这样巨大的传输容量是目前 TDM 方式根本无法做到的。

(2) 节约光纤资源 对单波长系统而言, 1 个 SDH 系统就需要一对光纤, 而对 WDM 系统来讲, 不管有多少个 SDH 分系统, 整个复用系统只需要一对光纤就够了。

(3) 各通路透明传输、平滑升级扩容 利用 WDM 技术, 只要增加复用光通路数量与设备, 就可以增加系统的传输容量以实现扩容, 而且扩容时对其他复用光通路不会产生不良影响, 所以 WDM 系统的升级扩容是平滑的, 而且方便易行, 从而最大限度地保护了建设初期的投资。WDM 系统的各复用通路是彼此相互独立的, 所以各光通路可以分别透明地传送不同的业务信号, 如语音、数据和图像等, 彼此互不干扰, 这给使用者带来了极大的便利。

(4) 利用 EDFA 实现超长距离传输 掺铒光纤放大器的光放大范围为 1530 ~ 1565nm, 它几乎可以覆盖整个 WDM 系统的 1550nm 工作波长范围, 采用 WDM 技术可以充分发挥 EDFA 的这些优势, WDM 系统的超长传输距离可达到数百公里, 节省大量中继设备, 并降低成本。

(5) 对光纤的色散无过高要求 对 WDM 系统来讲, 不管系统的传输速率有多高、传输容量有多大，它对光纤色度色散系数的要求基本上就是单个复用通路速率信号对光纤色度色散系数的要求。但在 TDM 方式下，其传输速率越高，传输同样距离所要求的光纤色度色散系数就越小。

（6）可组成全光网络 全光网络是未来光纤传送网的发展方向，在全光网络中，各种业务的上下、交叉连接等都是在光路上通过对光信号进行调度来实现的。例如，在某个局站可根据需求用光分插复用器（OADM）直接上下几个波长的信号，或者用光交叉连接设备（OXC）对光信号直接进行交叉连接，而不必像现在这样首先进行光电转换，然后对电信号进行上下或交叉连接处理，最后再进行电光转换，把转换后的光信号输入到光纤中进行传输。可以组成具有高度灵活性、高可靠性、高生存性的全光网络，以适应宽带传送网的发展需要。

3. WDM 技术的原理

在模拟载波通信系统中，为了充分利用电缆的带宽资源，提高系统的传输容量，通常利用频分复用的方法，即在同一根电缆中同时传输若干个信道的信号，接收端根据各载波频率的不同，利用带通滤波器就可滤出每一个信道的信号。同样，在光纤通信系统中也可以采用光的频分复用的方法来提高系统的传输容量，在接收端采用解复用器（等效于光带通滤波器）将各信号的光载波分开。由于在光的频域上信号频率差别比较大，人们更喜欢采用波长来定义频率上的差别，因而这样的复用方法称为波分复用。

所谓 WDM 技术就是为了充分利用单模光纤低损耗区带来的巨大带宽资源，根据每一信道光波的频率（或波长）不同，可以将光纤的低损耗窗口划分成若干个信道，把光波作为信号的载波，在发送端采用波分复用器（合波器）将不同波长的信号光载波合并起来送入一根光纤进行传输。在接收端，再由一波分复用器（分波器）将这些不同波长承载不同信号的光载波分开的复用方式。由于不同波长的光载波信号可以看作是互相独立的（不考虑光纤非线性时），从而在一根光纤中可实现多路光信号的复用传输。双向传输的问题也很容易解决，只需将两个方向的信号分别安排在不同波长传输即可。根据波分复用器的不同，可以复用的波长数也不同，从两个至几十个不等，现在商用化的一般是 8 波长和 16 波长系统，这取决于所允许的光载波波长的间隔大小。图 4-15 所示为点对点 4 波长波分复用系统的基本原理示意图。

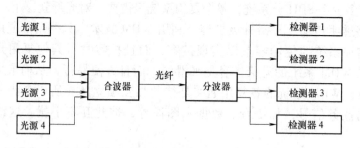

图 4-15　点对点 4 波长波分复用系统的基本原理示意图

WDM 本质上是光域上的频分复用（FDM）技术，每个波长通路通过频域的分割实现。每个波长通路占用一段光纤的带宽，与过去同轴电缆 FDM 技术不同的是：

1）传输介质不同，WDM 系统是光信号上的频率分割利用，同轴系统是电信号上的频率分割利用。

2）在每个通路上，同轴电缆系统传输的是模拟信号（4kHz 语音信号），而 WDM 系统目前每个波长通路上传输的是数字信号（SDH 2.5Gbit/s 或更高速率的数字信号）。

4. WDM 中的光器件

WDM 系统本质上是光域上的模拟系统，WDM 技术第一次把复用方式从电域转移到光域，在光域上用波长复用（即频率复用）的方式来提高传输速率，光信号实现了直接复用和放大，而不再回到电信号上处理，因而大大增加了光电器件的数量，而且光模拟系统的性能很大程度上取决于各器件的特性。相对于 SDH 系统，WDM 系统增加了波分复用器（解复用器）、光放大器等器件，另外对激光器信号的波长准确性和稳定性也提出了较高的要求。WDM 系统中主要的光电器件有激光器、波分复用器、光放大器和光交叉连接设备。

（1）激光器　过去 SDH 系统工作波长是在一个很宽的区域内，而 WDM 系统的最重要特点是每个系统采用不同的波长，一般波长间隔为 100GHz 或 200GHz，这对激光器提出了较高要求。除了准确的工作波长外，在整个寿命期间波长偏移量都应在一定的范围之内，以避免不同的波长相互干扰。即激光器必须工作在标准波长、且具有很好的稳定性。另一方面，由于采用了光放大器，WDM 系统的无再生中继距离大大延长。SDH 系统再生距离一般在 50~60km，由再生器进行整形、定时和再生，恢复成数字信号继续传输。而 WDM 系统中，每隔 80km 有一个 EDFA，只进行放大，没有整形和定时功能，不能有效去除因线路色散和反射等带来的不利影响，系统经 500~600km 传输后才进行光电再生，因而要求光源的色散受限距离大大延长，由过去的 50~60km 提高到 600km 以上，这对光源的要求大大提高。

总体上，应用在 WDM 系统上的光源具有比较大的色散容纳值，并且有标准而稳定的波长。

目前有多种方法构造多波长光源。一种方法是选择一组波长接近的、离散的、可调谐的分布式反馈（DFB）激光器，利用温度调谐产生多波长的下行信号。第二种方法是采用多频激光器（MFL）。MFL 包含 N 个光放大器和 1 个阵列波导光栅，阵列波导光栅的每个输入端集成一个光放大器。在光放大器和阵列波导光栅输出端之间形成一个光学腔，如果放大器提供足够的增益克服腔内的损耗，则有激光输出，输出波长由阵列波导光栅的滤波特性决定。通过直接调制各个放大器的偏置电流，就可以产生多波长的下行信号。MFL 的波长间隔由阵列波导光栅中的波导长度差决定，可以精确控制，是理想的 OLT（光缆终端设备）光源。

WDM 系统的一个重要特点是在光波分复用器处输入的信号均为固定波长的光信号，各个通路的信号波长不同，而且对中心频率偏移有严格规定。如对于 8×2.5Gbit/s 的 WDM 系统，通路间隔选择 200GHz，到寿命终了时的波长偏移不大于 ±20GHz。相邻的两个通路如果波长偏移过大，就会造成通路间的串扰过大，产生误码。就目前的技术而言，最简单的方法是依靠稳定激光器的温度和偏流保证。但这种方法无法解决由于激光器老化、温度变化引起的波长变化。当波长精度要求较高时，需要使用更严格的波长控制技术。使用波长敏感器件对可调制连续波光源的波长进行控制，波长敏感器件的输出电压随半导体激光器（LD）发射的光波长的变化而变化，这一电压变化信息经适当处理可用来直接或间接控制 LD 发射的光波长，使其稳定在规定的工作波长上。

（2）波分复用器　波分复用（WDM）器是波分复用系统的重要组成部分，将不同波长的信号结合在一起经一根传输光纤输出的器件称为合波器，如图 4-16a 所示。反之，经同一传输光纤送来的多波长信号分解为个别波长分别输出的器件称分波器，如图 4-16b 所示。有时同一器件既可作分波器，又可以作合波器。

WDM 器件有多种制造方法，目前已广泛商用的 WDM 器件可以分为 4 类，即衍射光栅型、DTF 型、熔锥型、集成光波导型。表 4-1

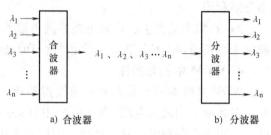

图 4-16　波分复用器

是各种 WDM 器件主要特性的比较结果，需要注意特性参数是随波长的不同而变化的，表中数值只是大致范围，仅供参考。

表 4-1　各种 WDM 器件主要特性的比较

器 件 类 型	机 理	通路间隔/nm	通 路 数	串音/dB	插入损耗/dB	主 要 缺 点
衍射光栅型	角色散	0.5~10	4~131	≤-30	3~6	温度敏感
DTF 型	干涉/吸收	1~100	2~32	≤-25	2~6	通路数较少
熔锥型	波长依赖性	10~100	2~6	≤-15	0.2~1.5	通路数少
集成光波导型	平面波导	1~5	4~32	≤25	6~11	插入损耗大

在合波器上，对于 8~16 路的 WDM 系统，几乎所有的公司都采用了无源的星形光耦合器作为波分复用器的合波器，有的采用 1∶n 耦合器，有的出于线路保护的考虑，采用了 2∶n 耦合器，一路输出接工作通路，另一个接保护通路。

（3）光放大器　在 WDM 系统中，光放大器有 3 种应用：在发送端波分复用器之后的放大信号的光放大器——功率放大器，线路上的光放大器——线路放大器，在接收端解复用器之前的光放大器——前置放大器。迄今为止，人们已研究成功 3 种光放大器，即半导体激光放大器、非线性光纤拉曼放大器和掺稀土元素的光纤放大器。掺稀土元素的光纤放大器又可分为掺铒光纤放大器（EDFA）和掺镨光纤放大器（PDFA），其中，EDFA 适合于波长 1550nm 窗口的光信号放大，而 PDFA 适用于 1310nm 窗口的光信号。目前已经达到实用化水平并在 WDM 系统中应用的就是掺铒光纤放大器。

一个典型的 EDFA 由掺铒光纤、泵浦源和波分复用器组成。其中掺铒光纤提供放大，泵浦源提供足够强的泵浦功率，波分复用器将信号与泵浦光混合。

EDFA 是利用激光泵浦石英光纤中掺铒离子的受激辐射来实现对 1550nm 波段光信号的放大。由于光放大器有很宽频带一般在 1530~1565nm，这给采用 EDFA 的光系统提供了"透明"特性，放大与信号码率和信号格式无关，而且能把各波长的光信号同时放大。

泵浦源有两种，即 980nm 和 1480nm。980nm 的泵浦源可以保持较低的噪声系数，而 1480nm 的泵浦源有着更高的泵浦效率，可以获得较大的输出功率（相对于 980nm 的泵浦源大 3dB 左右）。在实际的线路放大器应用中，对于 8 路 WDM 系统，大多采用 980nm 的泵浦源，这是因为 G.652 光纤的 WDM 系统主要是色散受限，而非损耗受限，因而采用 1480nm 的泵浦源会增大系统功率损耗，提高 EDFA 的输出功率并没必要，采用 980nm 的泵浦源获得最佳的噪声系数反而有利于系统性能。但是对于 16 路以上的 WDM 系统，则采用了 1480nm 的泵浦源。这是由于较大的分路比减少了可用功率范围，必须采用功率更大的泵浦源。也有的公司采用了两级泵浦，一级采用 980nm 的泵浦源，一级采用 1480nm 的泵浦源，既改善了噪声系数，又增大了输出功率。

（4）光交叉连接设备　光交叉连接设备（OXC）相当于一个模块，它具有多个标准的光纤接口，它可以把输入端的任一光纤信号（或各波长信号）可控地连接到输出端的任一光纤（或各波长）中去，并且这一过程是完全在光域中进行的。通过使用光交叉连接设备，可以有效地解决现有的数字交叉连接（DXC）设备的电子瓶颈问题。

OXC 主要由输入部分（放大器 EDFA 和解复用数据分路器 DMUX）、光交叉连接部分（光交叉连接矩阵）、输出部分（波长变换器、均功器和复用器）、控制和管理部分及光分插复用部分这五大部分组成。

纯光交叉矩阵的 OXC 仍然处于研发和现场实验阶段，存在的主要问题之一是尚未有性价比高、容量可扩展、稳定可靠的光交换矩阵。光交换矩阵的主要指标与偏振无关，光通道隔离度大，插入损耗小，通道损耗小，通道均匀性好，多波长操作能力好。

波长变换器可以将信号从一个波长转换到另一个波长上，实现波域的交换。目前有光电混合方式和全光方式两种基本方式。光电混合方式在功率、信号再生、波长和偏振敏感性等方面性能优良，但它对不同的传输代码格式和比特率不透明。所以 OXC 中的波长变换器多用全光变换方式。现在的全光波长变换技术，根据其所采用的基本物理原理可分为：交叉增益调制型、交叉相位调制型、四波混频效应和差频效应等，利用的元器件主要是半导体光放大器（SOA）。但是只有 SOA-FWM（基于 SOA 的四波混频效应）波长变换对调制方式、信号格式完全透明，符合 OXC 的要求，并且 SOA-FWM 变换范围大，转换后的频谱是反转的，可以有效地进行传输系统的色散补偿，但是它的转换效率不平坦，随转换带宽增大而下降。

在 OXC 设备中，掺铒光纤放大器（EDFA）的作用是有效地补偿线路损耗和节点内部损耗，延长传输距离。EDFA 具有宽频带，对调制方式和传输码率透明等特点。

均功器控制各波长通道光功率的差异在允许的范围内，防止在经过多个节点的 EDFA 级联以后，对系统造成严重的非线性效应。

控制和管理部分实现 OXC 设备各功能模块的控制和管理。它有自动保护倒换功能，也能够支持光传送网的端到端的连接指配，动态配置波长路由，快速保护和恢复网络传输业务。

光分插复用器（OADM）是波分复用（WDM）光网络的关键器件之一，其功能是从传输光路中有选择地接收和发送某些波长信号，同时不影响其他波长信号的传输。也就是说，OADM 在光域内实现了传统的 SDH（电同步数字层次结构）分插复用器在时域内完成的功能，而且具有透明性，可以处理任何格式和速率的信号。

光交叉连接设备的工作过程是这样的：假设输入输出 OXC 设备的光纤数为 M，每条光纤复用 N 个波长。这些波分复用光信号首先进入 EDFA 放大，然后经解复用器 DMUX 把每一条光纤中的复用光信号分解为单波长信号（$\lambda 1 \sim \lambda N$），M 条光纤就分解为 $M \times N$ 个单波长光信号。所以信号通过（$M \times N$）×（$M \times N$）的光交叉连接矩阵，在控制和管理部分的操作下进行波长配置，交叉连接。由于每条光纤不能同时传输两个相同波长的信号（即波长争用），所以为了防止出现这种情况，实现无阻塞交叉连接，在连接矩阵的输出端每个波长通道光信号还需要经过波长变换器（OTU）进行波长变换。然后再进入均功器把各波长通道的光信号功率控制在允许的范围内，防止非均衡增益经 EDFA 放大后产生比较严重的非线性效应。最后，光信号经复用器（MUX）把相应的波长复用到同一光纤中，经 EDFA 放大到线路所需的功率，完成信号的汇接。

5. WDM 网络管理系统

WDM 网络管理系统是对 WDM 系统及光网络的最大考验，失去了电信号的接入，运营者会难于评估信号质量和系统的传输性能，在光域上加入开销和光信号处理技术还有待发展。在功能完善的 WDM 网络管理系统出现之前，WDM 系统还不能被称作一个成熟的光传输系统。

WDM 网络管理系统的管理功能包括故障管理、性能管理、配置管理和安全管理。网络管理系统承担授权区域内各网络单元的管理，并提供部分网络管理功能，被管理网络中的各网元均应由一个管理软件和硬件平台进行管理。在工作站的用户窗口界面上，应能监视被管理的区域网络，并能显示被管理的整个网络拓扑结构。通过 WIMP（窗口、图标、菜单、光标）方式的人机接口，网络管理系统应能监视和控制到整个被管理网络中的每一个网元、告警和事件记录，追踪至 WDM 系统的每一块电路板。

WDM 系统的承载量很大，其保护也十分重要。当某光纤段中光监控通路双向都断路时（如光纤段的两根光纤都断开时），网元管理系统将无法获取网元的监控信息，网管对整个 WDM 系统无法进行配置和实时的性能监测。为防止这种情况带来的严重后果，WDM 系统必须具有对监控通路（OSC）的保护功能，有必要对网元管理系统的数据通道进行保护。

4.3　卫星通信系统

4.3.1　卫星通信系统概述

1. 卫星通信的基本概念

卫星通信就是利用卫星作为中继站的中继通信方式，可以实现两个或多个地球站之间的通信，图 4-17 所示就是一个简单的卫星通信系统示意图。地球站 A 可以通过定向天线向通信卫星发射无线电信号，信号首先被卫星上的天线接收，经过卫星上的转发器处理转换，再通过天线发回地面，被地球站 B 接收，完成从 A 站到 B 站的通信。信号从地球站到卫星所经过的路线称为上行线，从卫星到地球站的信号线路称为下行线。处在一个卫星覆盖范围内的任何一个地球站都可以向另一个地球站发送信号。

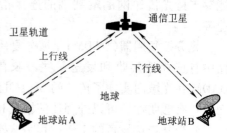

图 4-17　卫星通信系统示意图

通信卫星必须沿一定的轨道，按一定的周期环绕地球运行。根据卫星相对于地球上的相对位置来分，卫星可分为同步卫星和异步卫星。同步卫星位于赤道上空 35960km 高的同步轨道上，相对于地面是静止的，所以又叫静止卫星。当其通信天线指向地球时，天线发射的波束可以覆盖超过地球表面三分之一的面积，同样该天线也可以接收来自此区域的各个地球站的信号。异步卫星相对于地球上的某一点是移动的。一般移动卫星都处于中、低轨道上，离地面距离在几百公里以上。因为比同步卫星离地面的距离近，所以传播损耗小，对地球站的发射功率和接收灵敏度要求不高，地球站的体积与重量都可以很小，很适合地面移动体之间或移动体与固定站之间的通信。按卫星距离地面的高度分，可分为：高轨道卫星，高度大于 20000km；中轨道卫星，高度在 5000~20000km；低轨道卫星，高度在 5000km 以下。

2. 卫星通信的特点

卫星通信作为现代化通信的主要手段之一，在无线电通信历史上写下了崭新的一页，从 20 世纪 60 年代投入使用到现在，取得了很大的发展，应用范围日益广泛。与其他通信方式相比，卫星通信有如下特点：

1）覆盖面积大，通信距离远。一颗静止卫星最大通信距离可达 18000km 左右，覆盖面积超过全球表面积三分之一，三颗同步卫星可覆盖除两极外的全球表面，从而实现全球通信。

2）设站灵活，容易实现多址通信。卫星通信使用多址联接方式，可以同时实现多个方向、多个地球站之间直接通信，通信机动灵活，不受地理条件的限制。

3）通信容量大，传送的业务类型多。通信卫星工作在微波波段，可用频带宽，适合传送大容量电话、电报、数据和宽带电视等多种业务。

4）卫星通信一般为恒参信道，信道特性稳定。卫星通信的路径大部分是在大气层之外的宇宙空间，基本上是理想的真空状态，因此，电波传输稳定，几乎不受自然条件和人为干扰的影响，传输质量高。

5）电路使用费用与通信距离无关。对于卫星通信而言，地球站之间的距离与整个通信具体相比可以忽略不计，电路使用费用仅与时间和数据量有关。

6）建站快，投资省。卫星通信地面站可直接建立，不需要布网、布线，也不需要考虑地理位置和自然环境。

但是，卫星通信也存在一些问题需要解决，主要有以下几点：

1）通信卫星的使用寿命短。卫星本身设备的复杂性，所携带燃料的受限制性，维修的局限性，这些都造成卫星的使用寿命较短，进行通信组网时，可靠性与稳定性较低。

2）设备较复杂，技术要求较高。静止通信卫星从制造发射到测控都需要先进的空间技术和电子技术，这些造成了通信卫星的造价十分昂贵。通信地球站的设备也非常昂贵、复杂，需要很高的技术水平和巨额的投资。

3）卫星传输信号有延迟。由于静止卫星处在距地面约 40000km 的高空，因此电波在地球-卫星-地球之间传播需要 270ms，双向通话延迟达 540ms，会给人造成不自然的感觉。

4.3.2 卫星通信系统的组成及实例

1. 卫星通信系统的组成

卫星通信系统由空间分系统、地球站分系统、跟踪遥测及指令分系统和监控分系统四大部分组成。

（1）空间分系统 空间分系统主要是指卫星上用于通信和通信保障的部分，通信卫星的主体是转发器,其保障部分则有卫星上的遥测指令、控制系统和能源装置等。

(2)地球站分系统　地球站分系统是无线电接收和发射站,用户通过它们接入卫星通信线路进行通信,卫星通信地球站是卫星通信系统中重要的组成部分,它是连接卫星线路和用户的中枢,相当于接力通信系统中的终端站,所以又叫卫星通信系统的终端站。

(3)跟踪遥测及指令分系统　跟踪遥测及指令分系统的功能是对卫星进行跟踪测量,在发射时控制其准确进入轨道上的指定位置,并定期对卫星进行轨道位置的修正和卫星姿态的调整。

(4)监控分系统　监控管理分系统的功能是对已定位的卫星,在业务开通前后,进行通信性能的监测和控制,例如,对卫星转发器功率、卫星天线增益以及各地球站发射的功率、射频频率和带宽等基本通信参数进行控制,以保证正常通信。

2. 卫星通信的原理

卫星通信系统的通信链路主要包括发送端地球站、上行线、通信卫星、下行线、接收端地球站等5个部分,如图4-18所示。当甲地一些用户要与乙地的某些用户通话时,甲地首先要把本站的信号组成基带信号,经过调制器变换为中频信号(70MHz),再经上变频变为微波信号,经高功放放大后,由天线发向卫星(上行线)。卫星收到地球站的上行信号,经放大处理,变换为下行的微波信号。乙地由天线接收卫星微波信号,再经下变频得到中频信号,最后解调为基带信号。

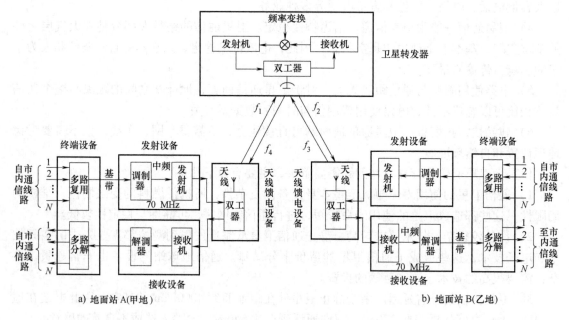

图4-18　卫星通信系统的通信链路

3. 同步通信卫星

同步通信卫星主要由控制分系统、通信分系统、遥测指令分系统、电源分系统、温控分系统等组成。

(1)控制分系统　控制分系统主要由各种可控的调整装置、驱动装置(喷气抵进器)及各种转换开关等组成。它在地面遥控指令下,主要完成对卫星姿态、位置、工作状态、主/备用设备切换等控制功能。

(2) 通信分系统 通信分系统是通信卫星的关键，通信转发任务全落在它身上，因此责任重大。它主要由天线和转发器两大部分组成。

卫星天线的要求非常严格。不但要体积小、重量轻、馈电方便、易折叠、易展开，还要求电气特性好、增益高、效率高、宽频带等。卫星上的天线有两种，一是用于完成遥测和指令信号的发送、接收功能的全方向性天线；一是完成接收、转发地面站的通信信号的通信天线。按其覆盖面大小，卫星通信天线可分为：球波束天线、赋形波束天线、半球波束天线和点波束天线。

卫星通信转发器有三种，即单变频转发器、双变频转发器和处理转发器。

1) 单变频转发器是目前用得较多的转发器。这种转发器较简单，实现容易，它的组成框图如图 4-19 所示。单变频转发器一直在微波段工作，把接收到的上行信号，经过放大，直接变频为下行频率，再经功率放大后，通过天线发回地面。

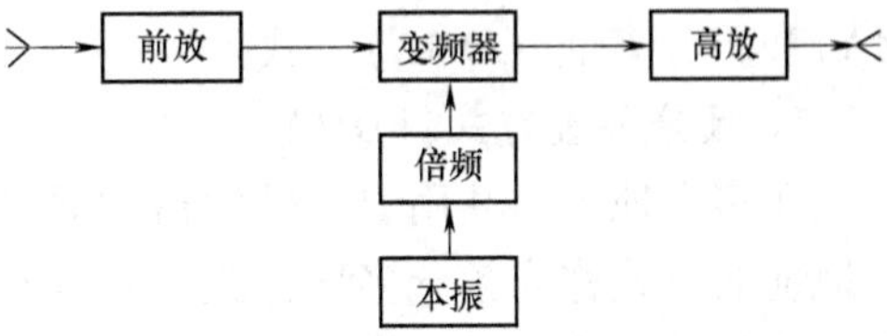

图 4-19 通信卫星单变频转发器的组成框图

2) 双变频转发器的组成框图如图 4-20 所示，它先把接收到的上行信号经下变频为中频，经放大、限幅以后再上变频为下行信号，再进行功放和发射。这种转发器经过两次变频，所以称为双变频转发器。这种转发器用得较少，早期业务量小的卫星通信系统采用过。

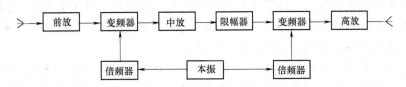

图 4-20 通信卫星双变频转发器的组成框图

3) 处理转发器主要具有处理信号的功能。在卫星上的信号处理主要指经下变频后，对信号进行解调后的处理，然后经重新调制、上变频、功放后发向地面站。卫星上的信号处理一般分三种情况：一种是对数字信号进行判决、再生，使噪声不积累；第二种是多个卫星天线之间的信号交换处理；第三种为更复杂的星上处理系统，它包括了信号的交换和处理等。

(3) 遥测指令分系统 遥测指令分系统分两部分：遥测部分和遥控指令部分。

遥测部分主要收集卫星上设备工作的数据，如电流、电压、温度、传感器信息、气体压力指令等信号。这些数据经处理后送往地面监测中心站。

地球上收到卫星遥测的有关数据时，要对卫星的位置、姿态进行控制。设备中的部件转换、大功率电源开关等，都要由遥控指令来进行。地面控制中心把指令发向卫星，在卫星上经处理后送往控制设备，控制设备根据指令的准备、执行等几个阶段来完成对卫星上各部分设备的控制和备用部件的倒换等。

(4) 电源分系统 卫星上设备工作的能源，主要由太阳能电池提供，辅助以原子能电池和化学电池。对电池的要求高，除要求体积小、重量轻、高效率、高可靠性外，还要求提供电能的时间长而稳定。为保证卫星上的设备供电，在卫星上特别设置了电源控制电路，在特定情况下进行电源的控制。

（5）温控分系统　通信卫星里的设备都是在密闭环境下工作的。电器设备工作特别是行波管功率放大器产生的热量及卫星受太阳照射等会使温度发生变化，而工作设备特别是本振设备，要求温度恒定，因此，就必须对星上温度进行控制。

4.3.3　卫星通信多址联接方式

所谓多址联接，指的是许多个地球站通过共同的通信卫星实现覆盖区域内相互联接，同时建立各自的信道，而无需地面的中间转接。当进行卫星通信的地球站数目很多时，如何保证这许多个地球站发射的信号通过同一颗卫星而不至于相互干扰，就要求这许多个地球站发向其他地球站的信号之间必须有区别，便于接收端对信号进行识别。依据信号的不同参量来区分，有不同的联接方式，常见的有频分多址（FDMA）、时分多址（TDMA）、空分多址（SDMA）和码分多址（CDMA）方式。

1. 频分多址方式（FDMA）

在多个地球站共用卫星转发器的通信系统中，按分配给各站的射频载波频率不同区分各站地址的方式称为频分多址方式，其基本原理是把卫星转发器的可用射频带宽分割成若干个互不重叠的子频带，分配给各地球站作为载波使用，由于各地球站所用的载波频率不同，因此可以相互区分开。

卫星转发器频带分配可以是预分配的，也可以是按需分配。预分配就是每个地球站占用固定的频率与带宽，这种方式的优点是频率管理简单，但当地球站的通信业务量变化较大时，会出现忙闲不均的现象，造成频带浪费。按需分配就是转发器的频带没有固定地分给地球站，而是处于动态之中，某一个地球站在某一时间有通信业务需要而提出申请时，由卫星管理机构临时指定频带供其使用，通信结束立即收回。

频分多址是最基本、应用最早的一种多址方式，它可以沿用地面微波通信的成熟技术和设备，不需要网同步。但是由于卫星处于多载波同时工作，容易产生互调噪声和串话。

2. 时分多址方式（TDMA）

时分多址方式是把卫星转发器的工作时间周期性地分为若干个时隙，并分配给各个地球站使用。在这种方式中，各站在规定的时间内向卫星发送一个时隙的信号，来自各地球站的信号所占的时隙是不重叠的。因此，在任何时刻，卫星转发器上通过的只是一个地球站的信号，因为各站的信号是靠其所占的时隙来区分的，所以各站的发射频率可以相同。

时分多址方式的主要优点是没有频分多址方式的互调问题，卫星的频带与功率能充分利用。但是，为了保证各站突发信号到达转发器的时间不重叠，需要精确的系统同步、帧同步和位同步。

3. 空分多址方式（SDMA）

若卫星天线有多个点波束分别指向不同的区域，就可以利用卫星天线的不同空间指向区分不同区域地球站，这种多址方式就是空分多址。

在这种多址方式中，各站发出的射频信号在使用频率和时间上都可以相同，但因其处在卫星天线的不同波束覆盖范围内，由不同的天线接收，所以不会相互混淆。卫星转发器就能根据各站信号所要发往的方向，将它们分别转接至相应的发射天线，送至其覆盖范围内的地球站，也就是说，卫星就具有自动交换功能，所以又称为空中交换机。

空分多址方式有许多优点，如卫星天线增益高，卫星功率可以得到充分的利用，可以与

FDMA 和 TDMA 结合使用，提高频带利用率。但这种方式对卫星的稳定及姿态控制提出很高的要求，卫星天线和馈线装置也比较复杂，空中交换也较复杂，而且一旦出现故障修复难度较大。

4. 码分多址方式（CDMA）

码分多址就是对各地球站分配不同的地址码，各站的信号用不同的地址码进行调制以达到区分。在这种方式中，各站的信号在频率、时间和空间方向上都可能重叠，但由于各站的地址码不一样，接收时，只有用相同的地址码才能解调。其他接收机接到此信号时，没有相应的地址码来解调，得到的只能是噪声。

码分多址的优点是具有较强的抗干扰能力，保密性较好，改变地址灵活方便。但是由于采用了扩频技术，信号频带较宽，频带利用率低，接收时对地址码的捕捉与同步需要一定的时间。所以比较适合于军事卫星通信和小容量的卫星通信系统。

4.3.4 VSAT 卫星通信系统

1. VSAT 的概念与特点

VSAT 是英文 Very Small Aperture Terminal 的缩写，即甚小口径数据终端，指的是天线口径小于 2.5m，由主站应用管理软件高度监测和控制的小型地球站，是在 20 世纪 80 年代兴起的一种新型的卫星通信网络，它的出现是卫星通信技术的重大突破，不仅改变了当前卫星通信行业的产品结构和产品规模，还形成了新的组网概念，它是能够直接面向用户、面向家庭、面向个人的通信系统。与传统的卫星通信系统相比，VSAT 网络具有如下特点：

1）VSAT 终端小。设备简单，体积小，重量轻，耗电少，造价低，安装维护操作简便。一般工作在 C 波段或 Ku 波段，天线口径约为 0.3～2.4m，发射功率可低至 1～2W，可以方便地安装于庭院、屋顶、阳台、窗口等处。

2）组网比较灵活，可以根据用户需要组合成各种拓扑结构的业务网络，为用户提供多种通信规程与接口，可满足用户现有设备以及扩容网络新增设备的联网。

3）网络管理和控制软件化，功能不断增强。

4）能满足语音、数据、图像、传真等多种业务的传输。

由于以上特点，VSAT 系统特别适用于用户分散、业务量少的边远地区和用户终端分布范围广的专用和公用通信网。

2. VSAT 系统的组成与网络结构

VSAT 系统是由一个主站、若干个 VSAT 终端组成的，其网络结构示意图如图 4-21 所示。

主站又叫中心站，是 VSAT 网的核心，它与普通地球站一样，使用大型天线，直径一般约为 3.5～8m（Ku 波段）或 7～13m（C 波段），具有全网的出站信息和入站信息传输以及分组交换和控制功能。

VSAT 终端由小口径天线、室外单元与室内单元组成。天线用来接收和发送射频信号，室外单元为用户终端提供公用传输通道，包括微

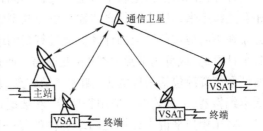

图 4-21 VSAT 的网络结构示意图

波激励器单元、固态功率放大器、低噪声上下变频器和相应的监测设备等。室内单元与室外单元以同轴电缆连接，室内单元完成数字信号的处理和规程转换，由数字调制解调器、监视和控制单元以及远程规程处理器等组成。

根据 VSAT 系统传输的业务种类，其网络结构有星形、网形和混合形三种，下面以星形网为例说明 VSAT 系统的工作原理。

星形 VSAT 网络分为两种，分别为一点到多点的单向广播网络和一点到多点的双向通信网络如图 4-22 和图 4-23 所示。

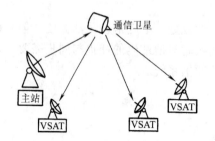 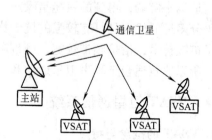

图 4-22　一点到多点单向广播 VSAT 网络结构　　　图 4-23　一点到多点的双向通信 VSAT 网络结构

一点到多点的单向广播 VSAT 网是最简单的网络，它主要是用于由主站向远端终端传输数据、图像、新闻电视或商业电视等业务，不需要终端向主站回传信息。这种系统网络结构简单，只需要一个出站链路载波，主站和远端终端的硬件设备简单，系统成本不高。

一点到多点双向通信 VSAT 网中，主站既可以向全网广播公共信息业务，也可以分别与各个终端建立各自的双向通信业务联系，并且可以作为中枢站进行任意两个终端之间的通信。

4.4　数据通信与计算机网络

4.4.1　数据通信与计算机通信

在信息化社会中，计算机已从单一使用发展到群集使用。越来越多的应用领域需要计算机在一定的地理范围内联合起来进行群集工作，从而促进了计算机和通信这两种技术紧密的结合，形成了计算机网络这门学科。

计算机网络是指把若干台地理位置不同且具有独立功能的计算机，通过通信设备和线路相互连接起来，以实现信息传输和资源共享的一种计算机系统。也就是说，计算机网络是将分布在不同地理位置上的计算机通过有线的或无线的通信链路连接起来，不仅能使网络中的各个计算机(或称为节点)之间相互通信，而且还能共享某些节点(如服务器)上的系统资源。所谓系统资源包括硬件资源(如大容量磁盘、光盘以及打印机等)、软件资源(如语言编译器、文本编辑器、工具软件及应用程序等)和数据资源(如数据文件和数据库等)。

对于用户来说，计算机网络提供的是一种透明的传输机构，用户在访问网络共享资源时，可不必考虑这些资源所在的物理位置。为此，计算机网络通常是以网络服务的形式来提供网络功能和透明性访问的。主要的网络服务有以下几项：

（1）文件服务　它为用户提供各种文件的存储、访问及传输等功能。对于不同的文件，可以设置不同的访问权限，维护网络的安全性。这是一项最重要的网络服务。

（2）打印服务　它为用户提供网络打印机的共享打印功能。它使得网络用户能够共享由网络管理的打印机。例如，每个网络用户都需要使用激光打印机输出高质量的文档。由于价格原因，不可能也不必每一台计算机都配备激光打印机。而计算机网络可以将某一台激光打印机作为网络打印机，使每个用户都能共享这台激光打印机，执行打印输出任务。

（3）电子邮件服务　它为用户提供电子邮件（E-mail）的转发和投递功能。电子邮件是一种无纸化的电子信函，具有传递快捷、准确等优点，已成为一种现代化的个人通信手段。

（4）信息发布服务　它为用户提供公众信息的发布和检索功能。例如，时事新闻、天气预报、股票行情、企业产品宣传以及导游、导购等公众信息的发布与远程检索。

（5）其他网络服务　网络服务还有很多种，如电视会议、电子报刊、新闻论坛、实时对话、布告栏等，并且新的网络服务还在不断地被开发出来，以满足人们对网络服务的不同需求。

4.4.2　计算机网络的组成

计算机网络以共享资源和交换信息为目的。从服务范围看，计算机网络分为局域网（Local Area Network，LAN）、城域网（Metropolitan Area Network，MAN）和广域网（Wide Area Network，WAN）。

早期的 LAN 网络为共享传输介质的以太网或令牌网，网络中使用总线型交换网络、半双工方式进行通信。当用户数增多时，每个用户的带宽变窄，而且极易导致网络冲突，引起网络阻塞。解决这一问题的传统方法是在网络中加入 2 端口网桥，即采用网络分段技术。在一个较大的网络中，为保证响应速度，往往要分割出数十个甚至数百个网段，这使整个网络的成本增加，网络的结构和管理更复杂。

局域网交换技术是在多端口网桥的基础上于 20 世纪 90 年代初发展起来的，它是一种改进了的局域网桥。与传统的网桥相比，它能提供更多的端口（4~88），随着局域网交换技术的发展，局域网交换机的引入，简化了大型 LAN 的拓扑结构，减少了冲突并解决了带宽窄的问题。

局域网交换机仍然采用广播式分组通信方式，这会导致广播风暴，因此又引入了路由器。路由器将不同的 LAN 互连，可以隔离广播风暴。路由器具有路由选择功能，可以为跨越不同 LAN 的流量，选择最适宜的路径，可以绕过失效的网段进行连接，还可以进行不同类型网络协议的转换，实现异种网络互连。

城域网是在一个城市范围内所建立的计算机通信网，属宽带局域网。MAN 主要用于骨干网，通过它将位于同一城市内不同地点的主机、数据库，以及 LAN 等互相联接起来，这与 WAN 的作用有相似之处，但两者在实现方法与性能上有很大差别。

路由器将很多个分布在各地的计算机局域网互连起来构成广域网，可以实现更大范围的资源共享。如今最大的广域网是互联网（Internet），它使用 TCP/IP 协议。

总体来说，一个计算机网络系统主要由以下三个部分组成：

1. 网络通信系统

网络通信系统提供节点间的数据通信功能，这涉及传输介质、拓扑结构以及介质访问控制等一系列核心技术，决定着网络的性能，是网络系统的核心和基础。

2. 网络操作系统

网络操作系统对网络资源进行有效管理，提供基本的网络服务、网络操作界面、网络安全性和可靠性措施等，是实现用户透明性访问网络必不可少的人-机（网络）接口。

3. 网络应用系统

网络应用系统是根据应用要求而开发的基于网络环境的应用系统。例如，在机关、学校、企业、医院、商场、宾馆、银行等各行各业中所开发的办公自动化系统、生产自动化系统、企业管理信息系统、决策支持系统、医疗管理服务系统、电子银行服务系统、辅助教学系统、电子商务系统等各种应用系统。

4.4.3 数据传输与交换技术

1. 电路交换

电路交换是最早出现的一种交换方式，也是电话通信使用的交换方式。电话通信要求为用户提供双向连接以便进行对话式通信，它对时延和时延抖动敏感，而对差错不敏感。因此当用户需要通信时，交换机就在收、发终端之间建立一条临时的电路连接，该连接在通信期间始终保持接通，直至通信结束才被释放。通信中交换机不需要对信息进行差错检验和纠正，但要求交换机处理时延要小。交换机所要做的就是将入线和指定出线的开关闭合或断开。交换机在通信期间提供一条专用电路而不做差错检验和纠正，这种工作方式称为电路交换（Circuit Switching, CS）。电路交换是一种实时的交换。

电路交换采用同步时分复用和同步时分交换技术，它具有的特点如下：

1）整个通信连接期间始终有一条电路被占用，但信息传输时延小。

2）电路是"透明"的，即发送端用户送出的信息通过节点连接，毫无限制地被传送到接收端。所谓"透明"是指交换节点未对用户信息进行任何修正或解释。

3）对于一个固定的连接，其信息传输时延是固定的。

4）固定分配带宽资源，信息传送的速率恒定。

2. 分组交换

分组交换（Packet Switching, PS）是把一份要发送的数据报文分成若干个较短的、按一定格式组成的分组（Packet），然后采用统计时分复用将这些分组传送到一个交换节点。交换节点仍然采用存储-转发技术。分组具有统一格式并且长度比报文短得多，便于在交换机中存储及处理。分组在交换机的主存储器中停留很短时间，一旦确定了新的路由，就很快被转发到下一个节点。分组通过一个交换机（节点）的平均时延比报文要小得多。

分组交换技术是在早期的低速、高出错率的物理传输线基础上发展起来的，为了确保数据可靠传送，交换节点要运行复杂的协议，以完成差错控制和流量控制等主要功能。由于链路传输质量太低，逐段链路的差错控制是必要的。

分组交换有如下优点：

1）由于采用存储-转发技术，可以实现不同速率、不同代码及同步方式、不同通信规程的用户终端间的通信。

2）采用统计时分复用技术，多个用户共享一个信道，通信线路利用率高。

3）由于引入逐段差错控制和流量控制机制，使传输误码率大为降低，网络的可靠性提高。

分组交换也存在以下缺点：

1）技术实现复杂。分组交换机要提供存储-转发、路由选择、流量控制、速率及规程转换状态报告等，要求交换机具有较好的处理能力，所以软件较为复杂。

2）网络附加的传输控制信息较多。由于需要把报文划分成若干个分组，每个分组头又要加地址及控制信息，因此降低了网络的有效性。

3）信息从一端传送到另一端，穿越网络越长，分组时延越大。

3. 帧中继

帧中继（Frame Relay，FR）是以分组交换技术为基础的高速分组交换技术，它对目前分组交换中广泛使用的 X.25 通信协议进行了简化和改进，在网络内取消了差错控制和流量控制，将逐段的差错控制和流量控制处理移到网外端系统中实现，从而缩短了交换节点的处理时间。这是因为光纤通信具有低误码率的特性，所以不需要在链路上进行差错控制，而采用端对端的检错、重发控制方式。这种简化了的协议可以方便地利用超大规模集成电路（VLSI）技术来实现。

这种高速分组交换技术具有很多优点：可灵活设置信号的传输速率，充分利用网络资源，提高传输效率；可对分组呼叫进行带宽的动态分配，因此可获得低延时、高吞吐率的网络特性；速率可在 64kbit/s~45Mbit/s 范围内。

帧中继具有以下技术特点：

（1）简捷性　帧中继简化了分组交换协议，没有网络层，将纠错功能留给智能终端完成，若传输中出现差错，则简单地丢弃数据帧。另外，路由选择和流量控制由数据链路层承担，使交换机负载大大减轻。

（2）高效性　由于帧中继使用统计复用技术向用户提供共享的网络资源，大大提高了网络资源的利用率，同时帧中继简化了节点间的协议处理，因而能向用户提供高速率、低时延的业务。

（3）经济性　帧中继技术可以有效地利用网络资源，从网络运营者的角度，可以经济地将网络空闲资源分配给用户使用；而作为用户，也可以经济灵活地接入帧中继网络，并在其他用户无突发性数据传送时共享资源。

（4）可靠性　帧中继网络采取永久虚电路（PVC）管理和阻塞管理，保证了网络自身的可靠性。

帧中继适用于处理突发性信息和可变长度帧的信息，特别适用于计算机网络互连。

4. 信元交换

信元交换是电路交换与分组交换相结合的产物，其典型应用是异步传输模式（ATM）交换。ATM 是 ITU-T（国际电联电信部）确定的用于宽带综合业务数字网（Broadband Integrated Services Digital Network，B-ISDN）的复用、传输和交换模式。信元是 ATM 特有的分组单元，语音、数据、视频等各种不同类型的数字信息均可被分割成一定长度的信元。它的长度为53B，分成两部分：5B 的信元头含有用于表征信元去向的逻辑地址、优先级等控制信息；48B 的信息段用来装载不同用户的业务信息。任何业务信息在发送前都必须经过分割，封装成统一格式的信元，在接收端完成相反的操作以恢复业务数据原来的形式。通信过程中业务信息信元的再现，取决于业务信息要求的比特率或信息瞬间的比特率。

ATM 具有以下技术特点：

1) ATM 是一种统计时分复用技术。它将一条物理信道划分为多个具有不同传输特性的逻辑信道提供给用户,实现网络资源的按需分配。

2) ATM 利用硬件实现固定长度分组的快速交换,具有时延小、实时性好的特点,能够满足多媒体数据传输的要求。

3) ATM 是支持多种业务的传递平台,并提供服务质量(Quality of Service,QoS)保证。ATM 通过定义不同的 ATM 适配层(ATM Adaptation Layer,AAL)来满足不同业务传送性能的要求。

4) ATM 是面向连接的传输技术,在传输用户数据之前必须建立端到端的虚连接。所有信息包括用户数据、信令和网管数据都通过虚连接传输。

5) 信元头比分组头更简单,处理时延更小。

ATM 支持语音、数据、图像等各种低速和高速业务,是一种不同于其他交换方式,且与业务无关的全新交换方式。

5. 包交换

通常人们把任何一个应用数据块称为消息(Message),例如,ASCII 文件、Postscript 文件、Web 页面和声音文件等。在现代的信息包交换(Packet Switching)网络中,发送端把整个消息分割成许多小的数据块,经过包装并"贴上"标签之后再发送到网络上。发送到网络上的这种数据包裹称为信息包(Packet),比较准确地说,信息包是一个经过包装且具有固定大小的传输单元,这种数据包裹既包含用户的数据,又包含按照协议规定加入的标题,而标题中包含识别号码、发送地址、接收地址等信息。在接收端把接收到的信息包拆开后重新拼接成原来的完整消息。与需要在收发双方建立物理连接的电路交换不同,在信息包交换网络上的每个信息包都包含目的地址,因此一个消息分装成的许多信息包不必都沿着同一条线路到达目的地,也不必同时到达目的地,到达目的地的次序也不必按照发送的次序,哪条信道有空就在哪里传送。

发送端把一个很长的消息分割成比较小的信息包之后,在发送端和接收端之间,每个信息包通过通信链路和信息包交换机(Packet Switches),有时也称路由器(Routers),传送到接收端。信息包在每个通信链路上以同链路传输速率相等的速度传输。大多数信息包交换机在输入端使用存储转发方法(Store and Forward)把信息包转发到输出链路上,这意味着交换机必须把整个信息包接收完之后才能把信息包的第 1bit 转发到输出链路上,这样就产生了存储转发时延,时延的长短与信息包的大小(长度)成正比。如果信息包的长度为 L,传输链路的数据率为 R,时延就为 L/R。

在每台交换机中有多个缓冲存储器,每个信息包在输出到链路之前必须要在链路缓冲存储器中排队。如果在信息包到达时,缓冲存储器是空的或者没有其他信息包到达的情况下就不需要排队。因此,除了前面介绍的存储转发时延之外,还要附加信息包的排队时延(Queuing Delay),它是一个不确定的时延,取决于网络上的拥挤情况。

信息包交换网络分成两类,一类叫作数据包网络(Datagram Network),另一类叫作虚拟线路网络(Virtual Circuit Network)。如果信息包按照目的地址发送,这种网络就称为数据包网络,互联网的 IP 协议按照目的地址发送信息包;如果信息包按照虚拟线路号发送,这种网络称为虚拟线路网络。

数据包网络在许多方面与邮政服务类似。当寄件人想要发送一封信到目的地时,寄件人把信装入信封,并且在信封上写上带层次结构的收件人地址,如国家-省-市-街道-门牌号-收件人。邮政服务系统就根据信封上的地址把信件送往目的地。在数据包网络中，网络上传送的每个信息包都包含目的地址，它很类似于邮件上的分等级的地址。由于每台信息包交换机都有路由表，当信息包到达网络中的交换机时，交换机就抽出信息包中的目的地址部分，并用该地址在路由表中进行检索，以找出合适的外向链路，然后把信息包送到链路上。

虚拟线路就是临时创建的通信通路，虚拟线路网络中信息包的传送线路由 3 个部分组成：

1）发送端和接收端之间的一系列链路和交换设备，称为路径（Path）。

2）沿着这条路径上的虚拟线路号（Virtual Circuit Number），一个号码对应路径上的一条链路。

3）沿途交换设备里的虚拟线路转换表中的表项。发送端和接收端之间的虚拟线路一旦建立，信息包就可选择合适的虚拟线路号进行发送。由于虚拟线路在每个链路上有不同的虚拟线路号，中间的信息包交换机必须用新的虚拟线路号替代每个行进中的信息包虚拟线路号。

4.4.4 计算机网络体系结构与协议

1. OSI 参考模型结构

国际标准化组织制定了计算机通信的标准框架，这个标准称为开放系统互连模型（Open System Interconnect，OSI）。OSI 根据所完成的功能把网络分解为七个层次，如图 4-24 所示。参考模型中每一层都使用下层提供的服务，并向上层提供服务，同一节点相邻层之间通过接口通信，不同节点的同等层协议实现对等层之间的通信，除物理层外，

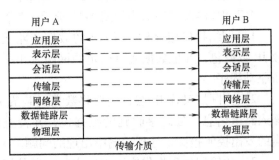

图 4-24 OSI 参考模型结构

其余各层之间均不存在直接的通信关系，而是通过对等层的协议来进行通信。

（1）物理层（Physical Layer）完成可靠、透明的比特位收发。物理层处于 OSI 参考模型的最底层，是设备之间的物理接口，规定了标准的机械、电气、功能和规程特性，以便在数据链路实体之间建立、保持和拆除物理连接。

（2）数据链路层（Data Link Layer）在相邻节点之间可靠地传输数据帧。数据链路可以粗略地理解为数据通道，主要任务是通过一定数据单元格式及误码控制方法来保证信息以帧为单位在链路上可靠传送。具体功能有：数据链路的建立、维持和释放；帧同步；流量控制；差错控制；区分数据和控制信息；透明传输；寻址。

（3）网络层（Network Layer）实现通信子网的控制。网络层主要功能是实现整个网络系统内连接，为运输层提供整个网络范围内两个终端用户之间数据传输的通路。作为通信子网的最高层，网络层控制着通信子网的运行，包括路由选择、差错控制、拥塞控制等。

（4）传输层（Transport Layer）保证可靠的端-端通信。传输层及其以上各层协议统称为高层协议，它是通信子网与上面三层之间的接口，主要功能是实现端到端的连接控制，为端到端间通信提供透明的数据传送通道。

（5）会话层（Session Layer）负责会话实体的通信。会话的意思是指在两个不同系统的端机上运行的应用进程之间通过连接进行的对话。会话层的主要功能是建立和保持两个表示层实体进程之间对话的连接，并管理它们之间的数据交换，保证按顺序发送它们数据的要

求，并给出确切回答，直到其中会话一方终止通信为止。

（6）表示层（Presentation Layer）　完成格式转换、编码、压缩、加密。表示层提供一套格式化的服务，主要功能是处理在两个通信系统中交换信息的表示方式，包括数据格式变换、数据加密与解密、数据压缩与恢复等功能。

（7）应用层（Application Layer）　作为应用的框架。应用层是 OSI 中的最高层，直接为用户服务，为用户提供网络的接入。

需要注意的是，因为传输媒体和拓扑结构的规格说明低于 OSI 底层（物理层），所以不能列入 OSI 中。

2. TCP/IP 协议模型

由于 TCP/IP 协议的开发时间早于 OSI 标准的制定时间，所以 TCP/IP 协议模型与 OSI 参考模型的产生背景和时代是不同的，他们的内容也不一样，OSI 的目标是先对协议进行完整地说明再逐步进行实现，而 TCP/IP 则是先应用后说明。但是，由于在某些设计思路上的相近性，使得两种体系结构有着极大的相似性。

TCP/IP 协议模型结构如图 4-25 所示，其各层功能如下：

1）网络接口层又称 TCP/IP 的数据链路层，主要完成接收 IP 数据包，并把数据通过选定的网络发出去，这层包括设备驱动程序。

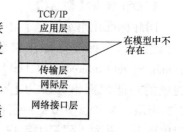

图 4-25　TCP/IP 协议模型结构

2）网际层又称 IP 层，主要将数据封装成 IP 数据包，并添入路由信息。处理接收到的数据包，并检查其正确性。适当的发出控制报文，处理传输中出现的问题。

3）传输层负责提供应用程序之间的通信服务。传输层通过不同的协议来提供可靠的和不可靠的两种质量的服务。

4）应用层是 TCP/IP 分层的最高层，用户可以调用应用程序来访问 TCP/IP 互联网络，以享受网络上提供的各种服务。

TCP/IP 协议中包含两个重要的分界线，即协议地址分界线和操作系统分界线。

协议地址分界线是存在于网络接口层之间的一个概念性的分界线，用来区分高层和底层的寻址。应用程序和在网际层之上的所有协议软件只使用 IP 地址，而网络接口则使用物理地址。该分界线位于 IP 层和网络接口层之间。

操作系统分界线主要是界定操作系统软件和非操作系统软件，在这个界线之上的是应用软件，在界线之下的就是操作系统本身。该分界线位于传输层和应用层之间。

3. IP 地址

任何用于进行数据传输的协议都必须有能够被寻址的地址系统，与任何一个协议一样，TCP/IP 协议有它自己的地址系统——逻辑地址。这个逻辑地址被称为 IP 地址。

一个 IP 地址包括：一个网络 ID 号码，用来标示网络；一个子网 ID 号码，用来标示网络上的一个子网；一个主机 ID 号码，用来标示子网中的某一台计算机。在实际使用中，IP 地址通过与计算机网卡的物理地址相互转换来进行计算机的寻址工作。在 TCP/IP 协议中，这样的转换工作由 ARP（地址转换协议）和 RARP（反向地址转换协议）来进行处理。在 TCP/IP 环境中，使用 TCP/IP 协议的每个节点有一个唯一的 32bit 的二进制逻辑地址，这 32bit 的二进制逻辑地址被由 4 个小于 256 的十进制数字代替，以便于记忆。

IP 地址一共被分为 5 类，即 A 类、B 类、C 类、D 类和 E 类，如表 4-2 所示。

表 4-2　IP 地址的数据结构及分类

				字　节　1					字　节　2	字　节　3	字　节　4
位	0	1	2	3	4	5	6	7	8~15	16~23	24~31
A 类	0	网络地址(7bit,数目少)							主机地址(24bit,数目多)		
B 类	1	0	网络地址(14bit,数目中等)							主机地址(16bit,数目中等)	
C 类	1	1	0	网络地址(21bit,数目多)							主机地址(8bit,数目少)
D 类	1	1	1	0	多目的广播地址(28bit)						
E 类	1	1	1	1	0	保留地址(供实验和将来使用)					

A 类网：网络号为 1 个字节，定义最高位为 0，余下 7bit 为网络号，主机号则有 24bit 编址，用于超大型的网络，每个网络有 16777216-2 台主机，全世界总共有 127 个 A 类网络，早已被分配完。网络范围 001~127，其中 127 为环回测试地址，不能使用，所以可用的网络号有 126 个。

B 类网：网络号为 2 个字节，定义最高两位为 10，余下 14bit 为网络号，主机号则可有 16bit 编址。B 类网是中型规模的网络，总共有 16384 个网络，每个网络有 65536-2 台主机。网络范围 128~191。

C 类网：网络号为 3 个字节，定义最高三位为 110，余下 21bit 为网络号，主机号仅有 8bit 编址。C 类地址适用的是较小规模的网络，总共有 2097152 个网络号码，每个网络有 256-2 台主机。网络范围 192~223。

D 类网：不分网络号和主机号，定义最高四位为 1110，表示一个多播地址，即多目的地传输，可用来识别一组主机。网络范围 224~239。

E 类网：用于试验，最高四位均为 1。

在 TCP/IP 协议中，专门定义了路由器如何选择网络路径的协议，即 IP 数据包的路由选择。这一协议使路由器能够从 IP 数据包中读取 IP 地址信息，并将该数据包送至正确的地点。为了提高 IP 地址使用效率及路由效率，在基础的 IP 地址分类上对 IP 编址进行了相应改进。

(1) 子网掩码　子网掩码用于标示 IP 地址 32bit 中哪些是用来构成网络地址的，哪些是用来构成主机地址的。一个掩码也包含 32bit，和 32bit 的 IP 地址一一对应。在掩码中为 1 的位置对应 IP 地址的位代表网络地址，掩码中为 0 的位置对应 IP 地址的位代表主机地址。

例如，192. 168. 10. 10，掩码为 255. 255. 255. 0，化成二进制为：

IP 地址：11000000. 10101000. 00001010. 00001010。

掩码：11111111. 11111111. 11111111. 00000000。

这表明，192. 168. 10. 10 这个地址的网络地址是 192. 168. 10. 0，主机地址是 10。

(2) 子网方案　对一个网络进行子网划分，最少要从主机位借 2bit 进行划分，最多只能借 6bit。

例如，192. 168. 10. 10，掩码为 255. 255. 255. 192，化成二进制为：

IP 地址：11000000. 10101000. 00001010. 00001010。

掩码：11111111. 11111111. 11111111. 11000000。

这表明，192.168.11.0 这个网络被分成了 4 个部分，其中：

第 1 部分为 192.168.11.1~192.168.11.62，网络地址为 192.168.11.0。

第 2 部分为 192.168.11.65~192.168.11.126，网络地址为 192.168.11.64。

第 3 部分为 192.168.11.129~192.168.11.190，网络地址为 192.168.11.128。

第 4 部分为 192.168.11.193~192.168.11.254，网络地址为 192.168.11.192。

（3）超网方案 超网的借位是从网络部分借位充当主机位，从而扩大主机数量。

例如，192.168.10.10，掩码为 255.255.254.0，化成二进制为：

IP 地址：11000000.10101000.00001010.00001010。

掩码：11111111.11111111.11111110.00000000。

这表明，192.168.11.10 的网络地址不再是 192.168.11.0，而是变成了 192.168.10.0，这个网络所能容纳的主机数量增加到 512-2 台。

4. TCP/IP 协议

（1）网际层协议 TCP/IP 网际层中含有四个重要的协议：互联网协议（IP）、互联网控制报文协议（ICMP）、地址转换协议（ARP）和反向地址转换协议（RARP）。

1）互联网协议（Internet Protocol，IP）。网际层最重要的协议是 IP，它将多个网络联成一个互联网，可以把高层的数据以多个数据包的形式通过互联网分发出去。

IP 的基本任务是通过互联网传送数据包，各个 IP 数据包之间是相互独立的。主机上的 IP 层向运输层提供服务。IP 从源运输实体取得数据，通过它的数据链路层服务传给目的主机的 IP 层。IP 不保证服务的可靠性，在主机资源不足的情况下，它可能丢弃某些数据包，同时 IP 也不检查被数据链路层丢弃的报文。

在传送时，高层协议将数据传给 IP，IP 再将数据封装为互联网数据包，并交给数据链路层协议通过局域网传送，数据包格式如图 4-26 所示。若目的主机直接连在本网中，IP 可直接通过网络将数据包传给目的主机；若目的主机需要经过多个路由器才能到达，则 IP 路由器传送数据包，而路由器依次通过下一网络将数据包传送到目的主机或再下一个路由器。即一个 IP 数据包是通过互联网络，从一个 IP 模块传到另一个 IP 模块，直到终点为止。

2）互联网控制报文协议（Internet Control Message Protocol，ICMP）。ICMP 是网际层的另一个比较重要的、可用于网络管理的协议。它提供了从路由器或其他主机向目标主机发送控

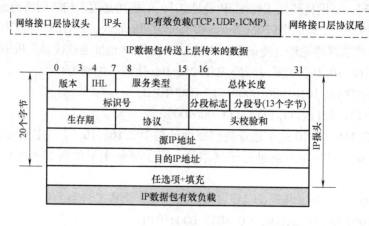

IP 数据包传送上层传来的数据

图 4-26 IP 数据包格式

制信息的方法。发往远程计算机的 IP 数据包要经过一个或多个路由器，这些路由器在将数据发送到最终目的地的过程中会遇到一系列的问题，路由器就使用 ICMP 将这些问题通知源 IP 进行处理，并通过该协议对数据包的传输过程进行控制。

3）地址转换协议（ARP）。在 TCP/IP 网络环境下，每个主机都分配了一个 32bit 的 IP 地址，这种互联网地址是在国际范围标识主机的一种逻辑地址。为了让报文在物理网上传送，必须知道彼此的物理地址。这样就存在把互联网地址变换为物理地址的地址转换问题。ARP 便是将 IP 地址转换为相应物理网络地址的协议。

4）反向地址转换协议（RARP）。RARP 负责物理地址到 IP 地址的转换。主要用于无盘工作站上，网络上的无盘工作站在网卡上有自己的物理地址，但无 IP 地址，因此必须有一个转换过程。

RARP 工作过程是这样的：当网上的计算机启动时，以广播方式发送一个 RARP 请求包。在这个 RARP 广播请求中包括了自己的物理地址。局域网上的每一台计算机包括 RARP 服务器均要查看该 RARP 广播请求中包含的 IP 地址。由 RARP 服务器进行响应，即生成并发送一个 RARP 应答包，包中包含对应的 IP 地址。

（2）传输层协议　TCP/IP 传输层中有两个主要协议，面向连接的 TCP 协议提供端到端的可靠数据传输；而无连接的 UDP 协议尽量减少开销的高速传输数据。

1）TCP 协议。TCP 协议有以下特性：

① 面向数据流的处理方式：TCP 采用连续方式对数据进行处理，它将数据格式化成可变长的数据流，然后传送给网际层。

② 完全的可靠性：TCP 通过面向连接的传输方式，以及一些差错控制、流量控制的手段，确保了数据不会丢失；同时 TCP 还能对接收到的 IP 数据包进行重新排序，解决了数据乱序的问题。

③ 全双工通信：TCP 连接允许数据在任何一个方向流动，并允许任何一个应用程序在任何时刻发送数据。

④ 流量控制：TCP 的流量控制特性确保数据传输的速度不会超过或低于目的计算机接收数据的能力。

TCP 数据格式如表 4-3 所示。

表 4-3　TCP 数据格式

0~3	4~7	8~15	16~31	
源端口			目的端口	TCP 报头
序号				
确认号				
数据偏移量	保留	码位域	窗口	
校验和			紧急指示码	
任选项+填充				
数据				

基于 TCP 的应用层协议有很多，其中有文件传输协议（FTP）、远程登录协议（Telnet）、

简单邮件传输协议(SMTP)等。

2) UDP 协议。UDP 协议有以下特性:

① UDP 与同样处在传输层的面向连接的 TCP 相比较, UDP 错误检测功能弱, 可靠性低, 为了保证在传输期间 UDP 数据包不被破坏, UDP 仅仅提供了简单的校验和功能。

② 它提供像多点播送和广播等在 TCP 中没有的服务。

③ TCP 有助于提供可靠性; 而 UDP 则有助于提高传输的高速率性。

可见, UDP 协议软件的主要作用就是将 UDP 信息展示给应用层, 它并不负责重新发送丢失的或出错的数据信息, 不对接收到的无序 IP 数据包重新排序, 不消除重复的 IP 数据包, 不对已收到数据包进行确认, 也不负责建立或终止连接。由于 UDP 协议软件本身所做的工作很少, 因此 UDP 数据格式非常简单, 其数据格式如表 4-4 所示。

表 4-4　UDP 的数据格式

0~15bit	16~31bit
源端口	目的端口
长度	校验和
UDP 数据的有效负载	

（3）应用层协议　TCP/IP 中常用的应用层协议有: DNS、FTP、SNMP、SMTP、Telnet 等。为了用户基于协议方便地进行网络编程, 该层还为网络应用程序提供了两个接口, 这就是 Windows Sockets 和 NetBIOS。

1) DNS 协议。虽然 TCP/IP 采用的是 32bit 的 IP 地址, 比直接使用 MAC 地址已经方便了很多, 但是依然比较难以记忆, 同时由于 IP 地址容易发生变化, 就更加难以记忆。为了解决这一问题, 技术人员设计了域名解析这一服务来解决这个问题。域名解析是一种字符结构对应 IP 地址的映射, 使用专用的 DNS 域名解析服务器来提供这种服务。

DNS 属于应用层的协议, DNS 提供了将人类易于理解的主机名或域名转换为计算机或网络可识别的数字地址的机制, 从而使得互联网的广泛应用成为可能。

DNS 协议工作的基本过程如图 4-27 所示。

2) FTP 协议。FTP(File Transfer Protocol)是文件传输协议的简称。用于互联网上的控制文件的双向传输。同时, 它也是一个应用程序(Application)。用户可以通过它把自己的 PC 与世界各地所有运行 FTP 协议的服务器相连, 访问服务器上的大量程序和信息。

FTP 的主要作用就是让用户连接上一个远程计算机(这些计算机上运行着 FTP 服务器程序), 察看远程计算机有哪些文件, 然后把文件从远程计算机上复制到本地计算机, 或把本地计算机的文件发送到远程计算机去。

一般来说, 用互联网的首要目的就是实现信息共享, 文件传输是信息共享非常重要的内容之一。早期在互联网上传输文件, 并不是一件容易的事, 我们知道互联网是一个非常复杂的计算机环境, 有 PC, 有工作站, 有 MAC, 有大型机, 据统计连接在互联网上的计算机已有上千万台, 而这些计算机可能运行不同的操作系统, 有运行 Unix 的服务器, 也有运行 Dos、Windows 的 PC 和运行 MacOS 的苹果机等等, 而各种操作系统之间的文件交流需要建立一个统一的文件传输协议, 这就是所谓的 FTP。基于不同的操作系统有不同的 FTP 应用程

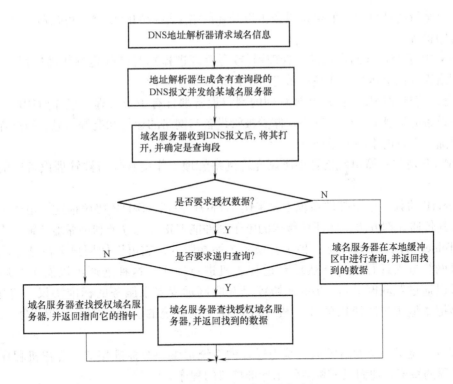

图 4-27　DNS 协议工作的基本过程

序，而所有这些应用程序都遵守同一种协议，这样用户就可以把自己的文件传送给别人，或者从其他的用户环境中获得文件。

与大多数互联网服务一样，FTP 也是一个客户机/服务器系统。用户通过一个支持 FTP 协议的客户机程序，连接到在远程主机上的 FTP 服务器程序。用户通过客户机程序向服务器程序发出命令，服务器程序执行用户所发出的命令，并将执行的结果返回到客户机。比如说，用户发出一条命令，要求服务器向用户传送某一个文件，服务器会响应这条命令，将指定文件送至用户的机器上。客户机程序代表用户接收到这个文件，将其存放在用户目录中。

在 FTP 的使用当中，用户经常遇到两个概念："下载"（Download）和"上载"（Upload）。"下载"文件就是从远程主机复制文件至自己的计算机上；"上载"文件就是将文件从自己的计算机中复制至远程主机上。用互联网语言来说，用户可通过客户机程序向（从）远程主机上载（下载）文件。

3）SNMP 协议。简单网络管理协议（Simple Network Management Protocol，SNMP）是由互联网工程任务组（Internet Engineering Task Force，IETF）定义的一套网络管理协议。该协议基于简单网关监视协议（Simple Gateway Monitor Protocol，SGMP），与协议系统无关，所以它可以在 IP、IPX、AppleTalk、OSI 以及其他用到的传输协议上被使用。SNMP 是一系列协议组和规范，它们提供了一种从网络上的设备中收集网络管理信息的方法。SNMP 也为设备向网络管理工作站报告问题和错误提供了一种方法。

一个 SNMP 系统由以下 4 部分组成：

① SNMP 系统包含两类设备：网络管理站和被管理的网络设备。通常网络管理站是一

台在网络上运行的计算机，而网络设备可以是在网络上运行的路由器、集线器、服务器、工作站和打印机等。

②　SNMP系统包含两类软件：管理器(或称管理进程)和代理(也称代理进程)，其中管理器在网络管理站上运行，代理在被管理的网络设备上运行。

③　管理信息库(MIB)：每台被管理的网络设备都含有一个管理信息库(MIB)，它是有关被管理设备的信息的集合，其中存储着被管设备与网络的运行状况等信息，数据库中所包含的数据随着设备的不同而不同。

④　SNMP协议：简单网络管理协议允许网络管理工作站软件与被管理设备中的代理进行通信。

4) SMTP协议。电子邮件系统主要采用了SMTP协议，SMTP协议描述了电子邮件的信息格式及其传递处理方法，保证被传送的电子邮件能够正确地寻址和可靠地传输。

5) Telnet协议。Telnet是一种字符模式的终端服务，它可以使用户坐在已上网的计算机前通过网络进入远程主机，然后对远程主机进行操作。这种连通可以发生在局域网里面，也可以通过互联网进行。Telnet协议是互联网远程登录服务的标准协议。应用Telnet协议能够把本地用户所使用的计算机变成远程主机系统的一个终端。它提供了三种基本服务：

①　Telnet定义一个网络虚拟终端为远程的系统提供一个标准接口。客户机程序不必详细了解远程的系统，他们只需构造使用标准接口的程序。

②　Telnet包括一个允许客户机和服务器协商选项的机制，而且它还提供一组标准选项。

③　Telnet对称处理连接的两端，即Telnet不强迫客户机从键盘输入，也不强迫客户机在屏幕上显示输出。

本 章 小 结

在前面的章节中，主要讨论了数字通信系统中的有关基本概念、基本原理和一些技术问题，本章则通过几个具体的数字通信系统，如数字移动通信系统、数字光纤通信系统、卫星通信系统、数字微波通信系统、计算机通信网等，介绍了现代数字通信系统的整体概况。

1. 数字移动通信系统，主要介绍了GSM数字蜂窝移动通信系统的原理和网络结构，阐述了CDMA通信系统的特点、参数和信道，并详细分析了我国独立提出并被国际电信联盟(ITU)接纳的第三代移动通信标准TD-SCDMA中的关键技术。

2. 数字光纤通信系统，首先从原理以及硬件结构入手，详述了光纤通信系统中各模块的功能与组成；再进一步介绍了光纤-同轴电缆混合网的组成和特点；最后详细阐述了波分复用技术的原理和器件。

3. 卫星通信系统，介绍了其工作原理、系统组成和多址联接方式，另外还对VSAT卫星通信系统作了简要叙述。

4. 计算机通信系统，简要介绍了其网络组成，系统地分析了多种数据传输与交换技术，详细论述了计算机网络体系结构与主要协议。

练习与思考题

4-1　什么是移动通信？与固定通信相比，移动通信有什么特点？

4-2 GSM 系统的工作频段是多少？其频道间隔和传输速率又是怎样规定的？

4-3 请画出 GSM 系统的帧结构图，并简要说明。

4-4 GSM 中的交换网络分系统是由哪几部分组成的？分别具有什么功能？

4-5 GSM 中有哪些逻辑信道？各用于传送什么信息？

4-6 在数字蜂窝移动通信系统中，采用 CDMA 有哪些特点及优势？

4-7 请列举 CDMA 的逻辑信道，并说明其功能。

4-8 请简述 TD-SCDMA 中的关键技术及其作用。

4-9 什么是光纤通信？它有哪些优点？

4-10 请简述光纤传输信号的原理。

4-11 光发送端机由哪几部分组成？各部分的作用是什么？

4-12 光接收机由哪几部分组成？各部分的作用是什么？

4-13 什么是光纤-同轴电缆混合网，它主要由哪几个部分组成？

4-14 WDM 有哪些显著优势？

4-15 试画出光波分复用系统的示意图，并简述其基本原理。

4-16 WDM 对光源有何要求？解决方法是什么？

4-17 EDFA 有何用途？其典型结构是什么？

4-18 卫星通信有什么特点？

4-19 卫星通信系统由哪几部分组成？各部分的功能是什么？

4-20 请简述同步通信卫星的结构。

4-21 卫星通信中有哪几种多址联接方式？各有什么特点？

4-22 什么是 VSAT 系统？它有什么优点？

4-23 什么是计算机网络？它主要提供哪些服务？

4-24 电路交换和分组交换有什么区别？请简要分析各自特点。

4-25 什么是帧中继？它有什么技术特点？

4-26 什么是 OSI 参考模型？请简述其各层结构及功能。

4-27 什么是 TCP/IP 协议模型？请简述其各层结构及功能。

4-28 IP 地址一共分为哪几类？每一类的网络范围和主机分配情况如何？

4-29 TCP/IP 协议模型网际层有哪些网络协议？各协议功能是什么？

4-30 TCP 协议和 UDP 协议有何不同？

4-31 TCP/IP 协议模型有哪些应用层协议？

参 考 文 献

[1] 樊昌信 . 通信系统原理[M]. 北京：国防工业出版社，1987.

[2] 张金菊 . 现代通信技术[M]. 北京：人民邮电出版社，2002.

[3] 毛京丽，石方文 . 数字通信原理[M]. 3 版 . 北京：人民邮电出版社，2011.

[4] 刘颖 . 数字通信原理与技术[M]. 北京：北京邮电大学出版社，2007.

[5] 乔桂红 . 光纤通信[M]. 北京：人民邮电出版社，2005.

[6] 刘云 . 通信网络技术概论[M]. 北京：中国铁道出版社，2000.

[7] 刘少亭 . 现代通信网[M]. 北京：人民邮电出版社，2001.

[8] 彭木根 . TD-SCDMA 移动通信系统[M]. 北京：机械工业出版社，2007.

[9] 李泽民 . 现代信息和通信综述[M]. 北京：科学技术文献出版社，2000.

[10] 唐宝民 . 电信网技术基础[M]. 北京：人民邮电出版社，2001.

[11] 王承恕 . 通信网基础[M]. 北京：人民邮电出版社，2000.

[12] 孙学康 . 光纤通信技术[M]. 北京：人民邮电出版社，2004.

[13] 纪越峰 . SDH 技术[M]. 北京：北京邮电大学出版社，2001.

[14] 吴凤修 . SDH 技术与设备[M]. 北京：人民邮电出版社，2006.

[15] 孙学康 . SDH 技术[M]. 北京：人民邮电出版社，2006.

[16] 朱月秀 . 现代通信技术[M]. 北京：电子工业出版社，2007.

[17] 严晓华 . 现代通信技术基础[M]. 北京：清华大学出版社，2006.

[18] 刘连青 . 通信网基础[M]. 北京：电子工业出版社，2002.

[19] 谭中华 . 现代通信技术[M]. 北京：机械工业出版社，2007.

[20] 王新梅 . 纠错码原理与方法[M]. 西安：西安电子科技大学出版社，2001.

[21] 杨元挺 . 通信网基础[M]. 北京：机械工业出版社，2004.